中国职业技术教育学会科研项目优秀成果

The Excellent Achievements in Scientific Research Project of The Chinese Society Vocational and Technical Education

高等职业教育“双证课程”培养方案规划教材·机电基础课程系列

机械制图与计算机绘图习题集

高等职业技术教育研究会 审定

郭建尊 主编

蒲哲 钱勇 周美容 副主编

Mechanical Drawings and Computer Drawings Exercise

人民邮电出版社

北京

图书在版编目（CIP）数据

机械制图与计算机绘图习题集 / 郭建尊主编. —北京：人民邮电出版社，2009.9（2017.9 重印）
中国职业技术教育学会科研项目优秀成果
高等职业教育“双证课程”培养方案规划教材. 机电基础课程系列
ISBN 978-7-115-21117-0

Ⅰ. 机… Ⅱ. 郭… Ⅲ. ①机械制图－高等学校：技术学校－习题②自动绘图－高等学校：技术学校－习题
Ⅳ. TH126-44

中国版本图书馆CIP数据核字（2009）第120584号

中国职业技术教育学会科研项目优秀成果
高等职业教育“双证课程”培养方案规划教材·机电基础课程系列

机械制图与计算机绘图习题集

◆ 审　　定　高等职业技术教育研究会
主　　编　郭建尊
副 主 编　蒲　哲　钱　勇　周美容
责任编辑　潘新文

◆ 人民邮电出版社出版发行　北京市丰台区成寿寺路 11 号
邮编　100164　电子邮件　315@ptpress.com.cn
网址　http://www.ptpress.com.cn
北京隆昌伟业印刷有限公司印刷

◆ 开本：787×1092　1/16
印张：12.5　　2009 年 9 月第 1 版
字数：298 千字　　2017 年 9 月北京第 9 次印刷

ISBN 978-7-115-21117-0

定价：25.00 元

读者服务热线：(010) 81055256　印装质量热线：(010) 81055316
反盗版热线：(010) 81055315

内 容 提 要

本习题集与人民邮电出版社出版、郭建尊主编的《机械制图与计算机绘图》教材配套使用，编排顺序与主教材相同。主要内容包括：制图的基本知识与技能、正投影法与三视图、基本体的三视图、基本体的轴测图、组合体、机件的基本表示法、零件图、装配图，计算机绘图软件应用。

本书可作为高等职业技术院校机械、机电类专业的机械制图与计算机绘图课程教材。

职业教育与职业资格证书推进策略与“双证课程”的研究与实践课题组

组　长

俞克新

副组长

李维利　张宝忠　许　远　潘春燕

成　员

林　平　周　虹　钟　健　赵　宇　李秀忠　冯建东　散晓燕　安宗权　黄军辉　赵　波　邓晓阳
牛宝林　吴新佳　韩志国　周明虎　顾　晔　吴晓苏　赵慧君　潘新文　李育民

课题鉴定专家

李怀康　邓泽民　吕景泉　陈　敏　于洪文

高等职业教育“双证课程”培养方案规划教材·机电基础课程系列编委会

丛书出版前言

职业教育是现代国民教育体系的重要组成部分，在实施科教兴国战略和人才强国战略中具有特殊的重要地位。党中央、国务院高度重视发展职业教育，提出要全面贯彻党的教育方针，以服务为宗旨，以就业为导向，走产学结合的发展道路，为社会主义现代化建设培养千百万高素质技能型专门人才。因此，以就业为导向是我国职业教育今后发展的主旋律。推行“双证制度”是落实职业教育“就业导向”的一个重要措施，教育部《关于全面提高高等职业教育教学质量的若干意见》（教高［2006］16 号）中也明确提出，要推行“双证书”制度，强化学生职业能力的培养，使有职业资格证书专业的毕业生取得“双证书”。但是，由于基于“双证书”的专业解决方案、课程资源匮乏，“双证课程”不能融入教学计划，或者现有的教学计划还不能按照职业能力形成系统化的课程，因此，“双证书”制度的推行遇到了一定的困难。

为配合各高职院校积极实施“双证书”制度工作，推进示范校建设，中国高等职业技术教育研究会和人民邮电出版社在广泛调研的基础上，联合向中国职业技术教育学会申报了职业教育与职业资格证书推进策略与“双证课程”的研究与实践课题（中国职业技术教育学会科研规划项目，立项编号 225753）。此课题拟将职业教育的专业人才培养方案与职业资格认证紧密结合起来，使每个专业课程设置嵌入一个对应的证书，拟为一般高职院校提供一个可以参照的“双证课程”专业人才培养方案。该课题研究的对象包括数控加工操作、数控设备维修、模具设计与制造、机电一体化技术、汽车制造与装配技术、汽车检测与维修技术等多个专业。

该课题由教育部的权威专家牵头，邀请了中国职教界、人力资源和社会保障部及有关行业的专家，以及全国 50 多所高职高专机电类专业教学改革领先的学校，一起进行课题研究。目前已召开多次研讨会，将课题涉及的每个专业的人才培养方案按照“专业人才定位—对应职业资格证书—职业标准解读与工作过程分析—专业核心技能—专业人才培养方案—课程开发方案”的过程开发。即首先对各专业的工作岗位进行分析和分类，按照相应岗位职业资格证书的要求提取典型工作任务、典型产品或服务，进而分析得出专业核心技能、岗位核心技能，再将这些核心技能进行分解，进而推出各专业的专业核心课程与双证课程，最后开发出各专业的人才培养方案。

根据以上研究成果，课题组对专业课程对应的教材也做了全面系统的研究，拟开发的教材具有以下鲜明特色。

1. 注重专业整体策划。本套教材是根据课题的研究成果——专业人才培养方案开发的，每个专业各门课程的教材内容既相互独立，又有机衔接，整套教材具有一定的系统性与完整性。

2. 融通学历证书与职业资格证书。本套教材将各专业对应的职业资格证书的知识和能力要求都嵌入到各双证教材中，使学生在获得学历文凭的同时获得相关的国家职业资格证书。

3. 紧密结合当前教学改革趋势。本套教材紧扣教学改革的最新趋势，专业核心课程、“双证课程”按照工作过程导向及项目教学的思路编写，较好地满足了当前各高职高专院校的需求。

为方便教学，我们免费为选用本套教材的老师提供相关专业的整体教学方案及相关教学资源。

经过近两年的课题研究与探索，本套教材终于正式出版了，我们希望通过本套教材，为各高职高专院校提供一个可实施的基于双证书的专业教学方案，也热切盼望各位关心高等职业教育的读者能够对本套教材的不当之处给予批评指正，提出修改意见，并积极与我们联系，共同探讨教学改革和教材编写等相关问题。来信请发至 panchunyan@ptpress.com.cn。

前言

本习题集与人民邮电出版社出版、郭建尊主编的《机械制图与计算机绘图》教材配套使用。

本习题集的内容紧扣教育部《高职高专教育工程制图课程教学基本要求》中的能力目标要求，在编写时既注重基础知识的巩固，又重点强调培养学生的读图和画图能力，降低了仪器绘图训练的难度和次数，增加了徒手和计算机绘图的训练，以适应当前就业岗位的实际需求。本习题集贯彻了最新《机械制图》、《技术制图》国家标准，在编写过程中，充分考虑了以下几点。

1. 为了便于教学，习题集内容的编排顺序与配套教材体系完全一致。
2. 练习题着重以应用为目的，以必需、够用为度，以培养技能为重点。
3. 各类题型的数量适中，并按照由浅入深、循序渐进、重点内容反复练习的原则进行编排。
4. 在贴近本课程教学基本要求的基础上，练习题力求结合工程实际。

本习题集由郭建尊主编，蒲哲、钱勇、周美容任副主编，李玉赞、侯茜、张峻参加了编写，齐树志、罗伦主审了全书，提出了很多宝贵的修改意见，在此表示诚挚的谢意。

本习题集可作为各级各类大专院校、职业技术学院相关课程的辅助教材。

由于编者水平有限、编写时间仓促，书中错误和不妥之处在所难免，恳请广大读者批评指正。

编　者

2009 年 8 月

目录

第 1 章　制图的基本知识与基本技能

1.1　字体

1.1.1　基本笔画练习

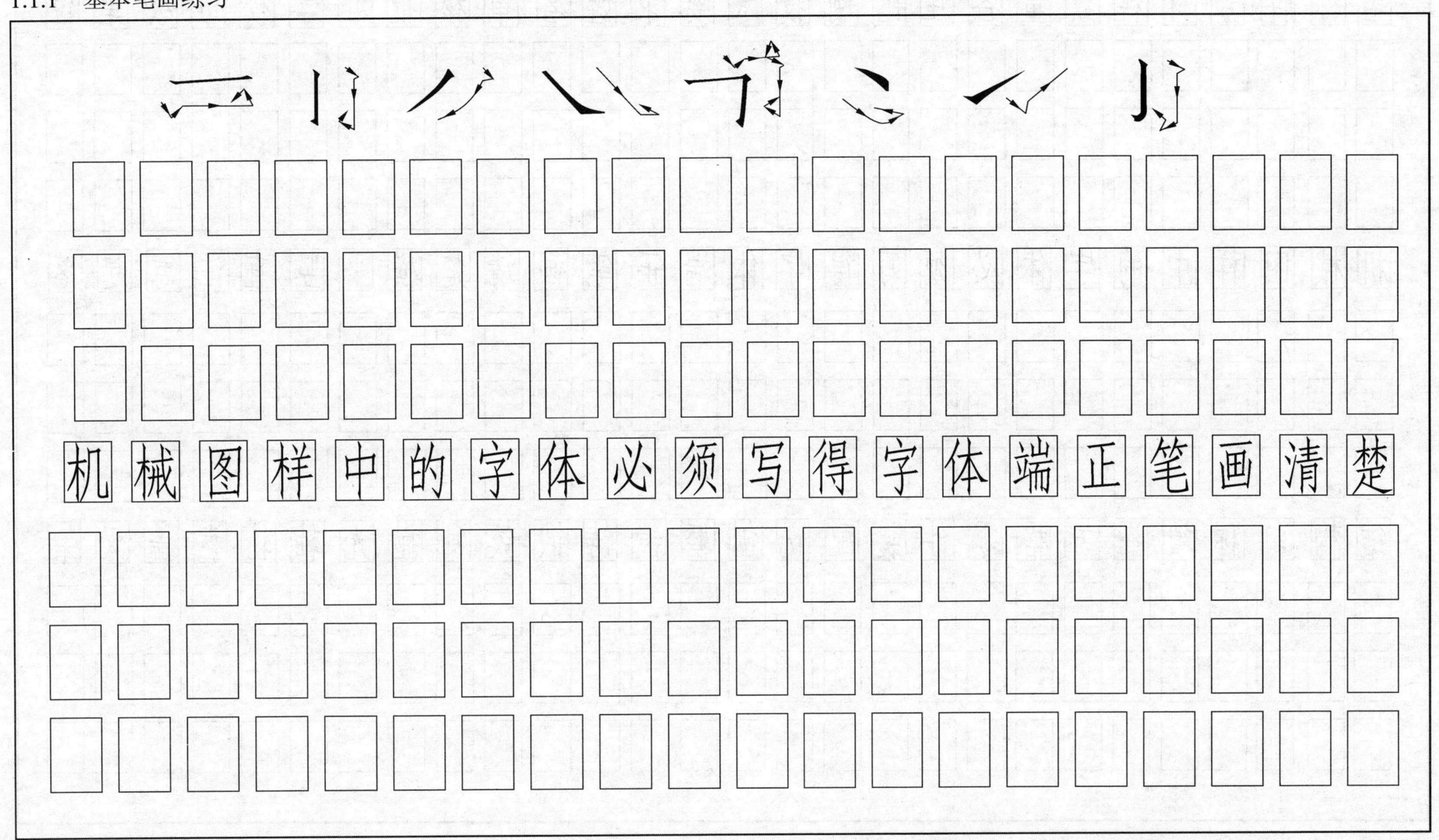

姓名：　　　　　　　学号：

1.1.2　常用汉字书写练习

名称件号材料数量备注比例技术要求姓名审核批准学校班级单位

机械图样中的字体必须写得字体端正笔画清楚横平竖直注意起落

结构匀称填满方格零件装配铣刨磨镗铸锻铰刮抛光轴轮盘盖叉架

姓名：　　　　　　学号：

1.1.3 字母、数字书写练习

1 2 3 4 5 6 7 8 9 0 Φ R

0 1 2 3 4 5 6 7 8 9 Φ R 0 1 2 3 4 5 6 7 8 9 0 1 2 3 4 5 6 7 8 9 Φ R

0 1 2 3 4 5 6 7 8 9 Φ R 0 1 2 3 4 5 6 7 8 9 0 1 2 3 4 5 6 7 8 9 Φ R

ABCDEFGHIJKLMNOPQRSTUVWXYZABCDEFGHIJKLMNOPQRSTUVWXYZ

ABCDEFGHIJKLMNOPQRSTUVWXYZABCDEFGHIJKLMNOPQRSTUVWXYZ

姓名: 学号:

1.2 线型

1.2.1 抄画图线

1.2.2 抄画图形

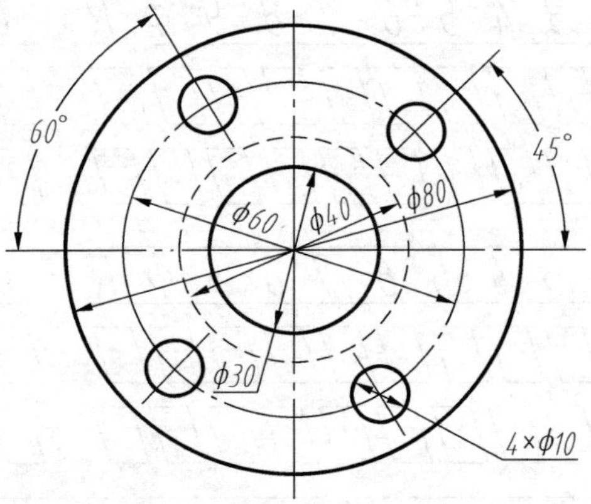

60°
45°
ϕ60
ϕ40
ϕ80
ϕ30
4×ϕ10

粗实线宽度为 0.5mm，其余约为 0.25mm，虚线每一段长度约为 5～6mm，间隙约为 1.5mm，点画线每段长 10～15mm，间隙及作为点的短画共约 3mm。

姓名：　　　　学号：

1.3 尺寸标注

1.3.1 标注尺寸（数值从图中量取，取整数）

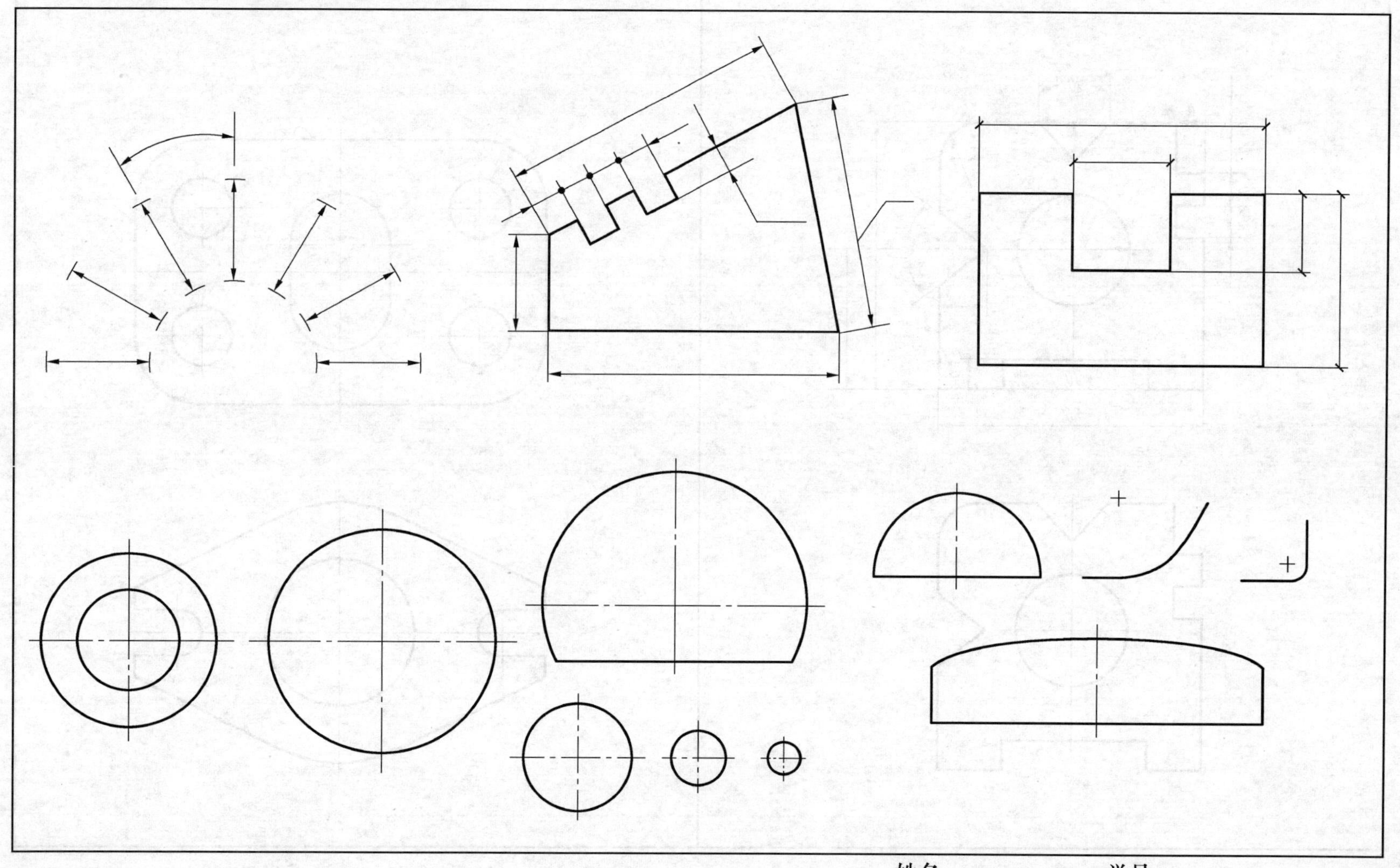

姓名：　　　　　　学号：

1.3.2　指出上图中尺寸标注的错误,并在下图中正确标注　　1.3.3　标注下列平面图形的尺寸(数值从图中量取,取整数)

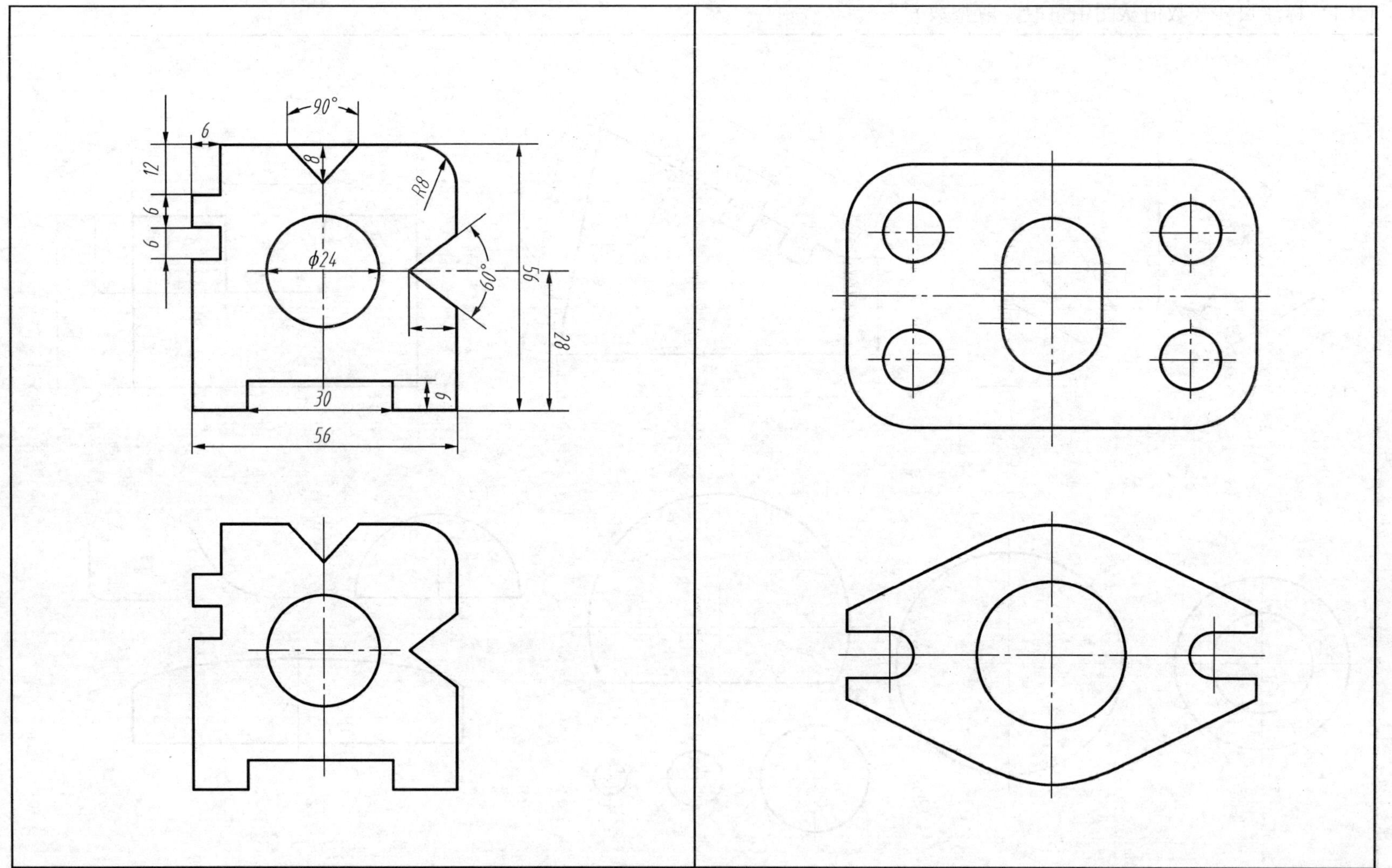

姓名:　　　　　　学号:

1.4 几何作图

1.4.1 等分圆周

根据图中尺寸，用1:1的比例将下面图形抄画在指定位置。

（1） （2）

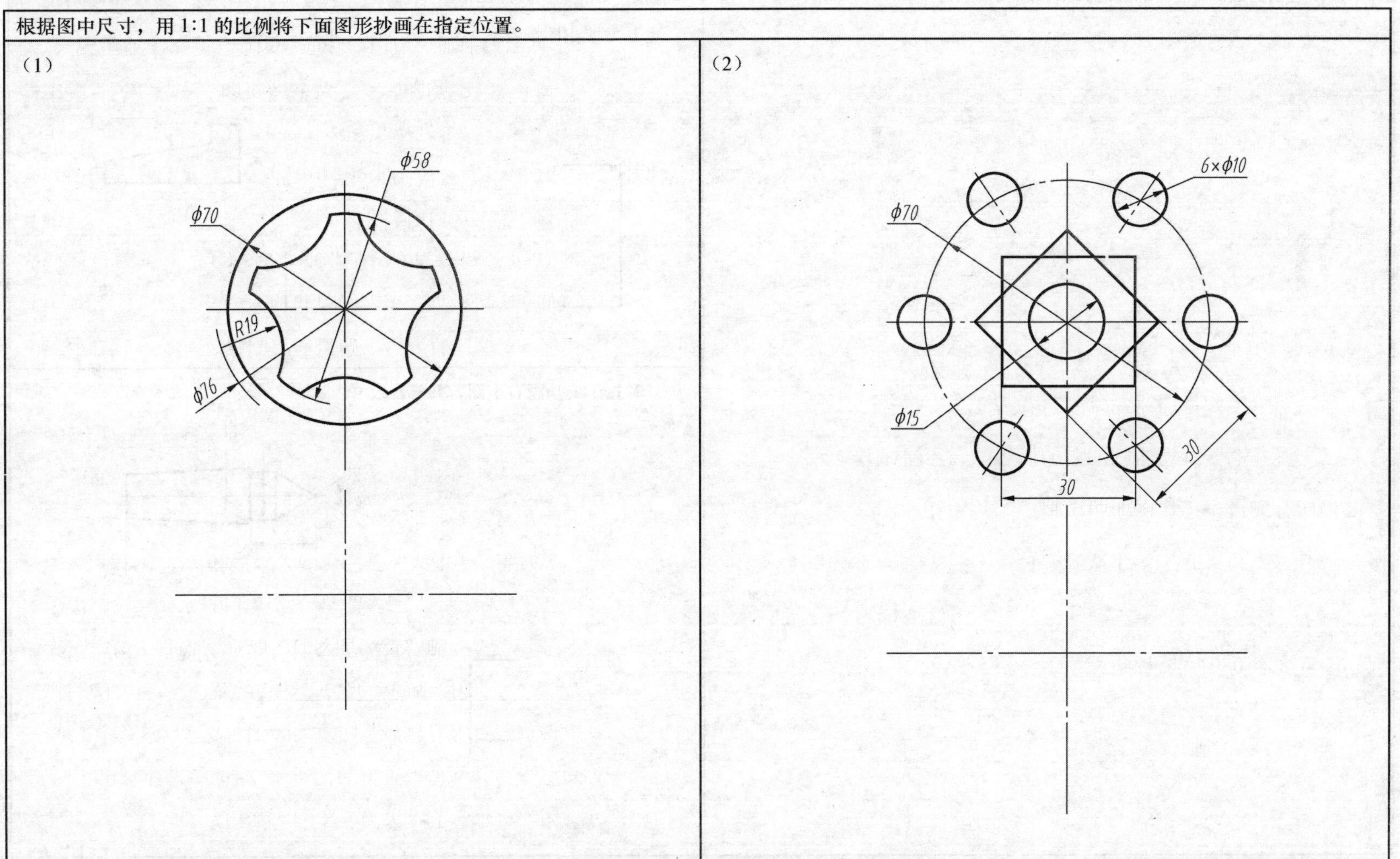

姓名： 学号：

1.4.2 椭圆、锥度、斜度的画法

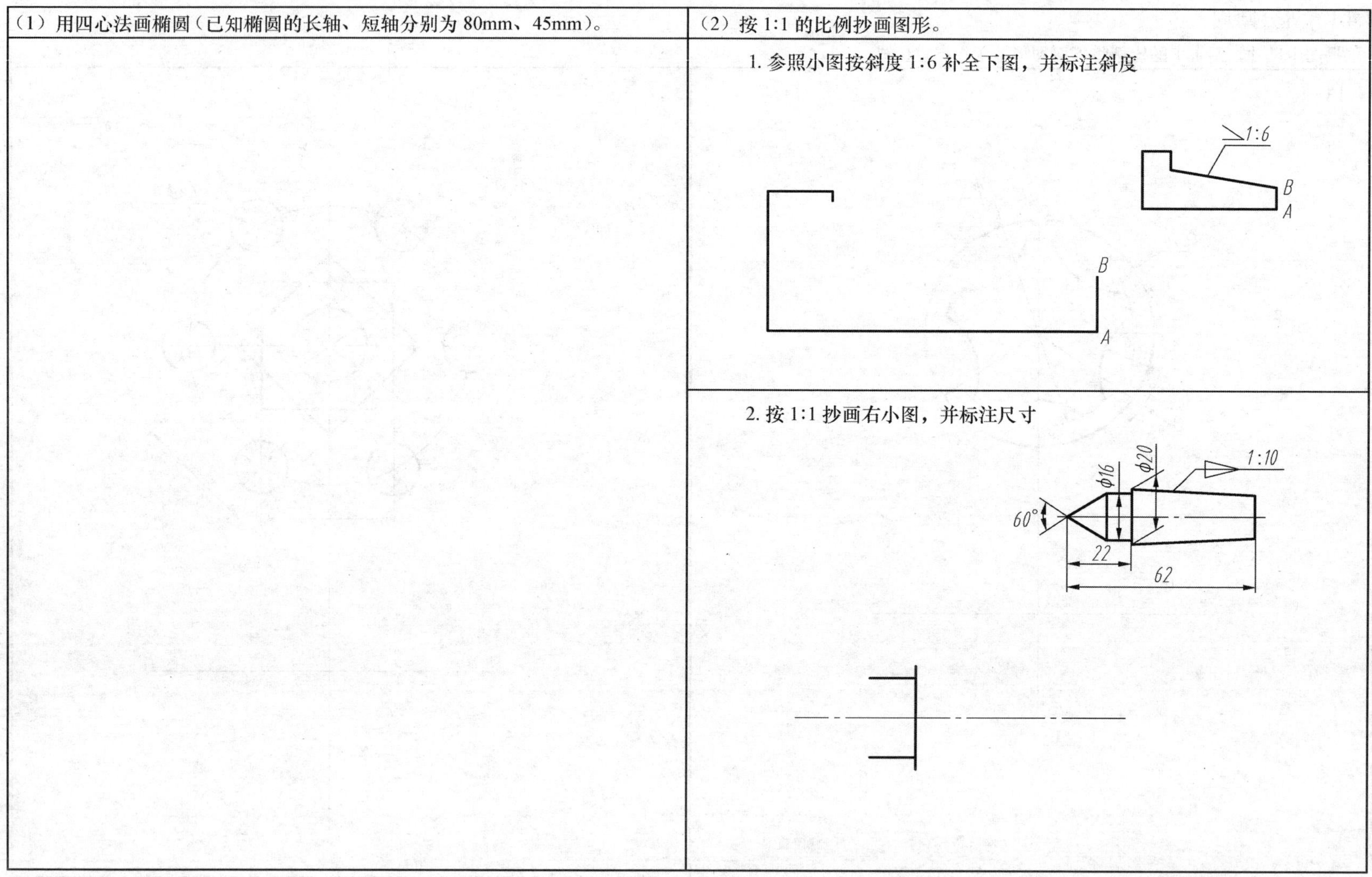

姓名：　　　　学号：

1.4.3 圆弧连接

参照图例尺寸，完成下列各图的圆弧连接，并标出连接圆弧的圆心和切点（比例为 1:1）。

（1） （2）

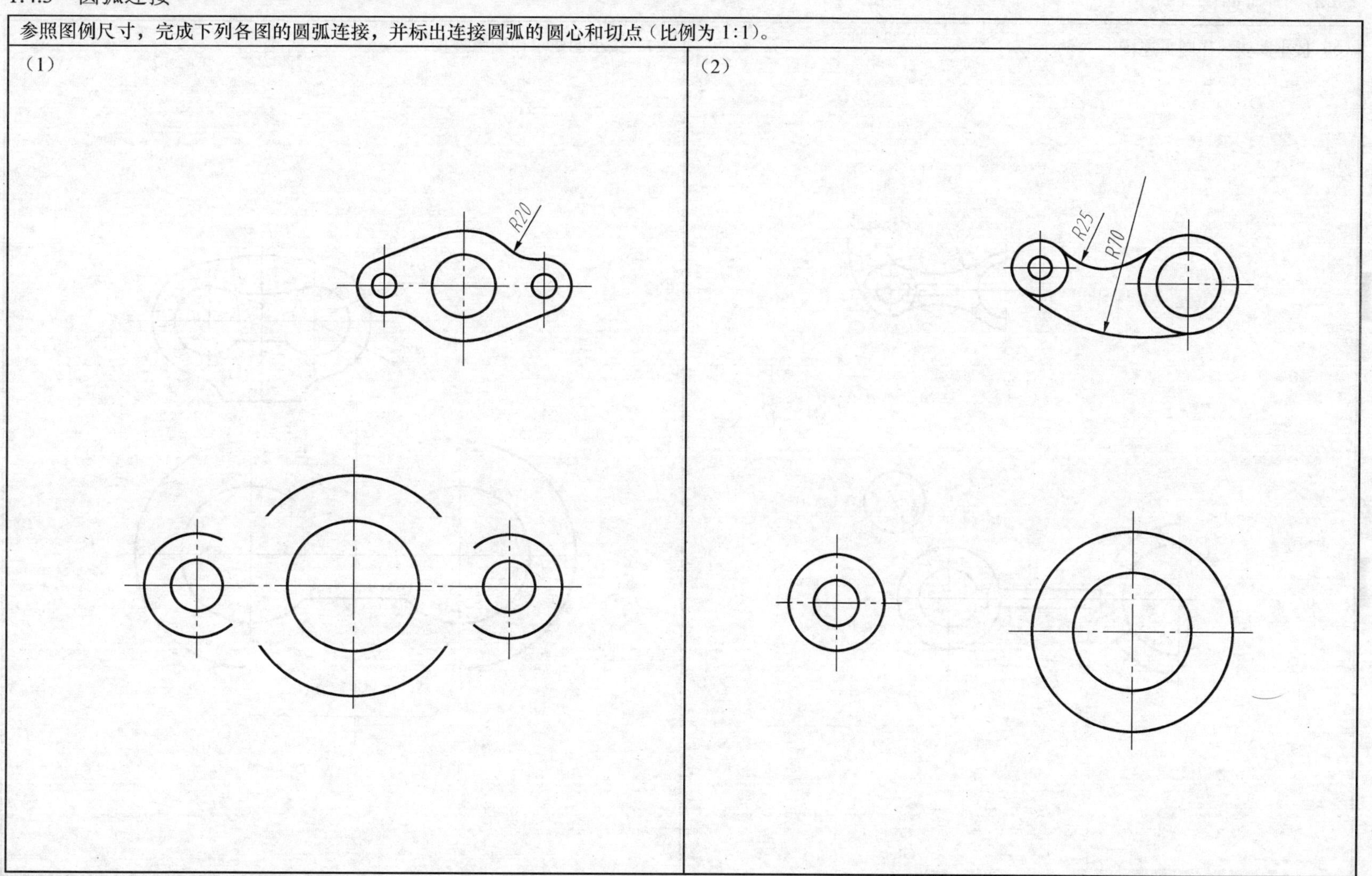

姓名： 学号：

1.4.4 圆弧连接（续）

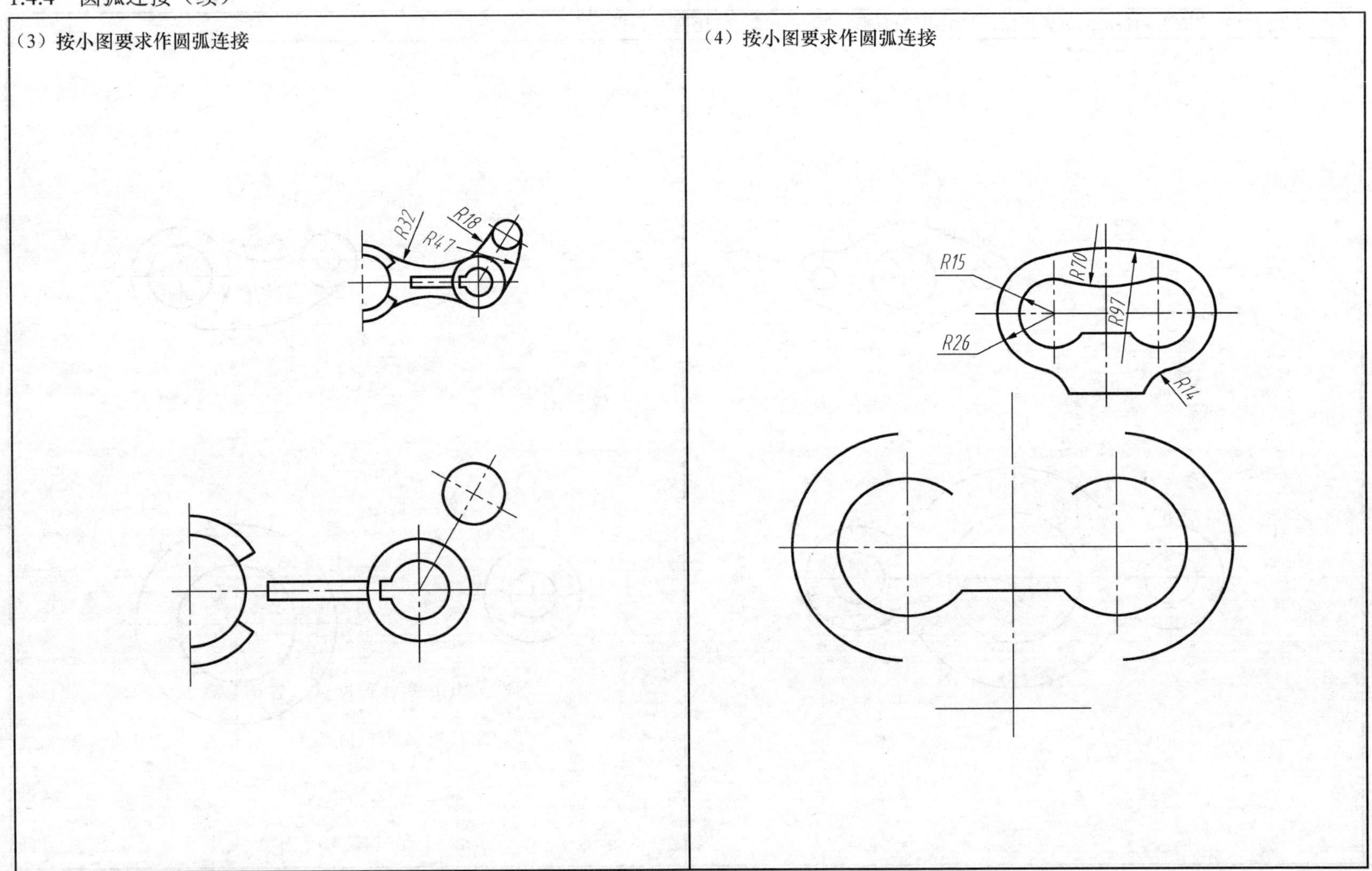

姓名：　　　　　　学号：

1.5 计算机绘图

1.5.1 上机操作练习

1. 熟悉 AutoCAD 2008 工作界面，试着执行打开、关闭 AutoCAD 提供的各种工具栏的操作。

2. 查看 AutoCAD 2008 提供了哪些二维图形编辑命令，这些指令如何使用。
   提示：移动光标至修改工具栏上，在光标附近会显示工具名称，状态栏显示该工具的有关说明。

3. 试述 AutoCAD 2008 所具有的辅助绘图功能，并练习使用。

4. 在AutoCAD 2008 工作界面上，移动光标至不同位置，然后单击鼠标右键，弹出的快捷菜单相同吗？

5. 一般情况下，AutoCAD 2008的绘图区域为黑色，能把黑色变为白色吗？如何更改？

   提示：单击“菜单栏”中的“工具”菜单，单击“选项 ”功能，系统弹出“选项 ”对话框，单击对话框中的“显示”项。在“显示”对话框中，单击“颜色”按钮，系统弹出“颜色”选项对话框，在“颜色”选项处，选择“白色”即可。

6. 试在 AutoCAD 2008 安装目录下的 Sample 子目录中，找到某些图形将其打开并进行保存，保存类型为.dwg。

   提示：一般可以在 C: \Program Files\AutoCAD2008\Sample 文件夹中找到 AutoCAD 图形文件。

7. 打开 AutoCAD 2008 安装目录下的 SAMPLE 子目录中的一个复杂的图形。并练习使用缩放命令 Zoom 对图形进行浏览，并注意体会按钮、、、的不同功能。

8. 使用AutoCAD 2008提供的“帮助”功能，查找用户手册。
   提示：单击“帮助”菜单中的“AutoCAD 帮助”子菜单，或单击标准菜单栏上的“帮助 ”图标。

9. 根据下表要求，创建名为“A3.dwt”的图形样板。
   (1) 绘图环境设置 单位：毫米，图形界限：A3 图幅。
   (2) 图层设置

图层	颜色	线型	线宽
中心线	红色	CENTER	0.25
细实线	绿色	CONTINUOUS	0.25
粗实线	黑色（或白色）	CONTINUOUS	0.50
点划线	黄色	ACAD-IS004W100	0.25
尺寸	黑色（或白色）	CONTINUOUS	0.25
文字	黑色（或白色）	CONTINUOUS	0.25

姓名：　　　　　　学号：

1.5.2　坐标输入练习（不标尺寸）

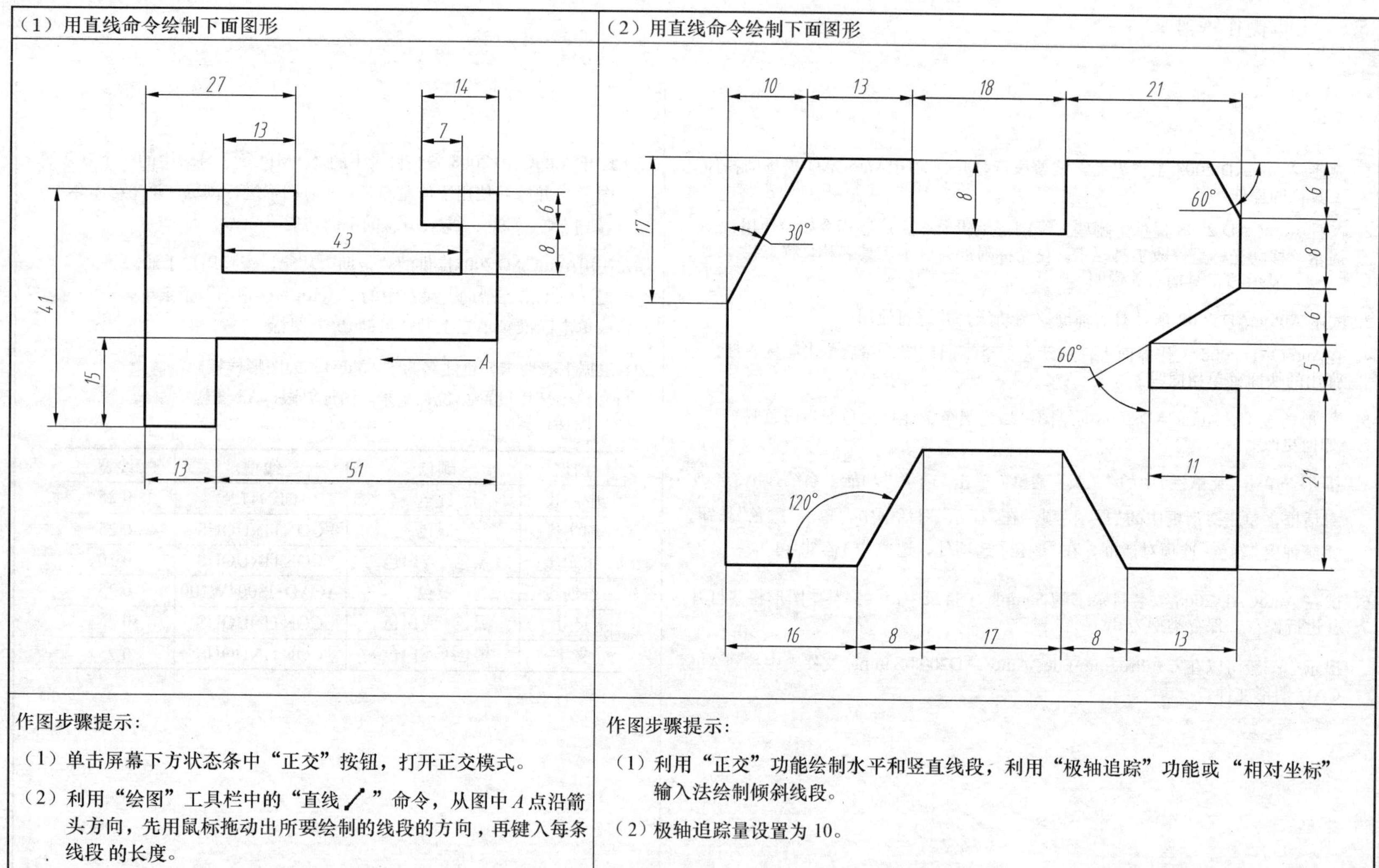

作图步骤提示：

（1）单击屏幕下方状态条中“正交”按钮，打开正交模式。

（2）利用“绘图”工具栏中的“直线 ╱ ”命令，从图中 *A* 点沿箭头方向，先用鼠标拖动出所要绘制的线段的方向，再键入每条线段 的长度。

作图步骤提示：

（1）利用“正交”功能绘制水平和竖直线段，利用“极轴追踪”功能或“相对坐标”输入法绘制倾斜线段。

（2）极轴追踪量设置为 10。

姓名：　　　　　　　　学号：

1.5.3 绘制平面图形

（1）绘制下面图形	
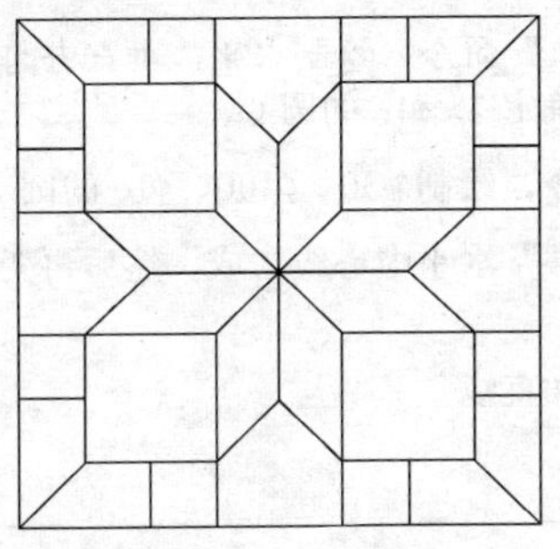	作图提示：通过直线命令、偏移命令“ ”、修剪命令“ ”和镜像命令“ ”完成作图。 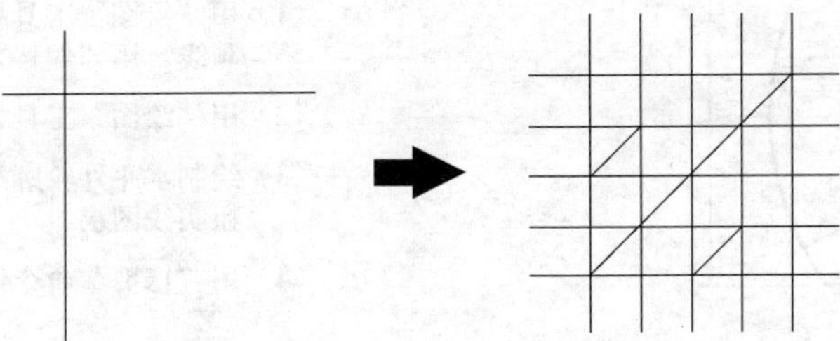 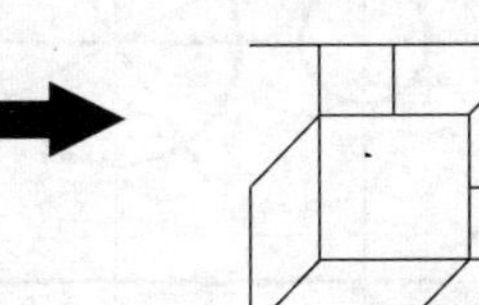
（2）绘制下面图形	
	作图提示： 用多边形命令“ ”绘制五边形，通过阵列（环形阵列）命令“ ”、修剪命令“ ”和“相切、相切、相切”绘制圆的命令可完成作图。 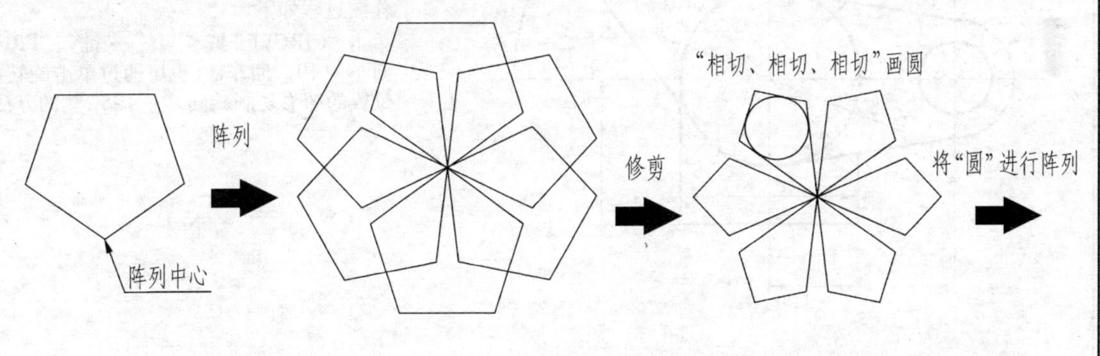

姓名：　　　　　　学号：

1.5.4 绘制简单平面图形（不标尺寸）

（1）

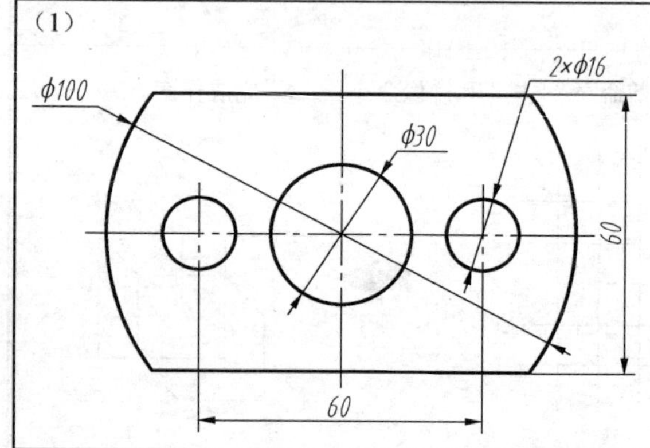

作图步骤提示：

（1）用“绘图”工具栏中的“直线 ”命令，绘制水平、垂直方向的点画线，用“偏移”垂直中心线来确定 2×ϕ16 的圆心。

（2）用“绘图”工具栏中的“圆”命令，绘制 ϕ30、ϕ100、ϕ16 的圆。

（3）绘制水平外轮廓线，可通过“偏移”水平中心线生成，然后再变换到粗实线图层。

（4）用“修剪”命令修剪多余的圆弧和直线。

（2）

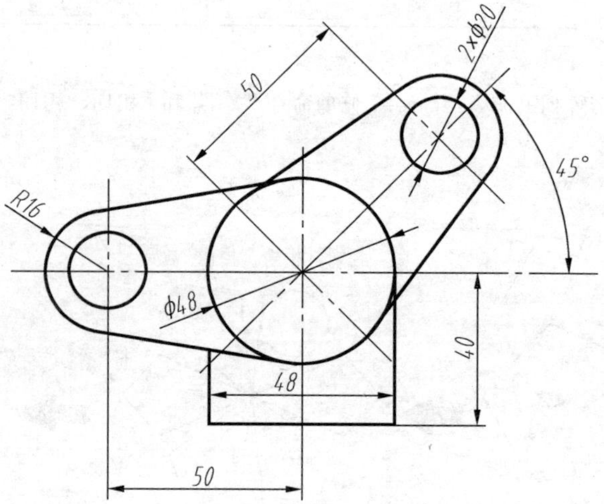

作图步骤提示：

图中 ϕ20 的圆的圆心可以通过偏移捕捉方式 FROM（ ）相对 ϕ48 的圆的圆心确定，作图过程如下：

单击“CIRCLE”或“ ”→键入“FROM”，回车→捕捉 ϕ48 的圆的圆心→键入@50<45，回车→10，回车。（也可通过单击旋转命令“ ”，选择“复制（c）”选项，将水平位置的图形复制旋转“ −135° ”的方法得到右边图形）。

姓名：　　　　　学号：

1.5.5 绘制平面图形综合练习（选题一）

目的与要求：设置绘图环境、建立必要图层，综合运用“绘图命令”、“编辑命令”、“辅助绘图工具”，绘制出符合国家标准要求的平面图形。

（1）

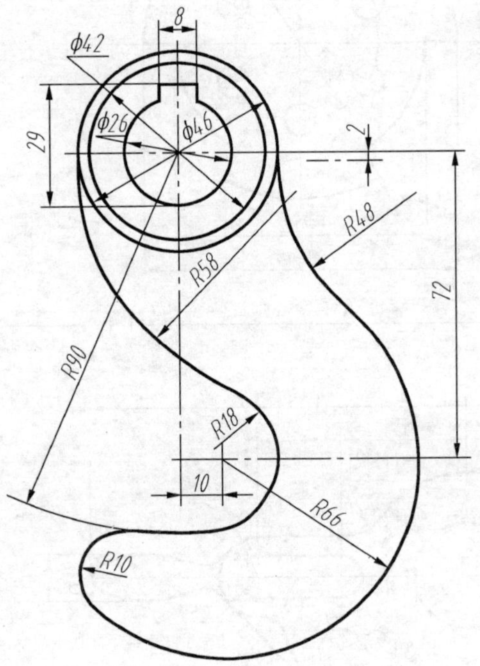

（2）

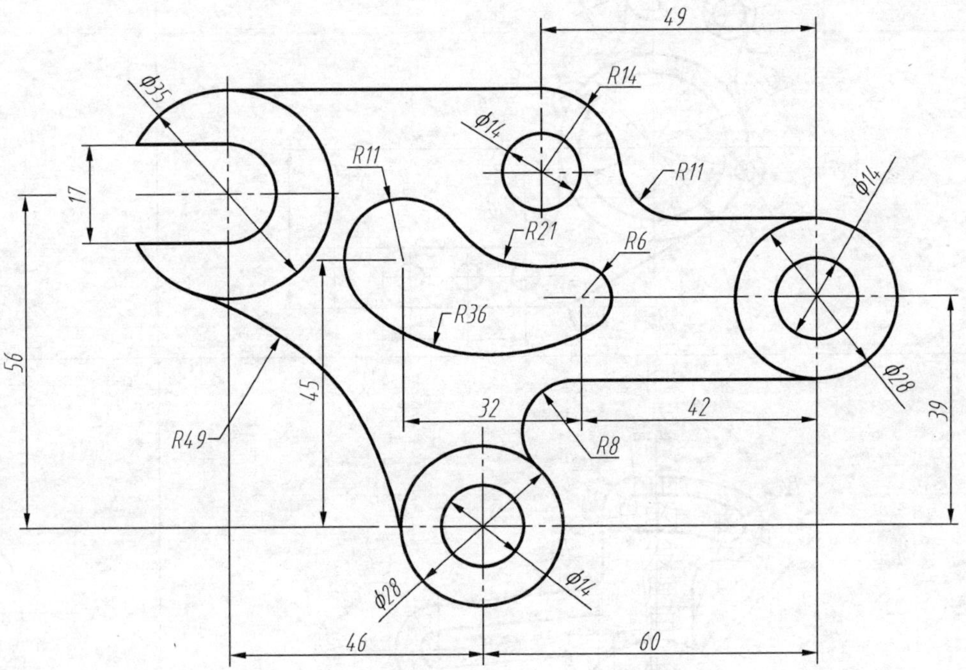

姓名:　　　　　　　　学号:

1.5.6　绘制平面图形综合练习（选题二）

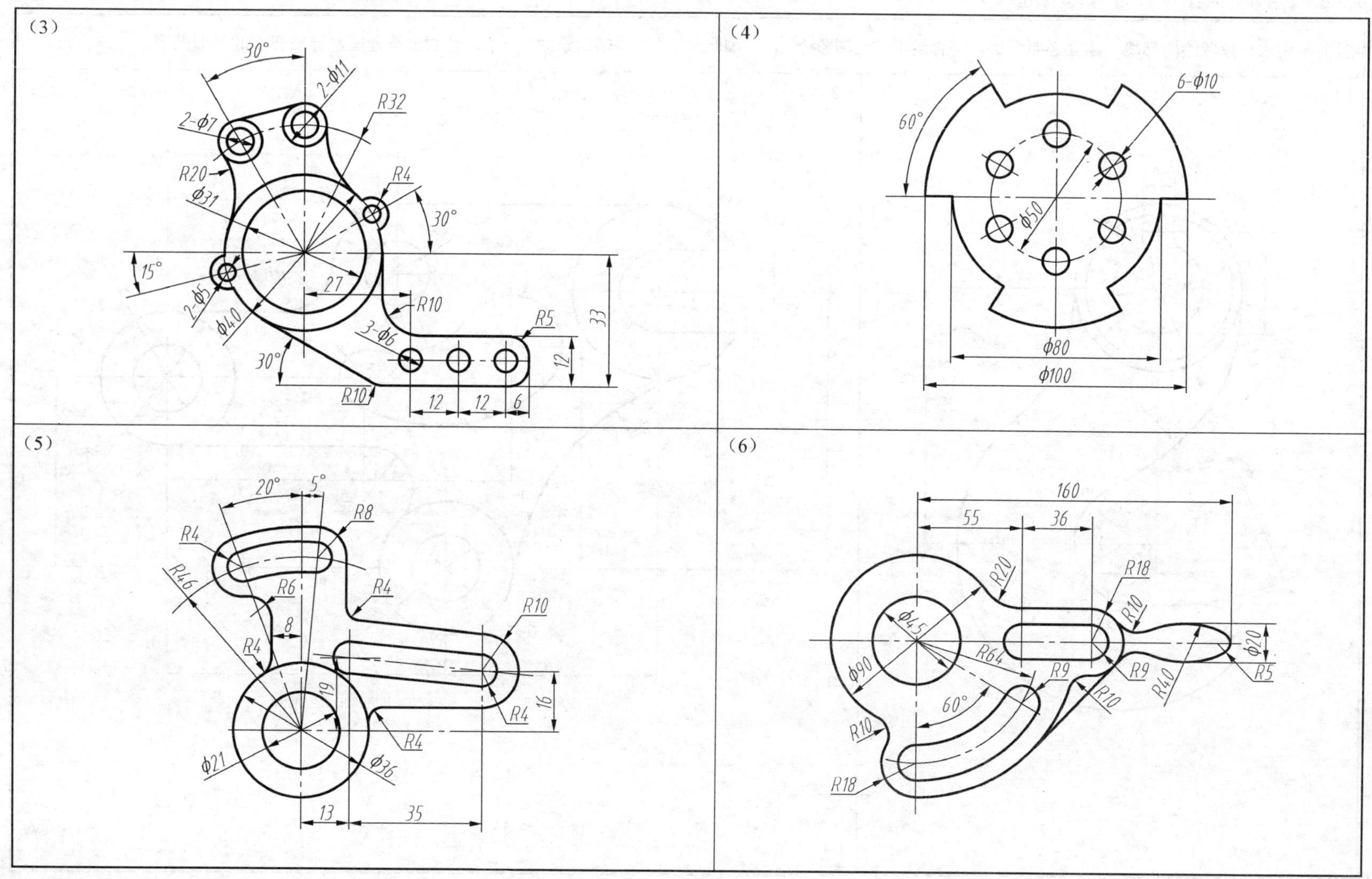

姓名：　　　　　　　学号：

1.6 徒手绘图

1.6.1 徒手画直线段

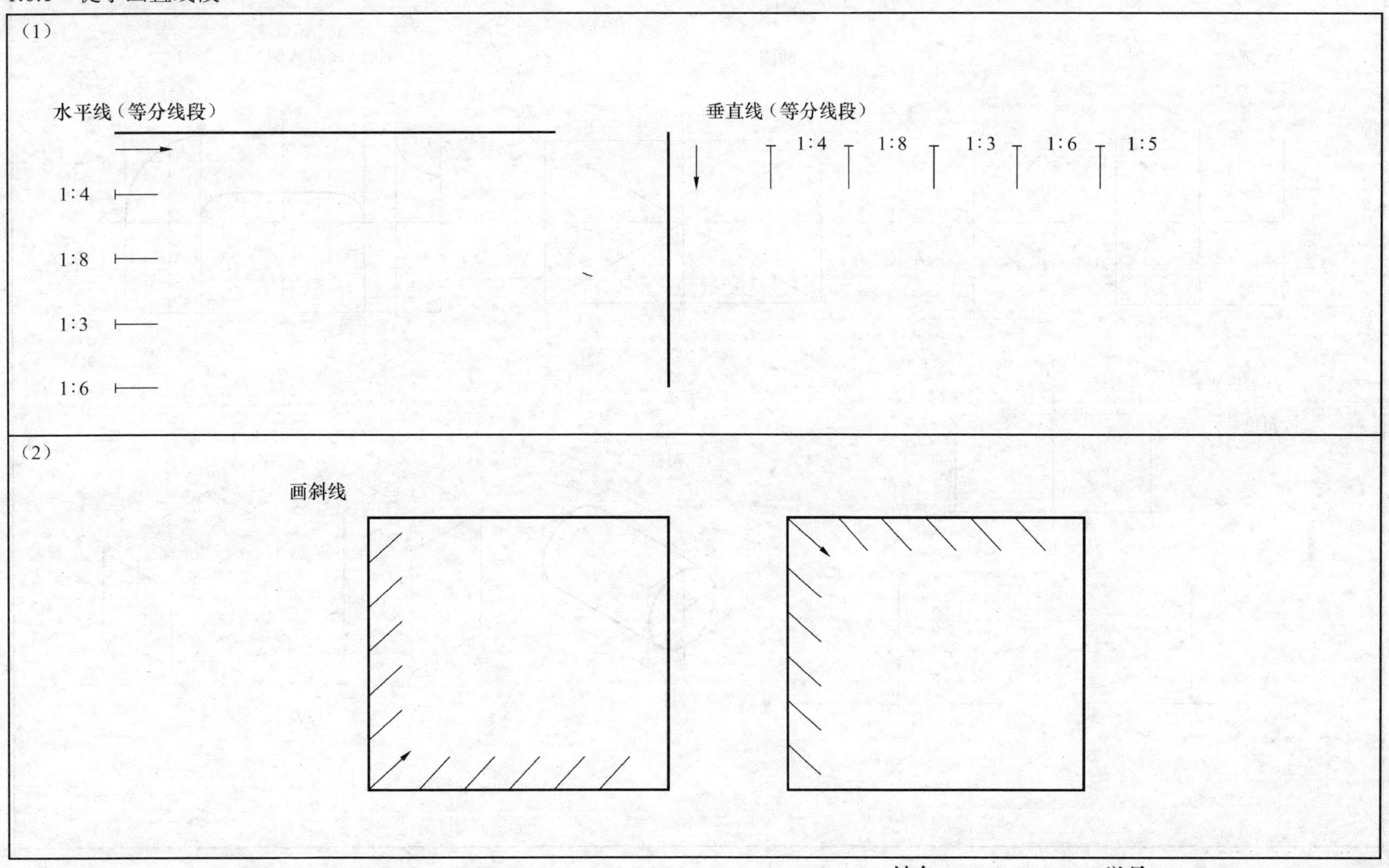

姓名： 学号：

1.6.2 徒手画曲线

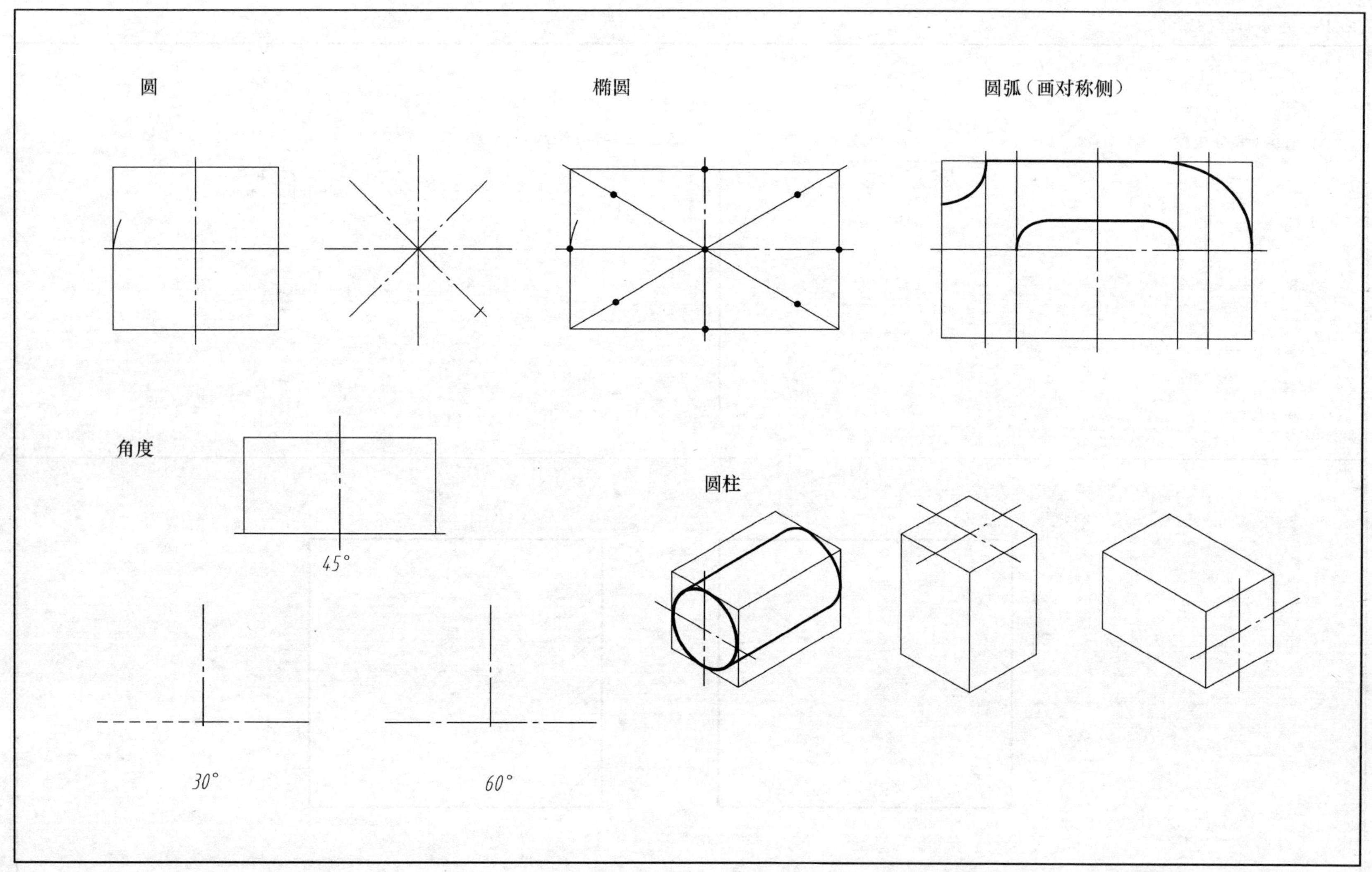

姓名：　　　　　学号：

1.6.3　徒手绘制平面图形，并标注尺寸

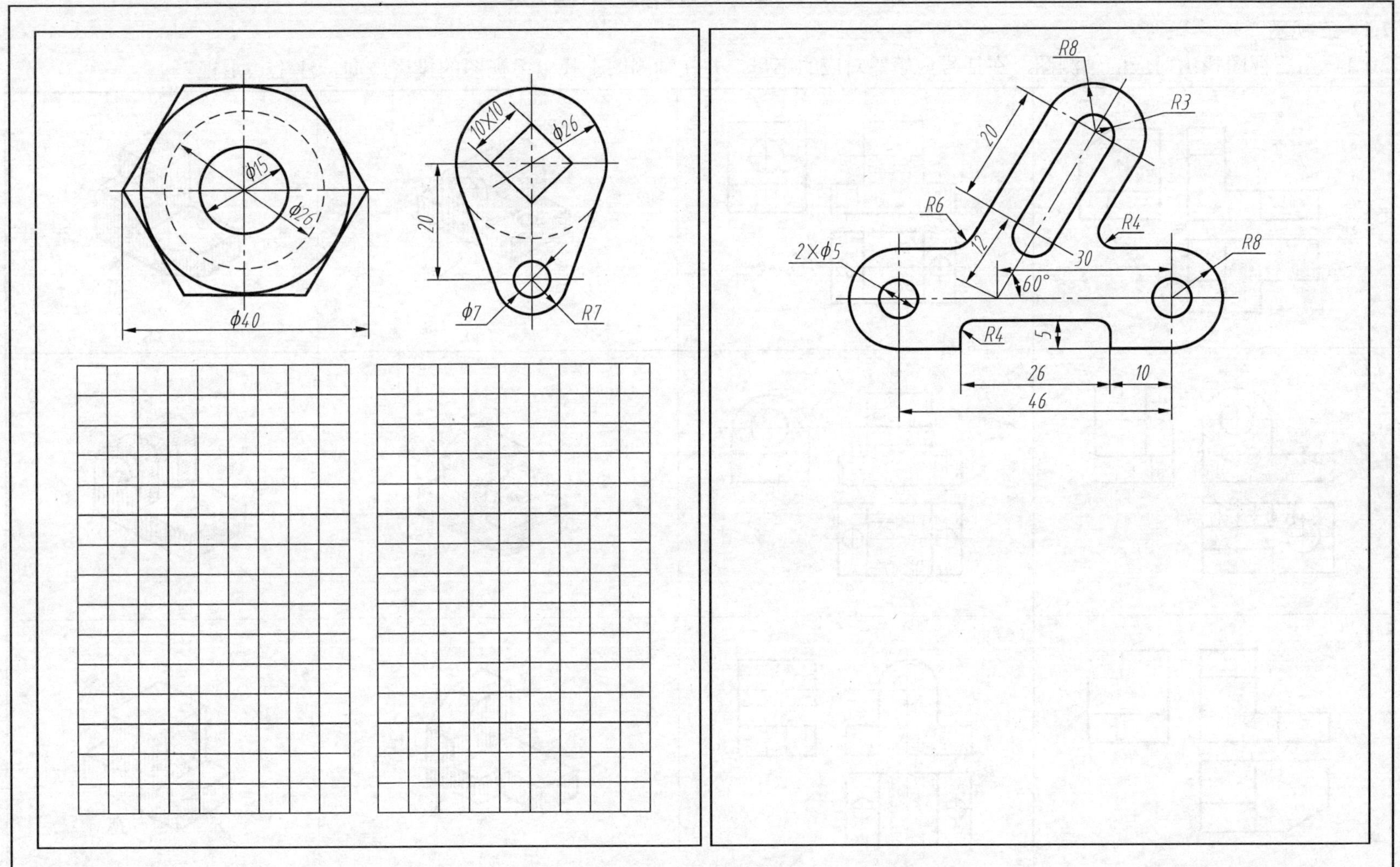

姓名：　　　　　　　学号：

第2章　正投影法与三视图

2.1　三视图

2.1.1　由三视图找出对应的轴测图，在括号内填写对应的字母，并在轴测图上找出主视图的投影方向，注上“主视”

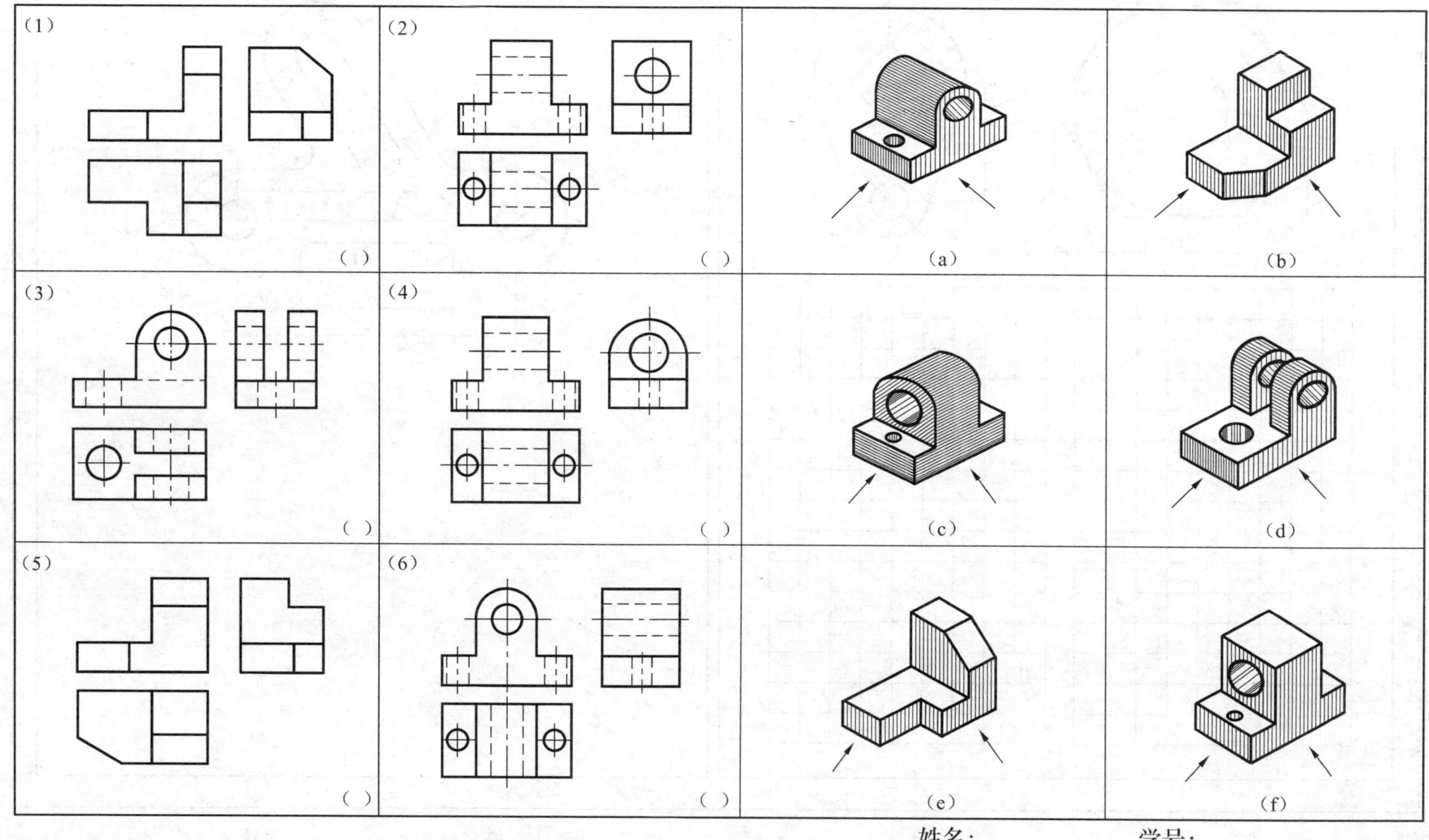

姓名:　　　　　　学号:

2.1.2　参照立体图，补画俯视图、左视图（尺寸图中量取）

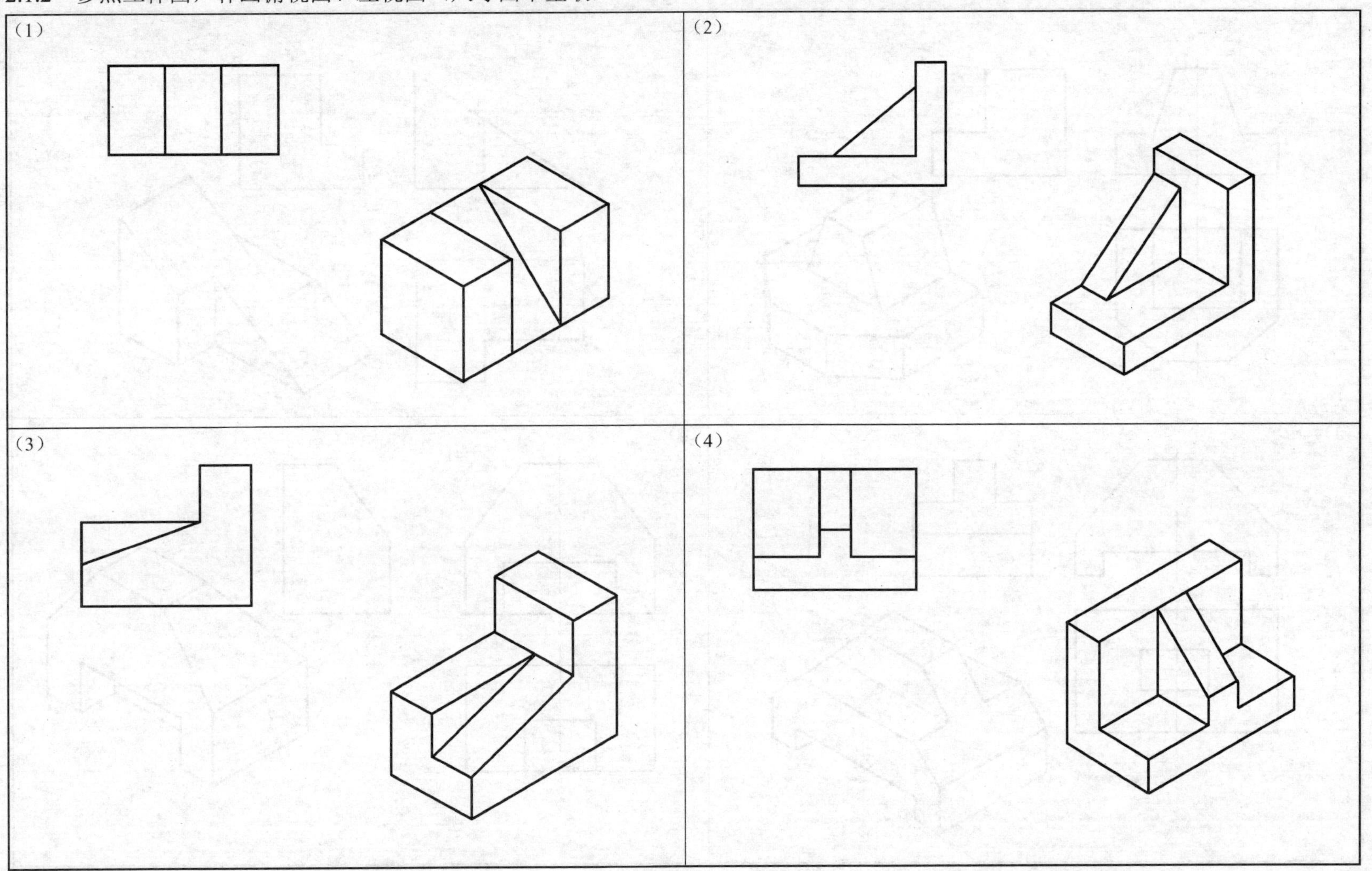

姓名：　　　　　　　　学号：

2.1.3　参照立体图，补全视图中的缺线

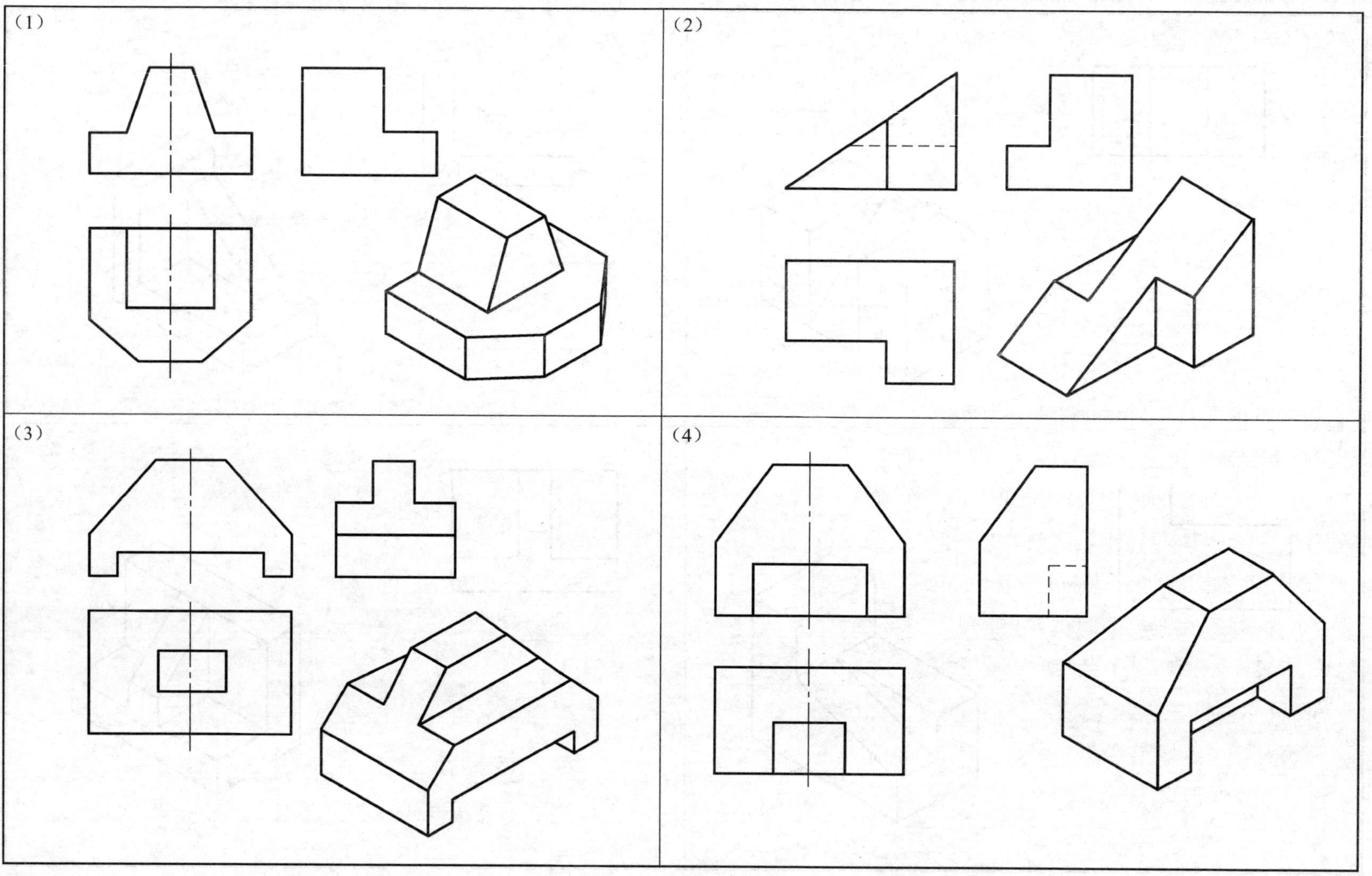

姓名：　　　　　　学号：

2.1.4 参照立体图，根据两视图，补画第三视图

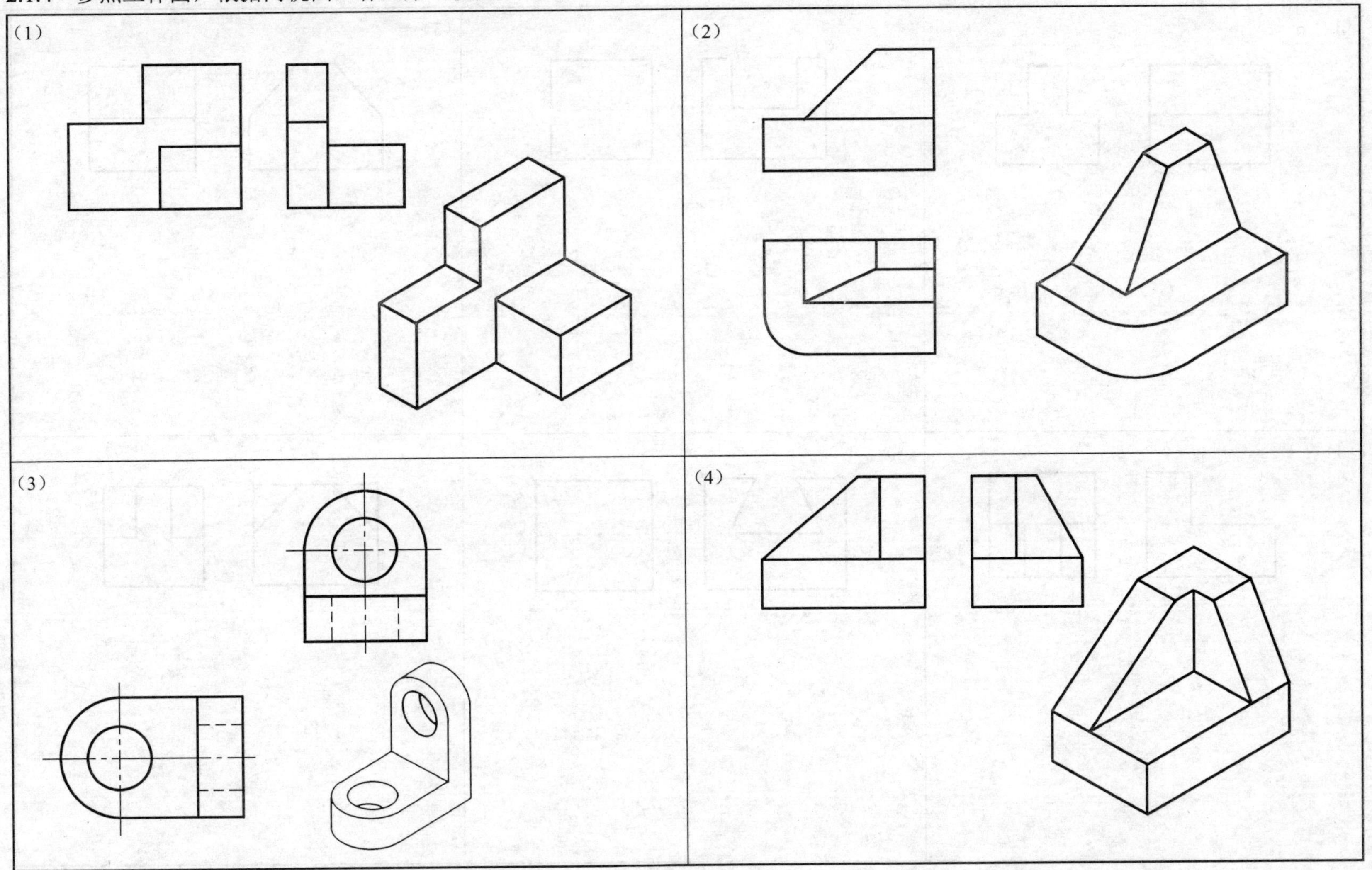

姓名：　　　　　　学号：

2.1.5　根据两视图，补画第三视图

(1)

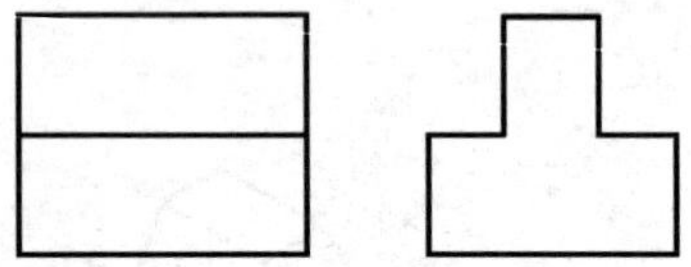

(2)

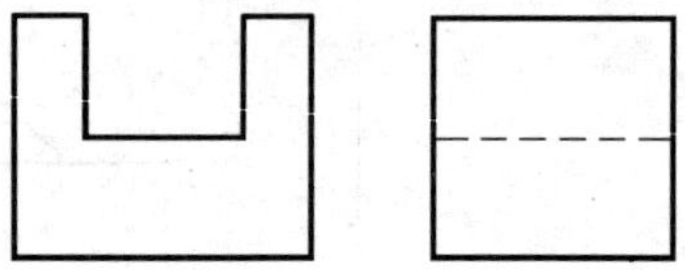

(3)

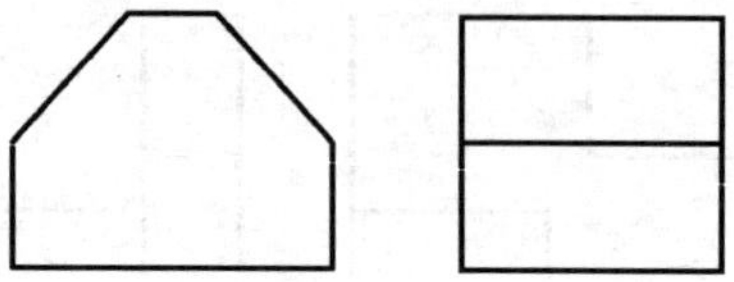

(4)

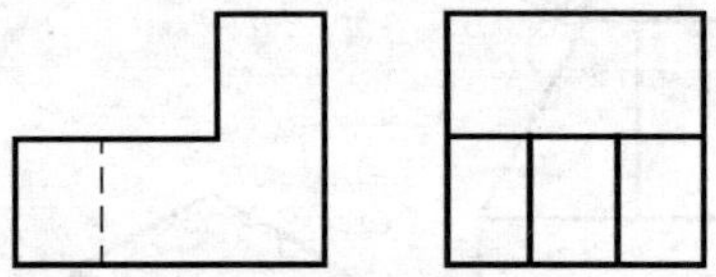

(5)

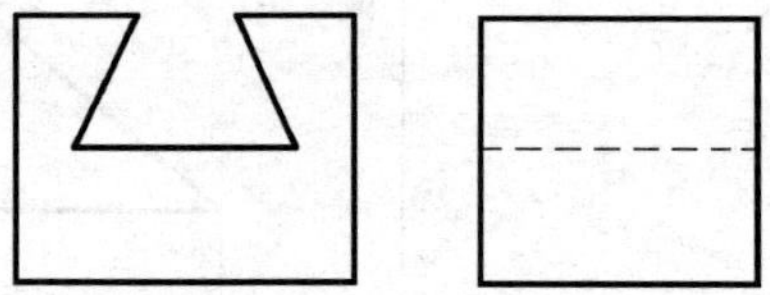

(6)

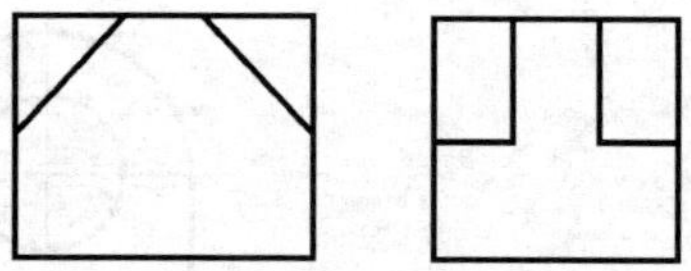

姓名:　　　　　　　　学号:

2.1.6　补画三视图上漏画的线

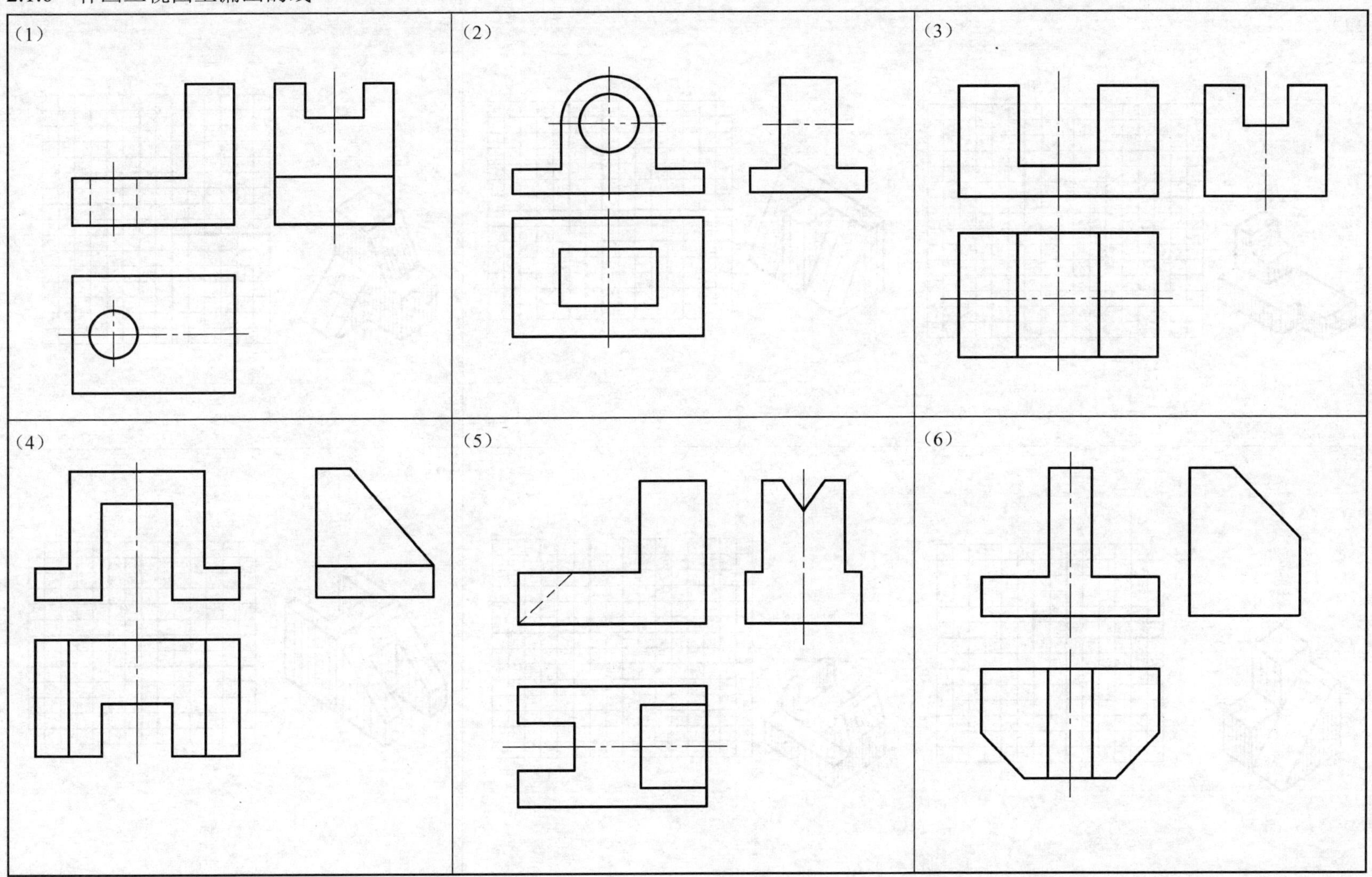

姓名：　　　　　　学号：

2.1.7　根据轴测图，徒手绘制三视图

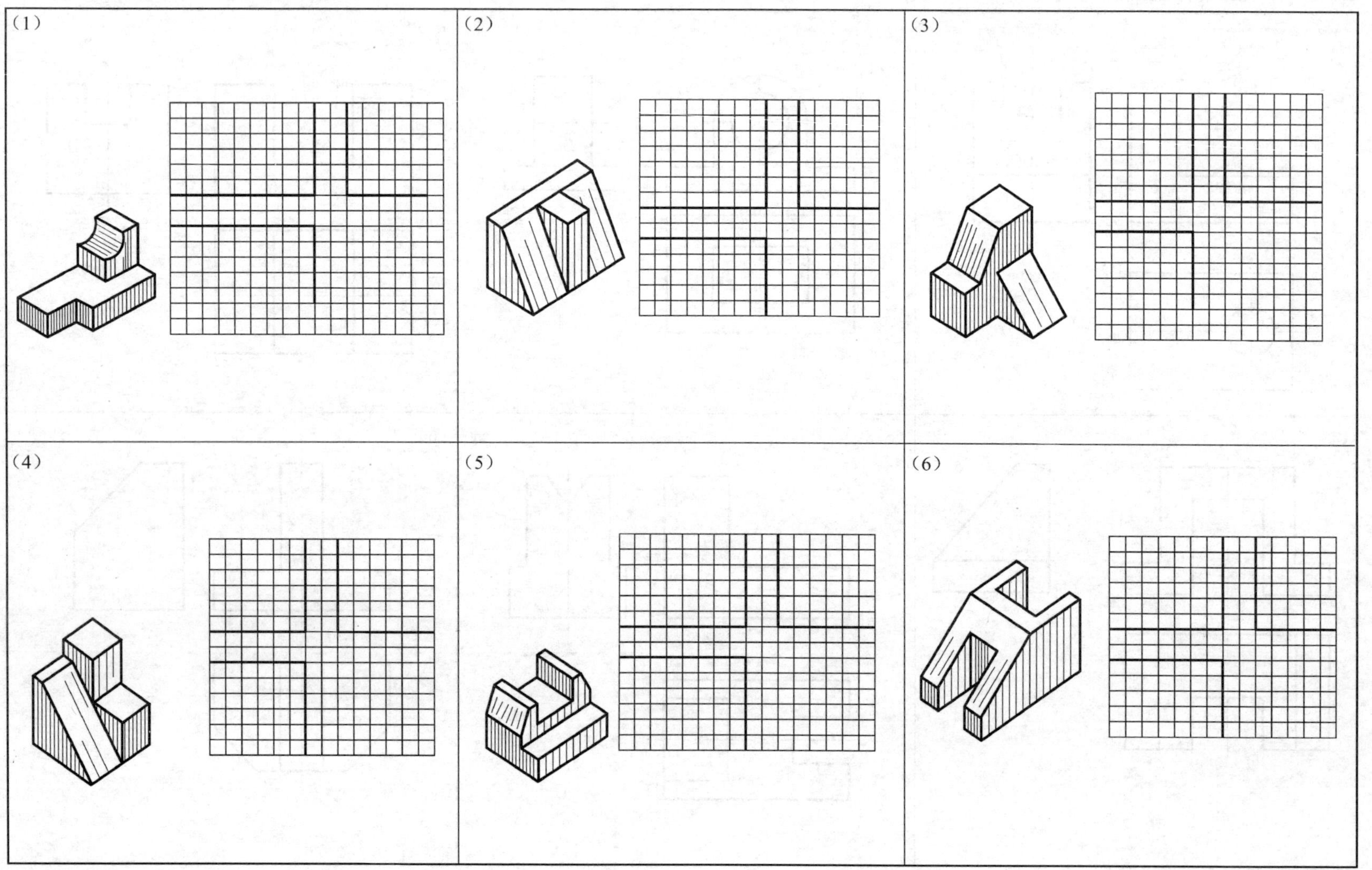

姓名：　　　　　　学号：

2.1.8 绘制三视图作业 （由轴测图或模型画三视图）

1. 目的

（1）掌握三视图的形成及它们之间的“三等”和“六方位”关系。

（2）初步掌握由模型或轴测图画三视图的方法。

2. 内容和要求

（1）由模型或轴测图画三视图，题目由老师指定。

（2）用 A4 图幅，横放，画 4 个题目的三视图，不标注尺寸。

（3）进一步训练绘图工具的使用能力。

3. 作图步骤

（1）仔细地观察物体各个方向的形状，确定主视图的投影方向。

（2）将图幅分成 4 个有效部分，把图形布置匀称。

（3）作图时先画出每个视图两个方向的作图基准线。

（4）先画底稿图，确定无误后，按线型描深加粗。

4. 注意点

（1）三视图应按规定的位置配置，应符合“长对正、高平齐、宽相等”的投影关系及“六方位”的对应关系。

（2）测量尺寸时，教师应予指导，按长、高、宽直角坐标方向直接量取，不能测量斜向的尺寸。

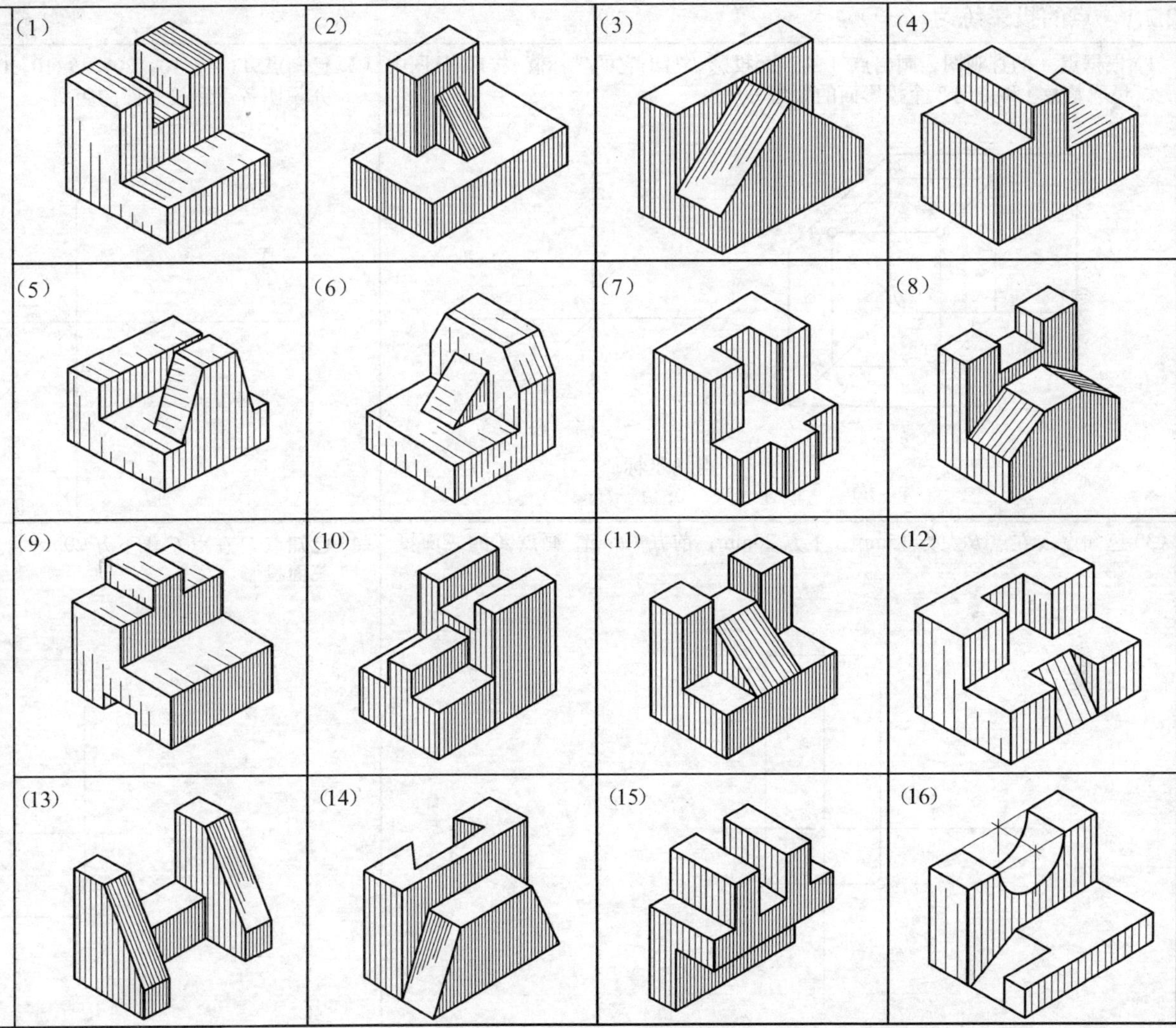

姓名：　　　　　　学号：

2.2 点的投影

2.2.1 点的投影练习（一）

（1）根据点 A 的直观图，画出点 A 的三面投影，写出它的坐标值（按1:1从图中量取整数）和点到 3 个投影面的距离。

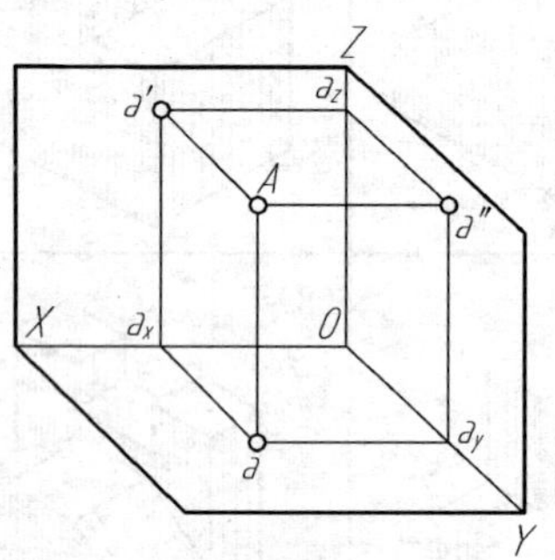

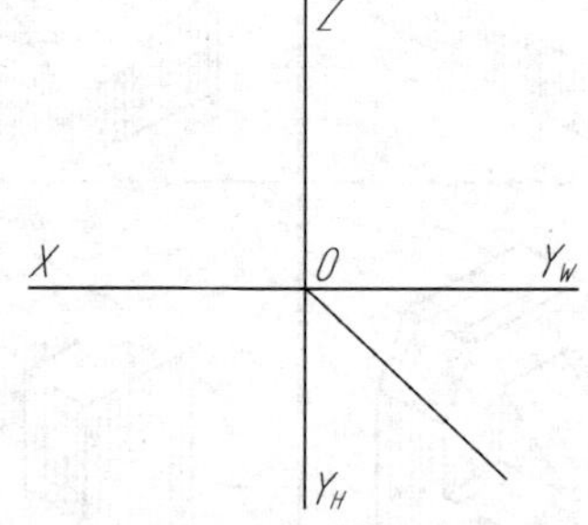

点 A 坐标（　　、　　、　　）

$A\to W$（　　）；$A\to V$（　　）；$A\to H$（　　）

（2）已知点 A(15，10，20)、B(10，0，15) 的坐标值，画这两个点的三面投影并说明各点到投影面的距离。

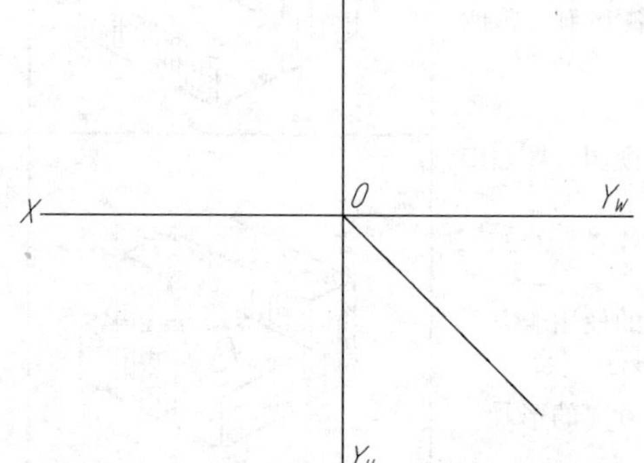

点	到 W	到 V	到 H
A			
B			

（3）已知点 A 在点 B 左方 15mm，下方 20mm，前方 10mm，画点 A 的三面投影。

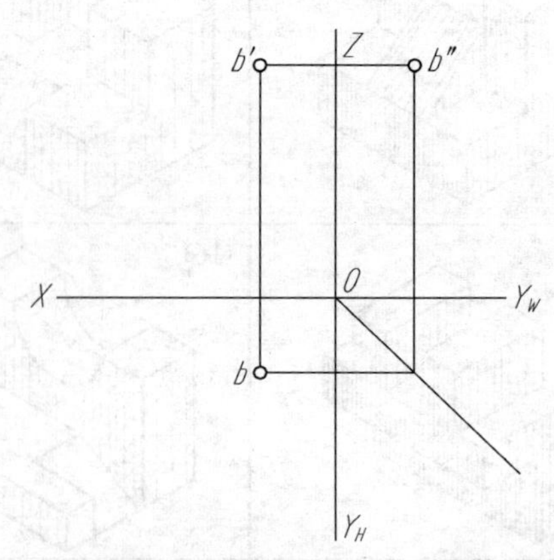

（4）已知点 D 在点 C 正下方 20mm，点 E 在点 C 正右方 10mm，画点 D、E 的三面投影。

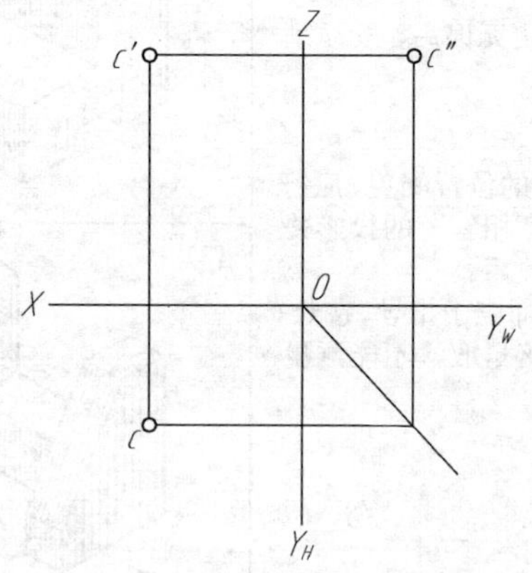

姓名：　　　　　　学号：

2.2.2 点的投影练习（二）

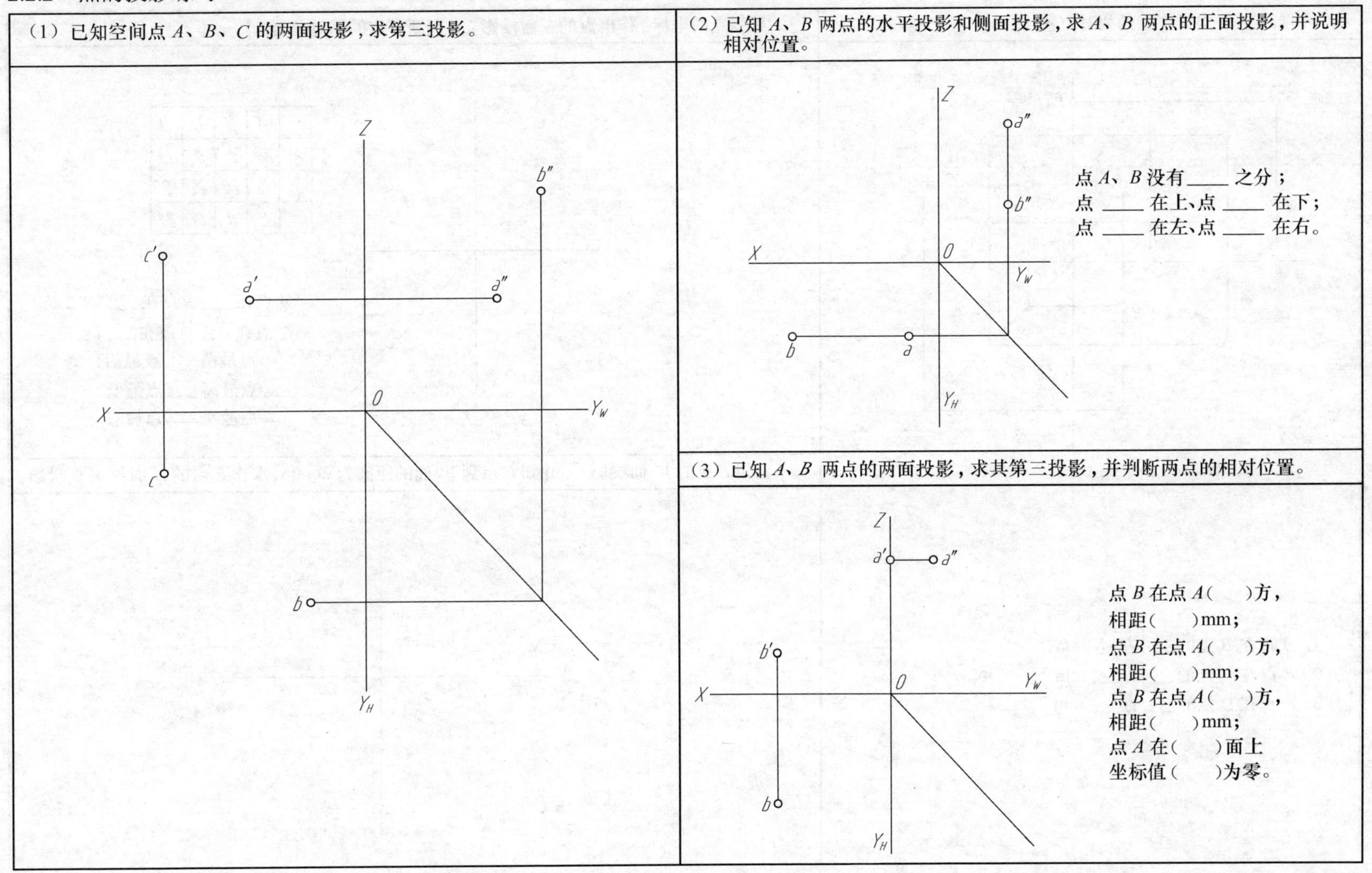

姓名：　　　　　　学号：

2.2.3　点的投影练习（三）

（1）判断下列各对重影点的相对位置。

（2）根据点的坐标，作出点的三面投影，并判断各点的相对位置。

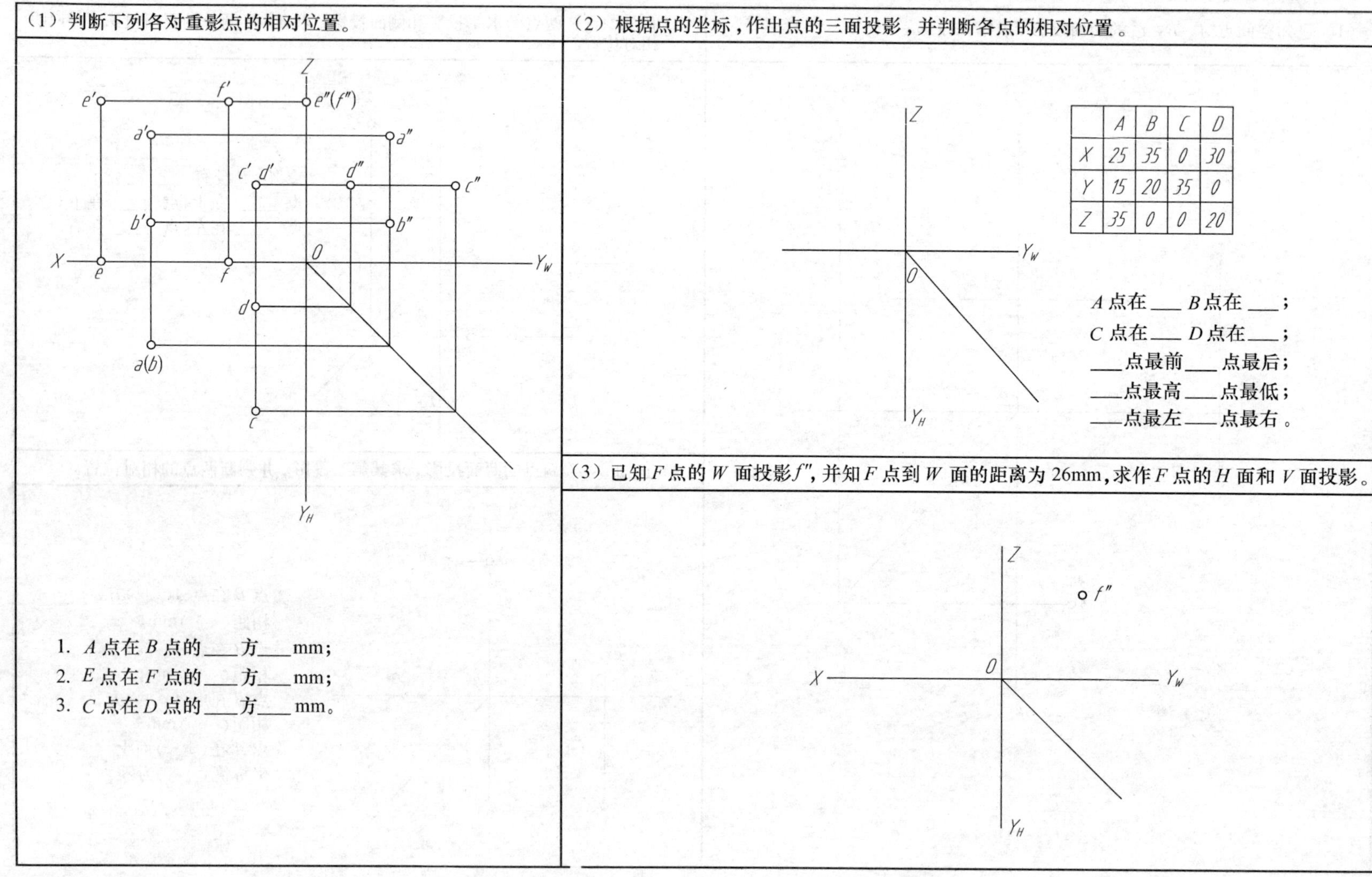

1. A 点在 B 点的____方____mm;
2. E 点在 F 点的____方____mm;
3. C 点在 D 点的____方____mm。

	A	B	C	D
X	25	35	0	30
Y	15	20	35	0
Z	35	0	0	20

A 点在____ B 点在____；
C 点在____ D 点在____；
____点最前____点最后；
____点最高____点最低；
____点最左____点最右。

（3）已知 F 点的 W 面投影 f″，并知 F 点到 W 面的距离为 26mm，求作 F 点的 H 面和 V 面投影。

姓名：　　　　　　学号：

2.2.4 补画第三视图，并求其表面上点的未知投影

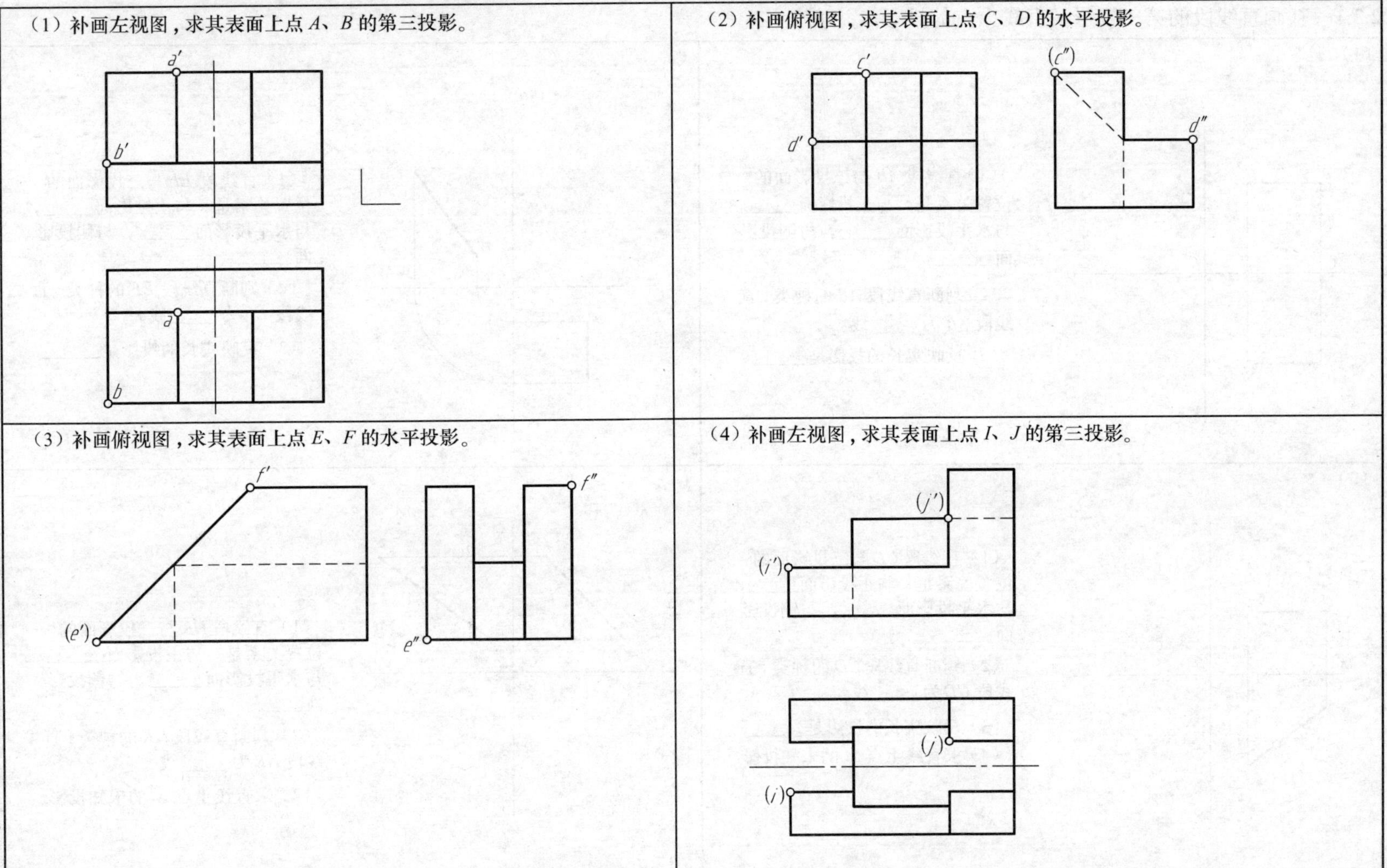

姓名：　　　　　　学号：

2.3 直线的投影

2.3.1 补画直线段的第三投影及直线上点的投影，并填空

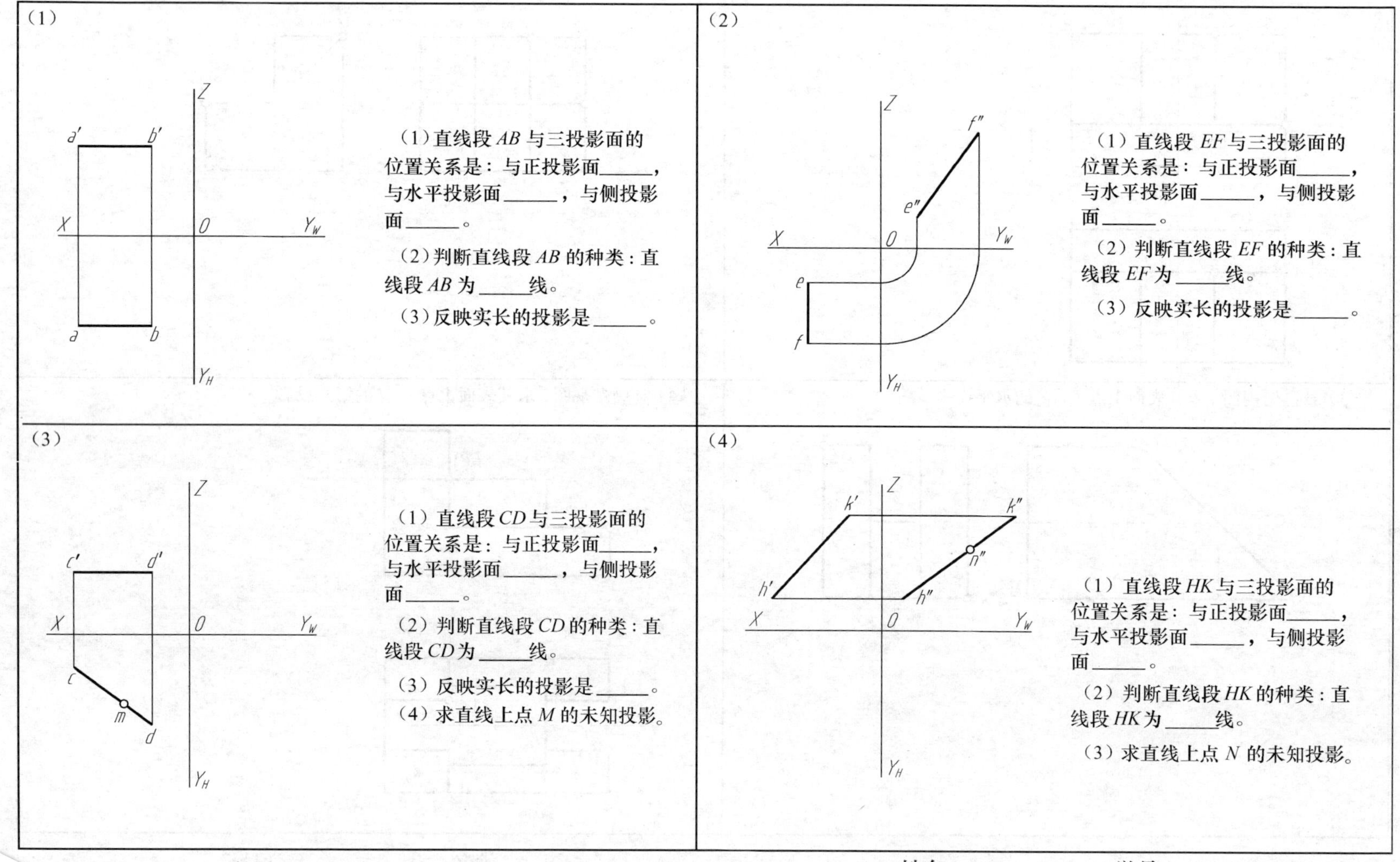

（1）

（1）直线段 AB 与三投影面的位置关系是：与正投影面_____，与水平投影面_____，与侧投影面_____。

（2）判断直线段 AB 的种类：直线段 AB 为_____线。

（3）反映实长的投影是_____。

（2）

（1）直线段 EF 与三投影面的位置关系是：与正投影面_____，与水平投影面_____，与侧投影面_____。

（2）判断直线段 EF 的种类：直线段 EF 为_____线。

（3）反映实长的投影是_____。

（3）

（1）直线段 CD 与三投影面的位置关系是：与正投影面_____，与水平投影面_____，与侧投影面_____。

（2）判断直线段 CD 的种类：直线段 CD 为_____线。

（3）反映实长的投影是_____。

（4）求直线上点 M 的未知投影。

（4）

（1）直线段 HK 与三投影面的位置关系是：与正投影面_____，与水平投影面_____，与侧投影面_____。

（2）判断直线段 HK 的种类：直线段 HK 为_____线。

（3）求直线上点 N 的未知投影。

姓名：　　　　学号：

2.3.2　在三视图上用相应字母标出立体图上指定直线的投影，并说明直线的空间位置

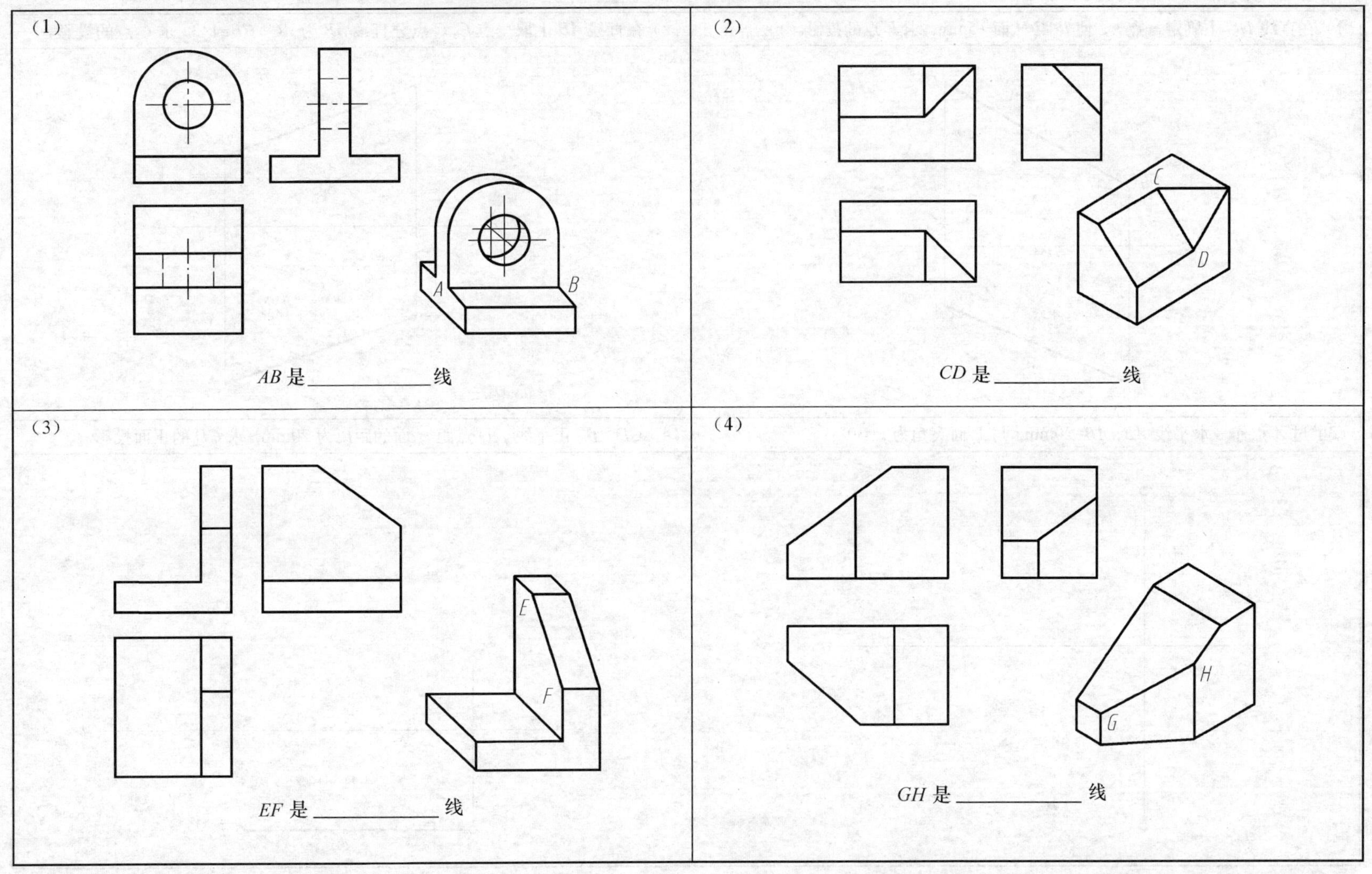

姓名：　　　　　　　学号：

2.3.3 直线上的点及直线的投影

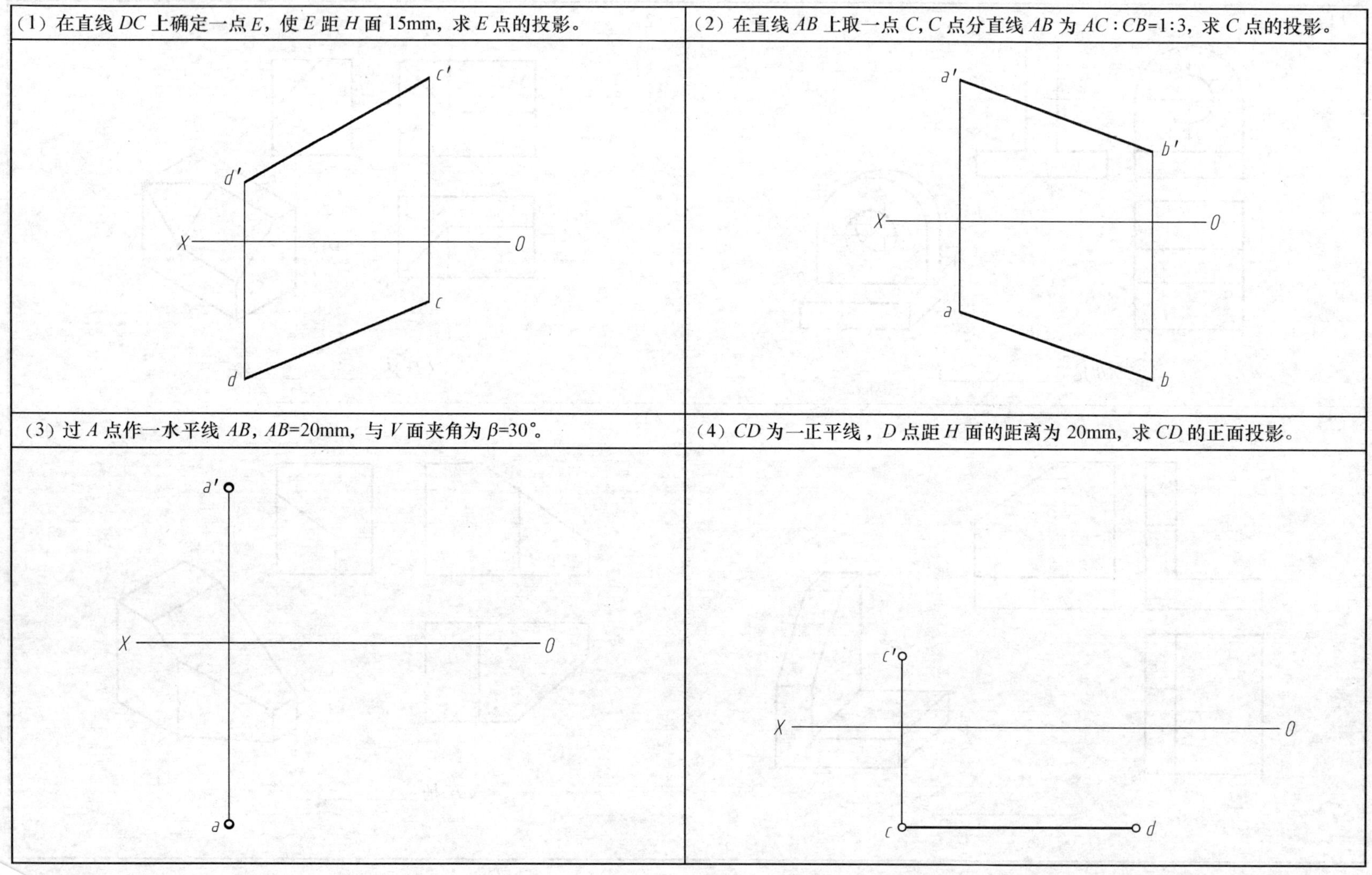

姓名：　　学号：

2.3.4 判断下列两直线的相对位置（平行，相交，交叉，垂直相交）

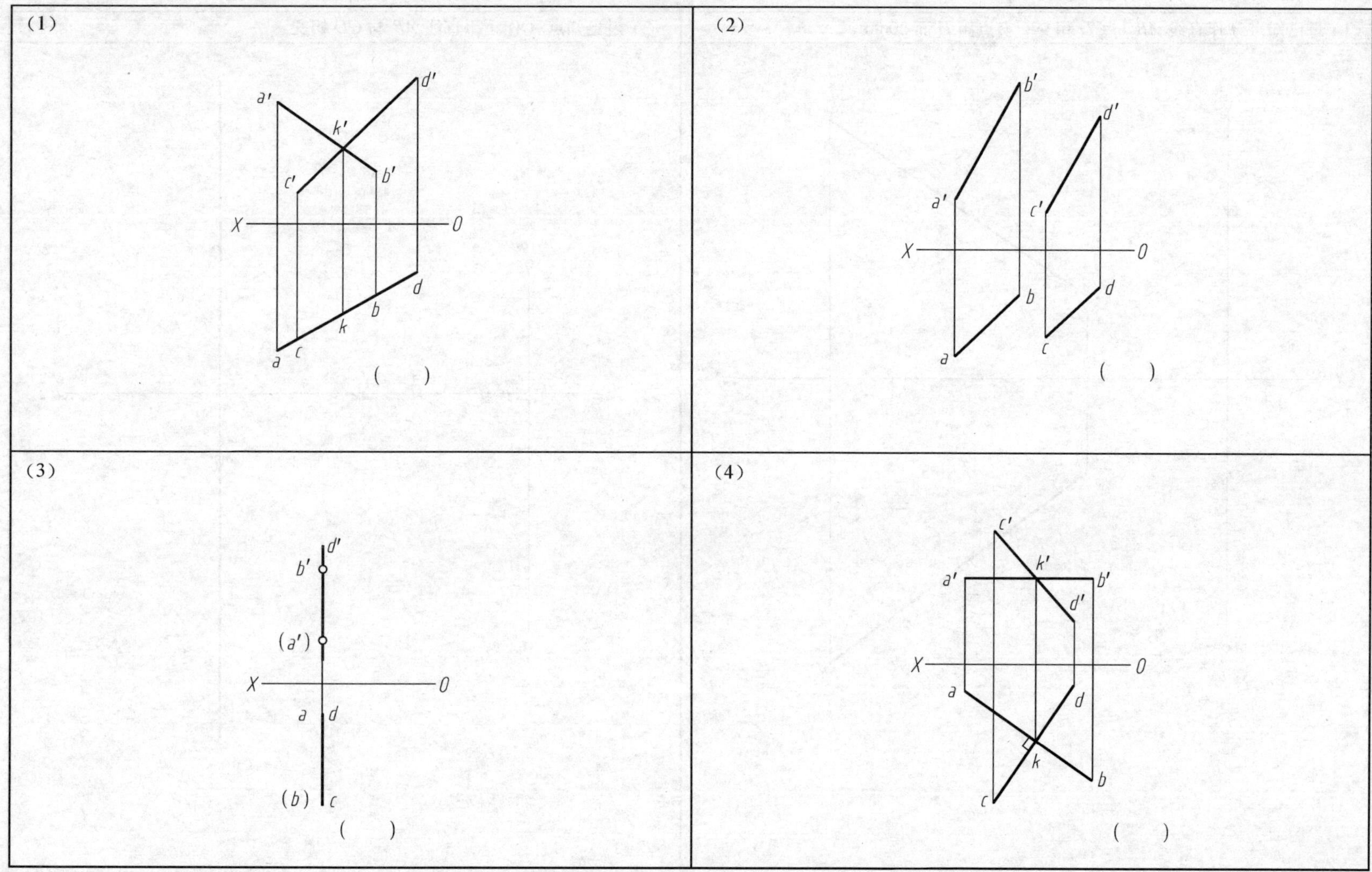

姓名： 学号：

2.3.5　根据给定条件，作直线的投影

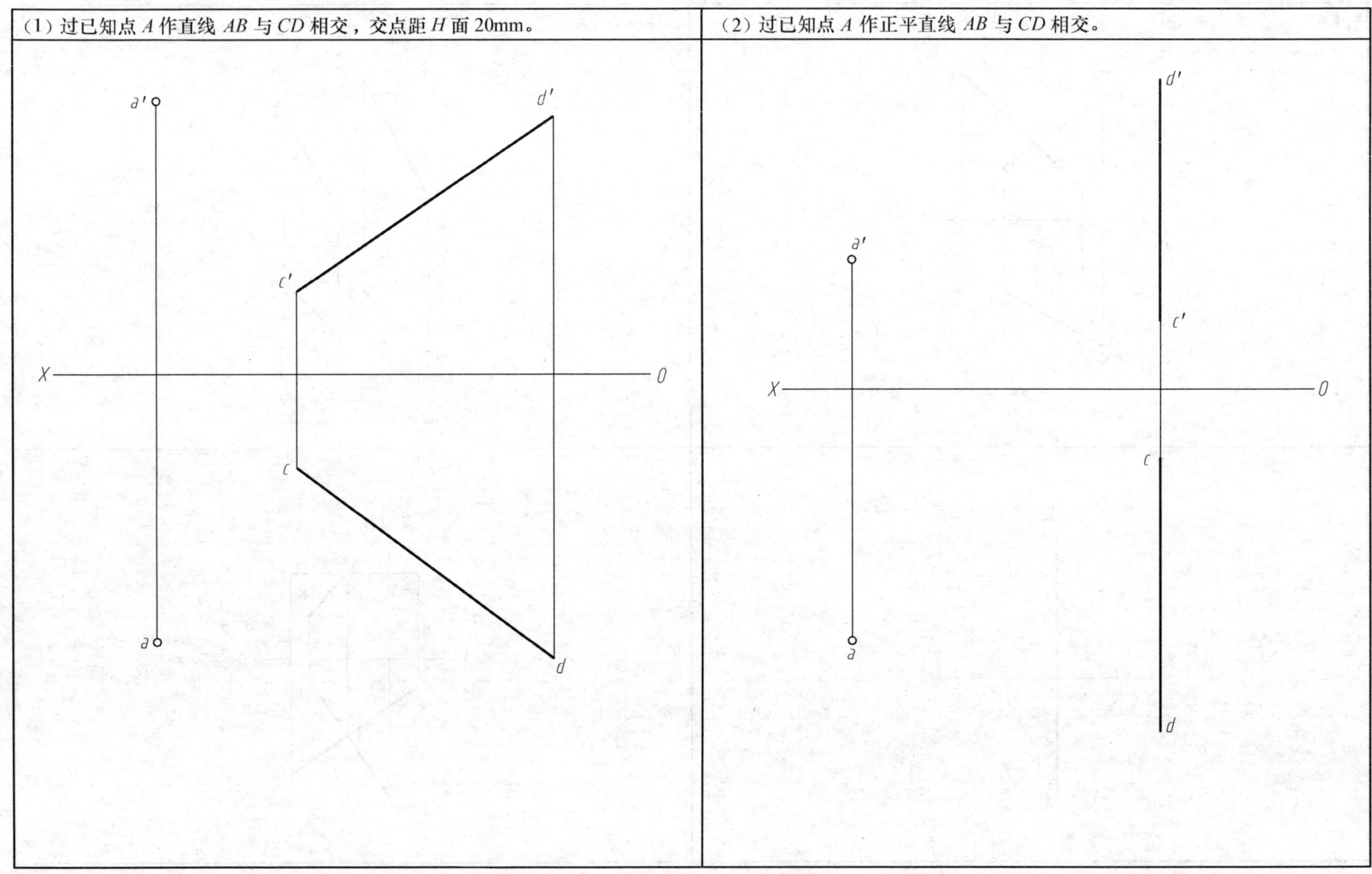

姓名：　　　　　　学号：

2.3.6 根据给定条件，作直线的投影

（1）作直线 *AB* 与 *CD* 相交，交点距 *V*、*W* 面的距离相等。

（2）作直线 *AB* 与 *CD* 垂直相交。

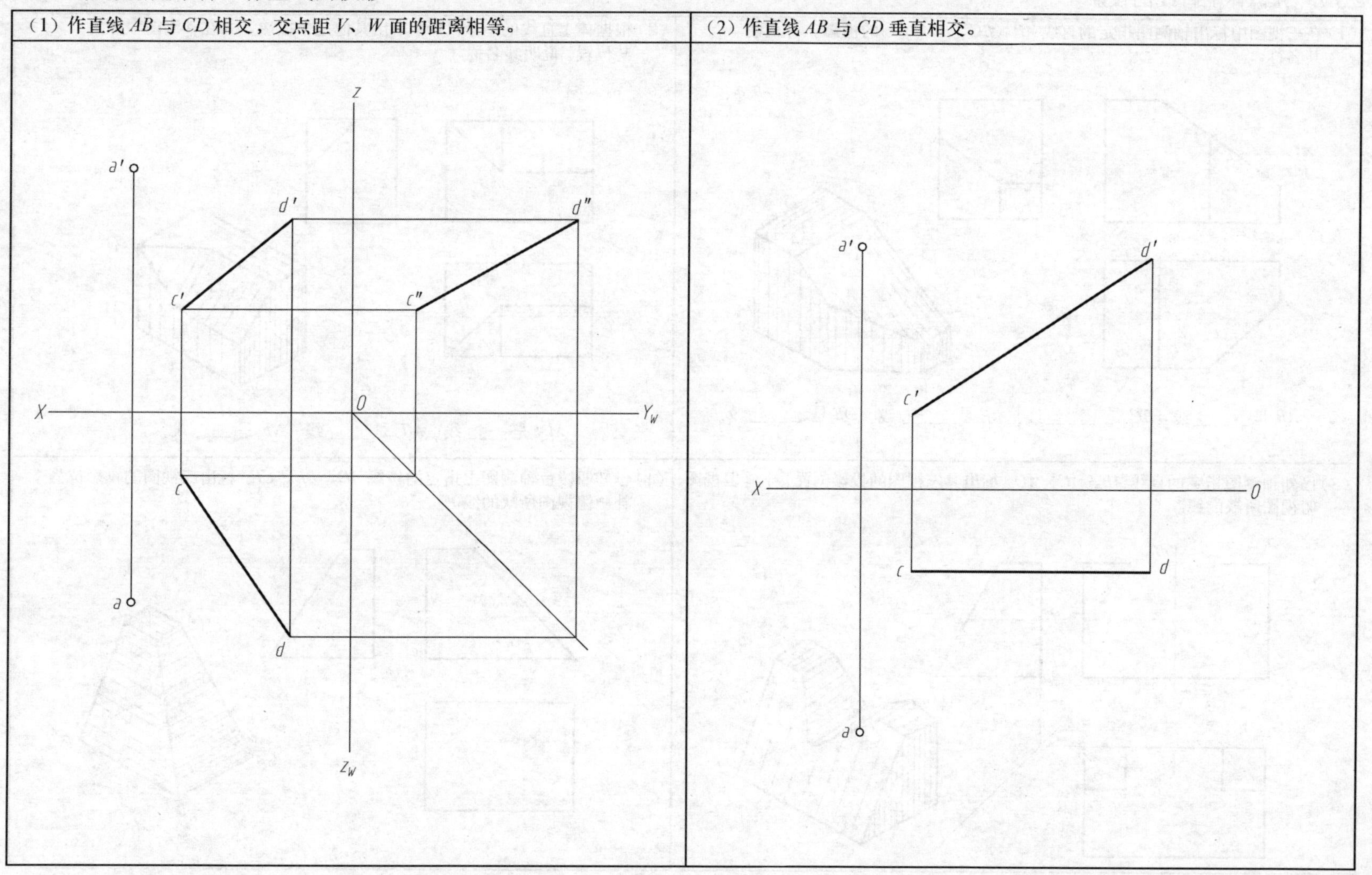

姓名：　　　　　　学号：

2.3.7　分析体上直线的投影

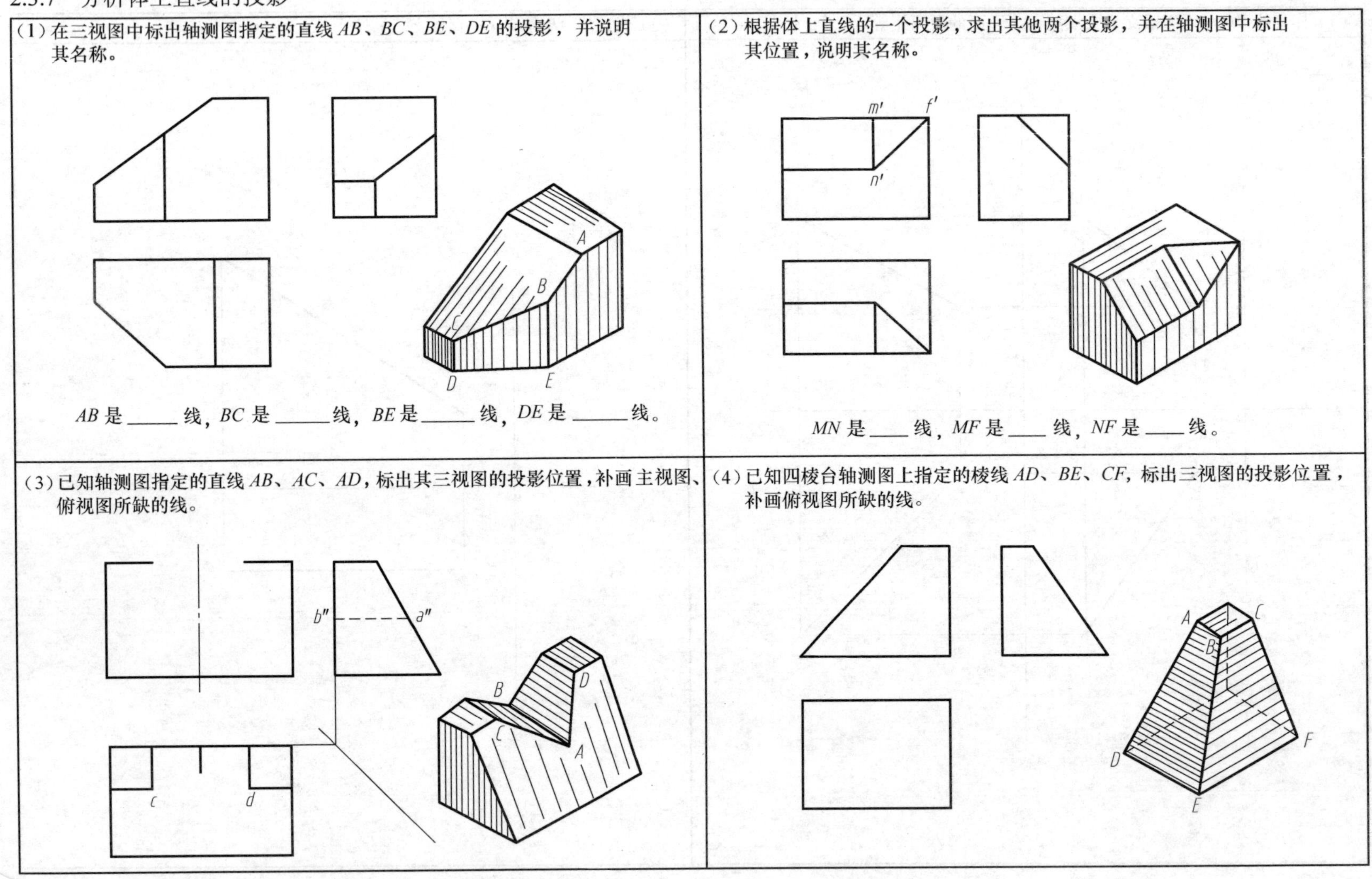

（1）在三视图中标出轴测图指定的直线 *AB*、*BC*、*BE*、*DE* 的投影，并说明其名称。

AB 是＿＿＿线，*BC* 是＿＿＿线，*BE* 是＿＿＿线，*DE* 是＿＿＿线。

（2）根据体上直线的一个投影，求出其他两个投影，并在轴测图中标出其位置，说明其名称。

MN 是＿＿＿线，*MF* 是＿＿＿线，*NF* 是＿＿＿线。

（3）已知轴测图指定的直线 *AB*、*AC*、*AD*，标出其三视图的投影位置，补画主视图、俯视图所缺的线。

（4）已知四棱台轴测图上指定的棱线 *AD*、*BE*、*CF*，标出三视图的投影位置，补画俯视图所缺的线。

姓名：　　　　　　　学号：

2.4 平面的投影

2.4.1 根据平面的两面投影，求第三投影，并填空

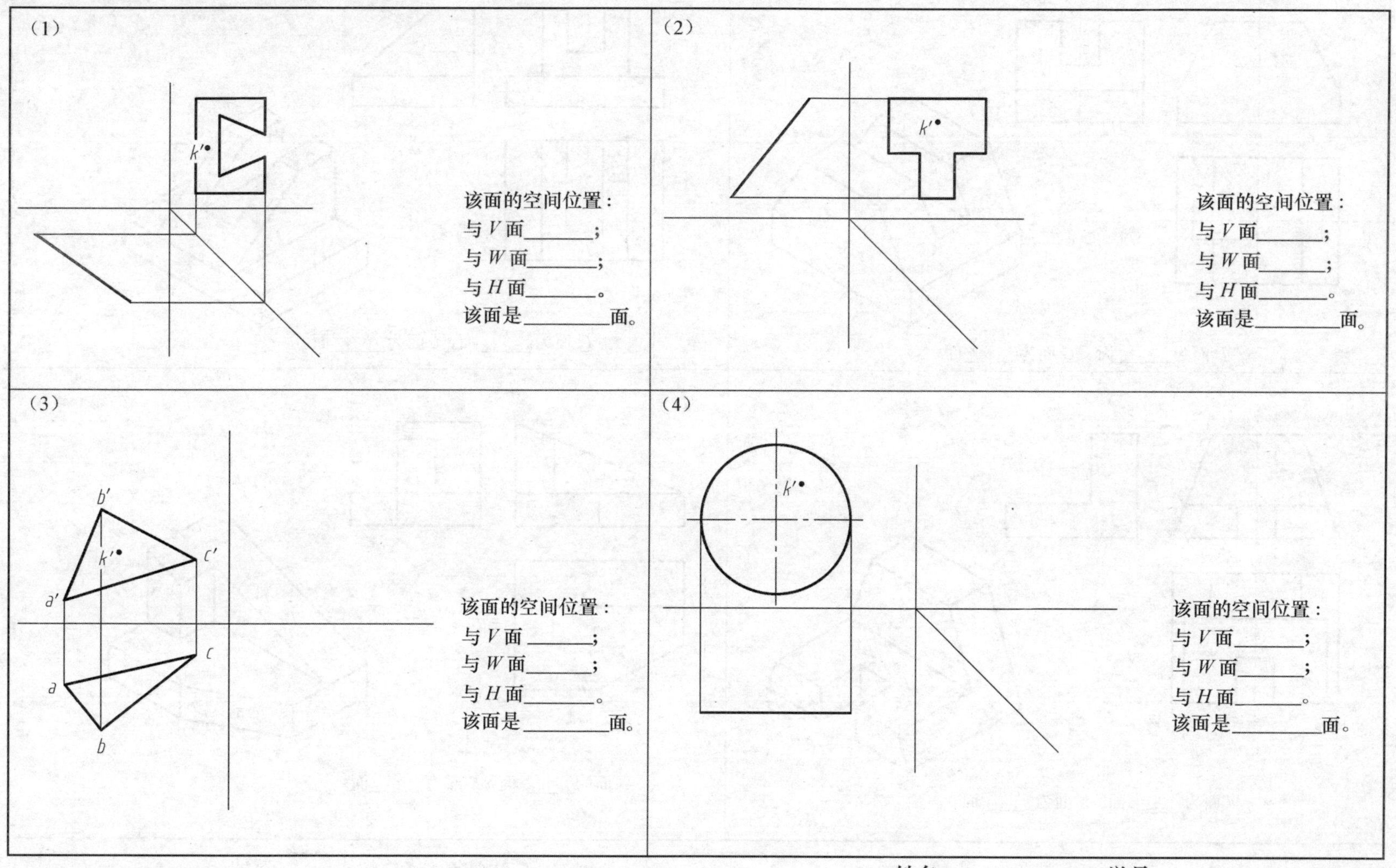

姓名：　　　　　　　学号：

2.4.2　在三视图上标出平面的投影，并说明平面的空间位置

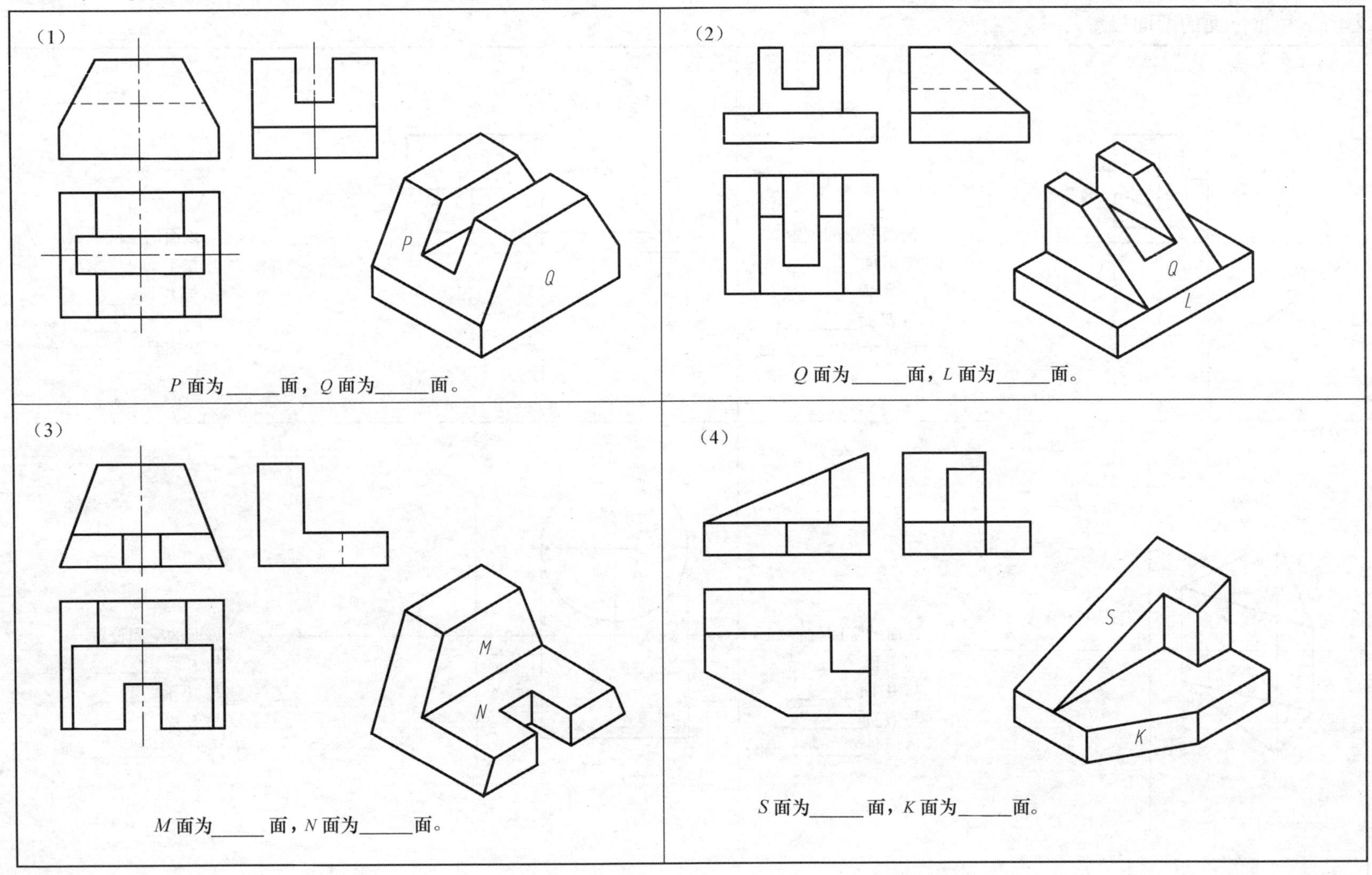

姓名：　　　　　　学号：

2.4.3 判断物体表面 *A*、*B*、*C* 是什么面，在三视图上标出其他两投影，在立体图上标出面的位置

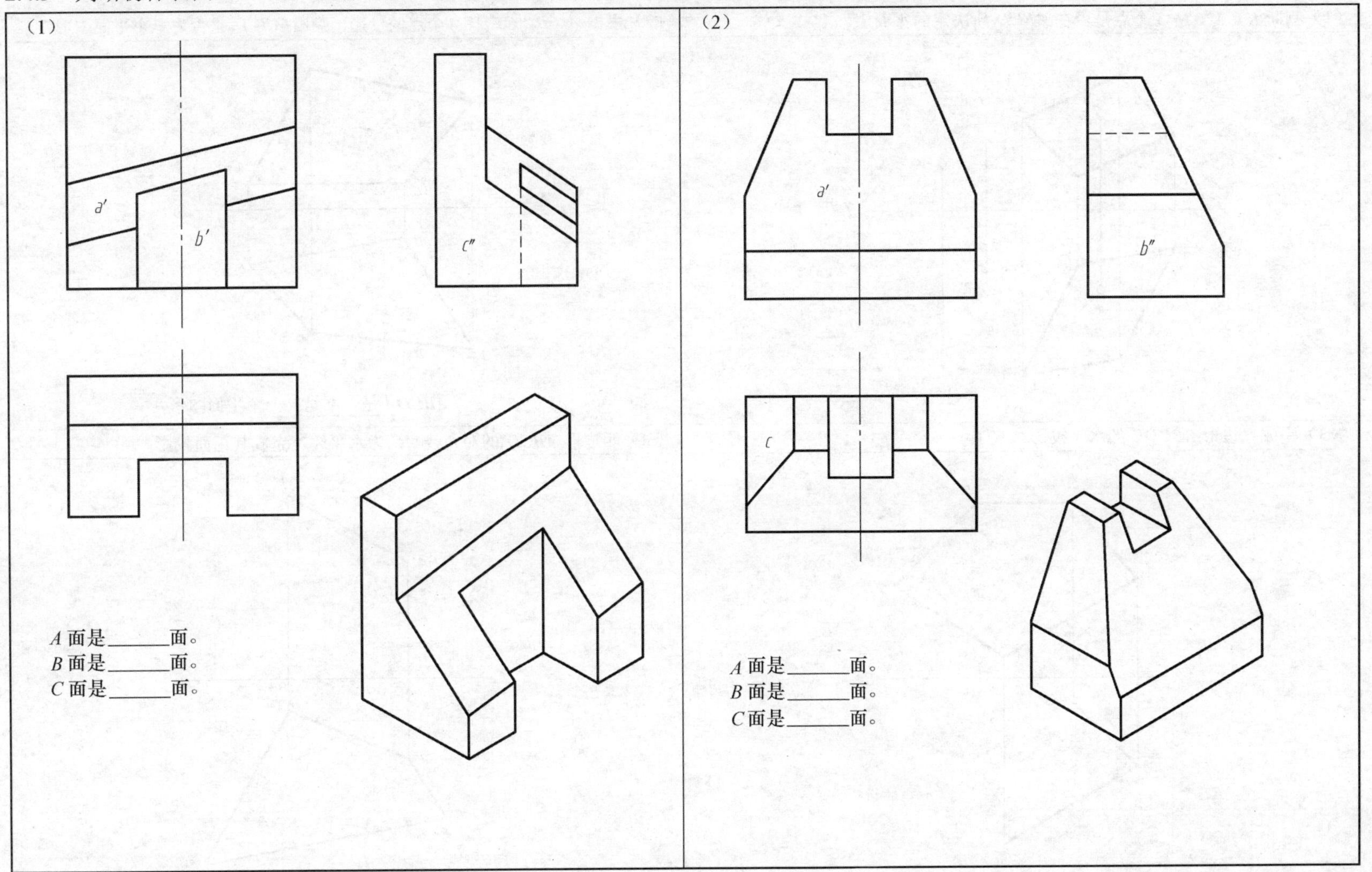

姓名：　　　　　　学号：

2.4.4 平面上点的投影

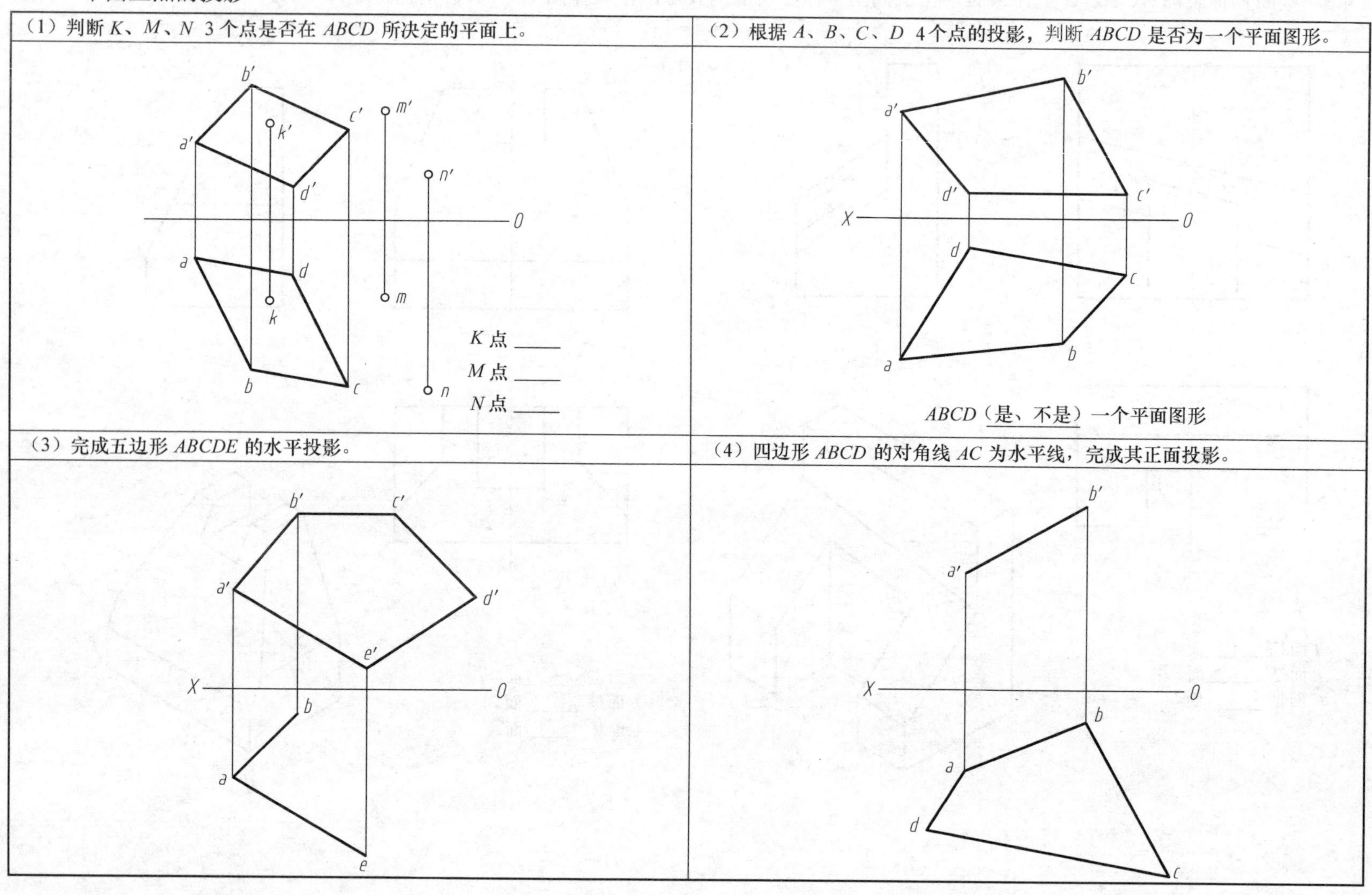

姓名：　　　　　　学号：

2.4.5 试在已知平面上作投影面的特殊位置线

（1）在四边形 $ABCD$ 上作一条距 H 面 15mm 的水平线，作一条距 V 面 20mm 的正平线。

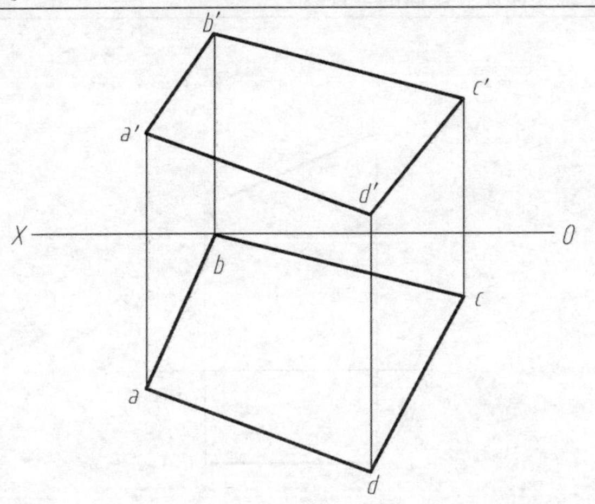

（2）四边形的 AB 边为水平线，且 $AB \perp BC$，试完成其水平投影。

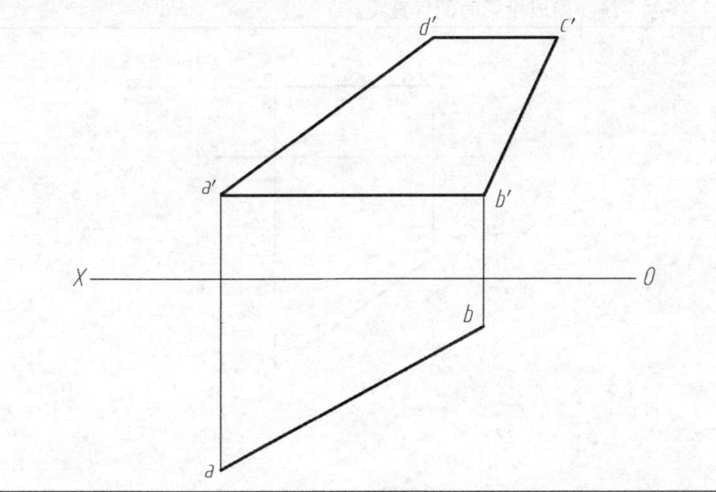

（3）在平面 $ABCD$ 上作一条水平线 AE，其与正平面的夹角 β=45°。

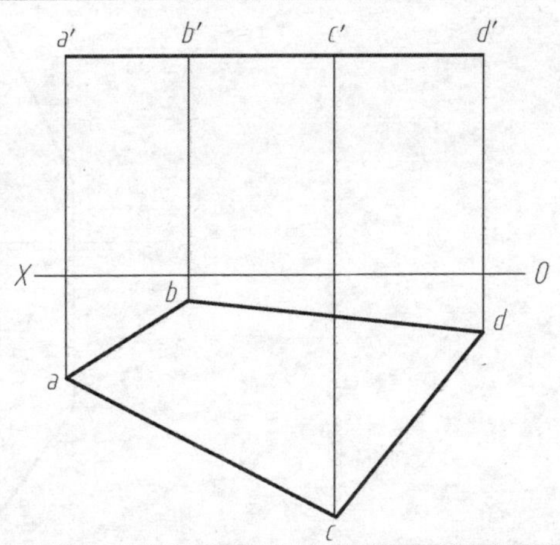

（4）在平面 ABC 上求一点 K，使 K 点距 H 面为 15mm。

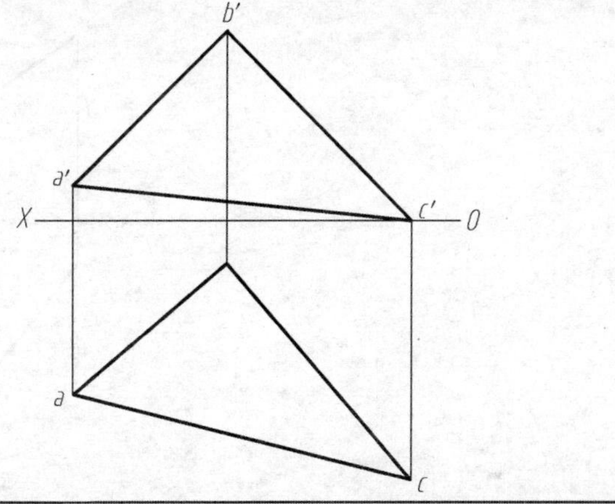

姓名：　　　　　　学号：

2.5 投影变换

2.5.1 直线的投影变换

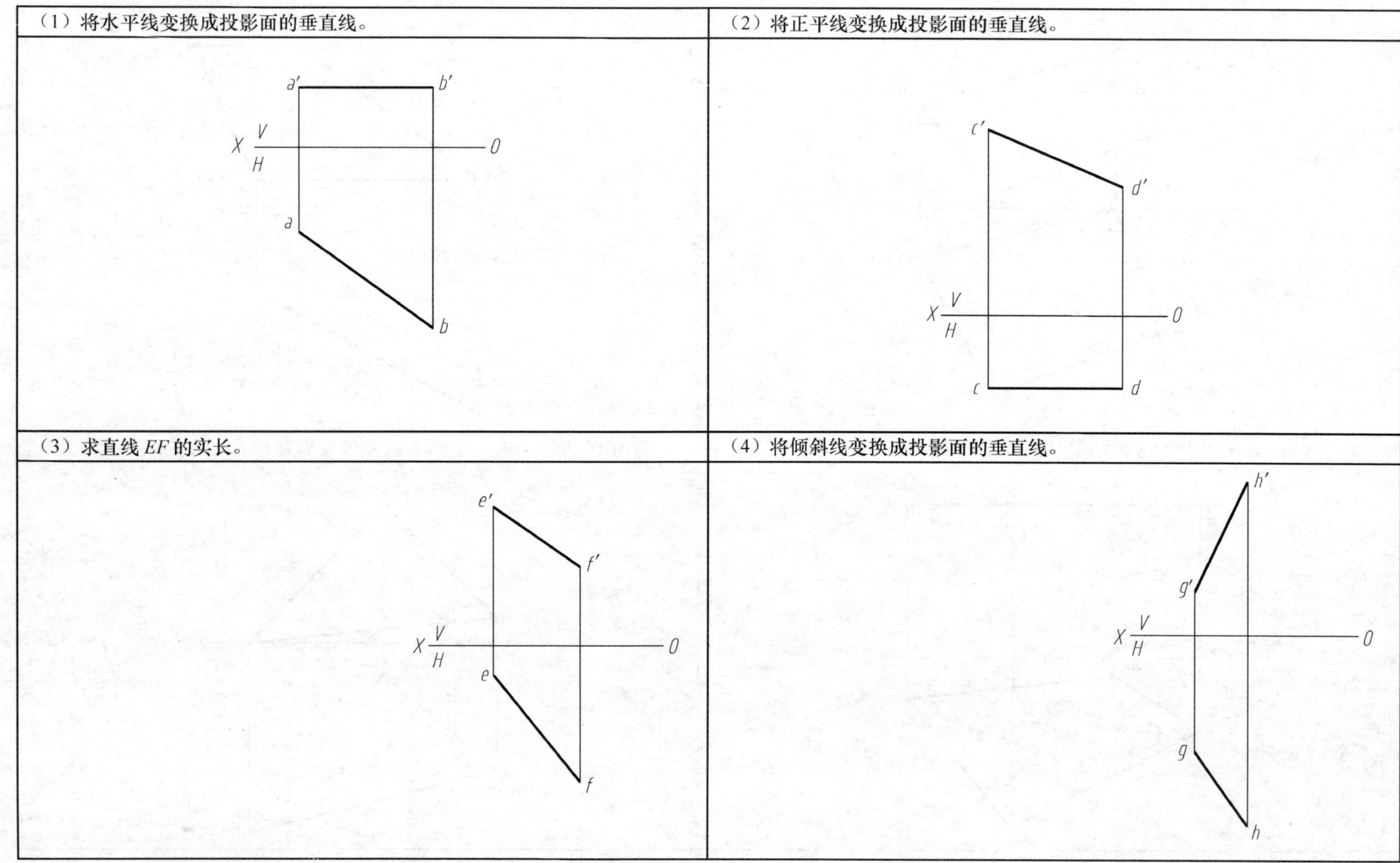

姓名：　　　　　　学号：

2.5.2　平面的投影变换

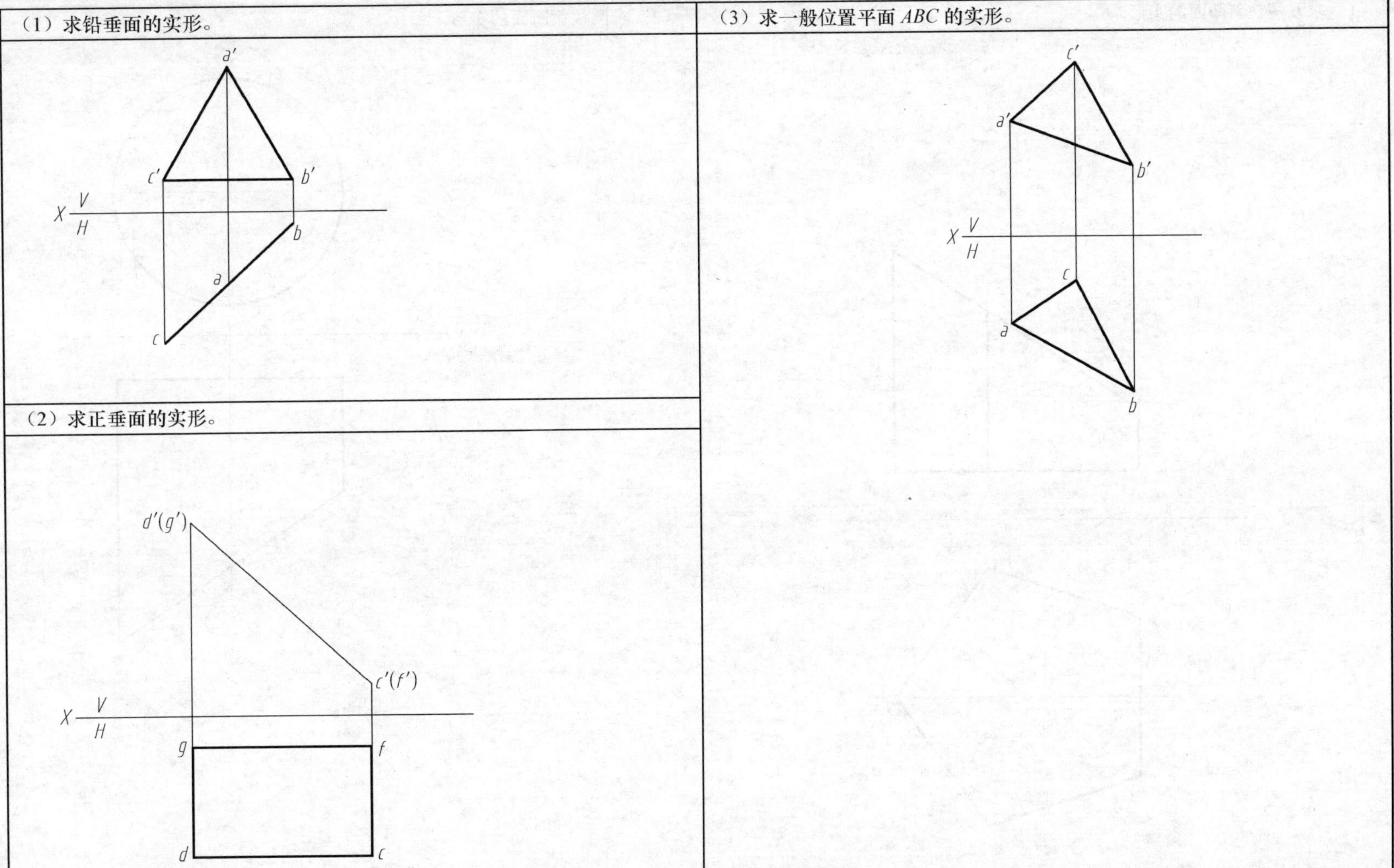

姓名：　　　　　　　　学号：

2.5.3 求物体截断面的实形

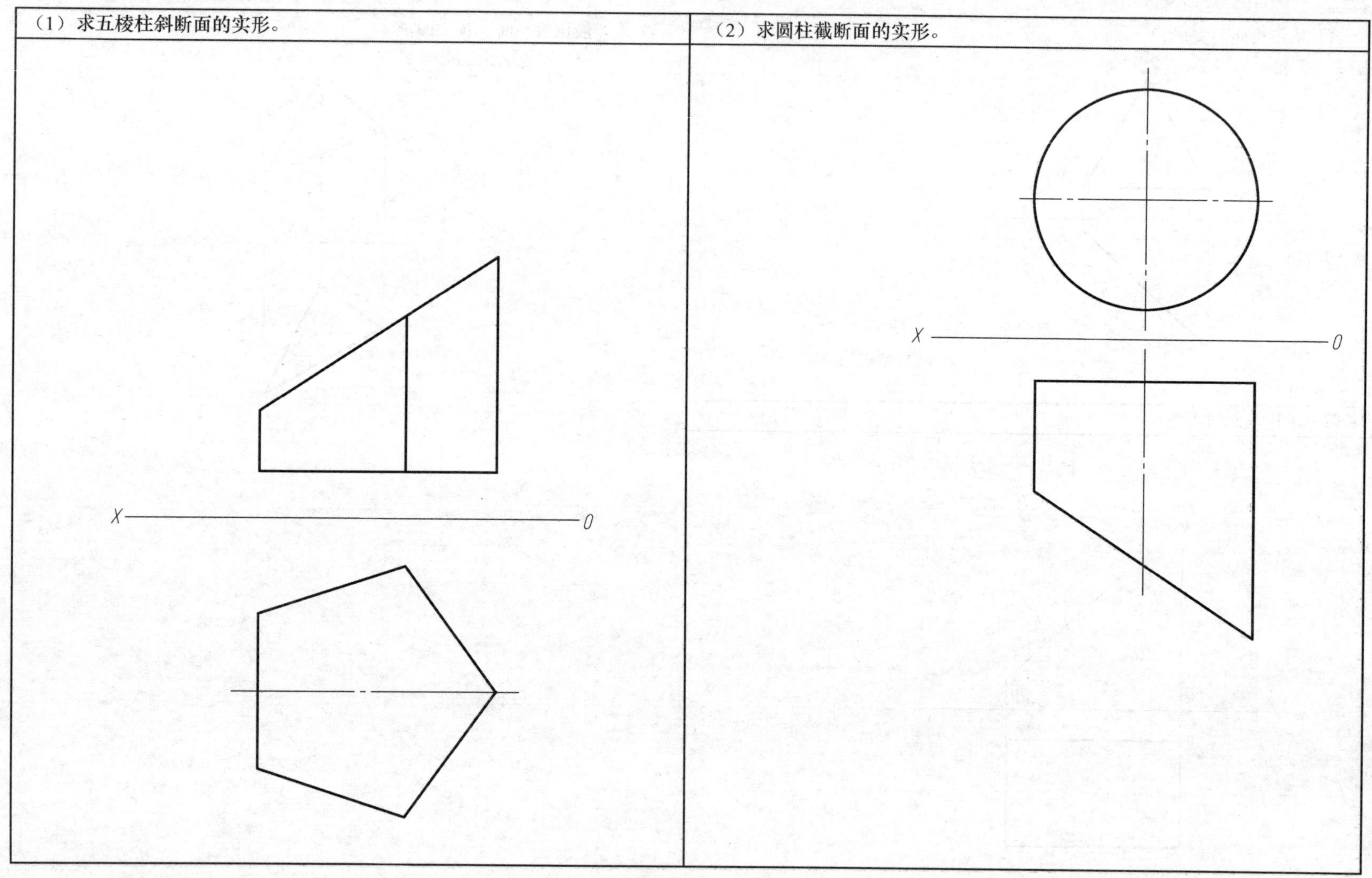

姓名：　　　　　　学号：

第3章 基本几何体的三视图

3.1 基本几何体的投影

3.1.1 根据基本体的两视图，画全第三视图，并标注尺寸（尺寸图中量取，取整数）

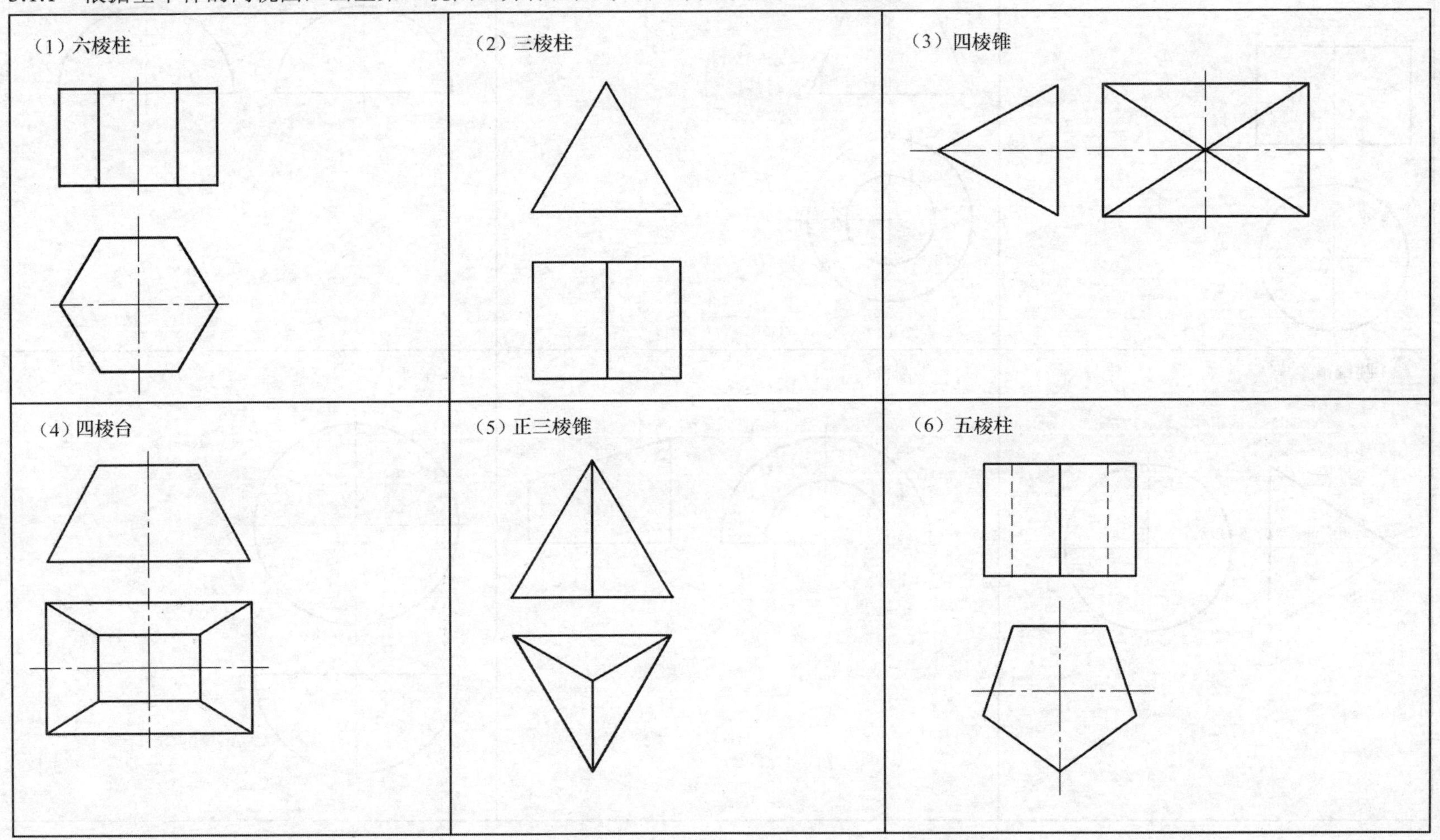

姓名：　　　　学号：

3.1.2　根据回转体的两视图，画全三视图

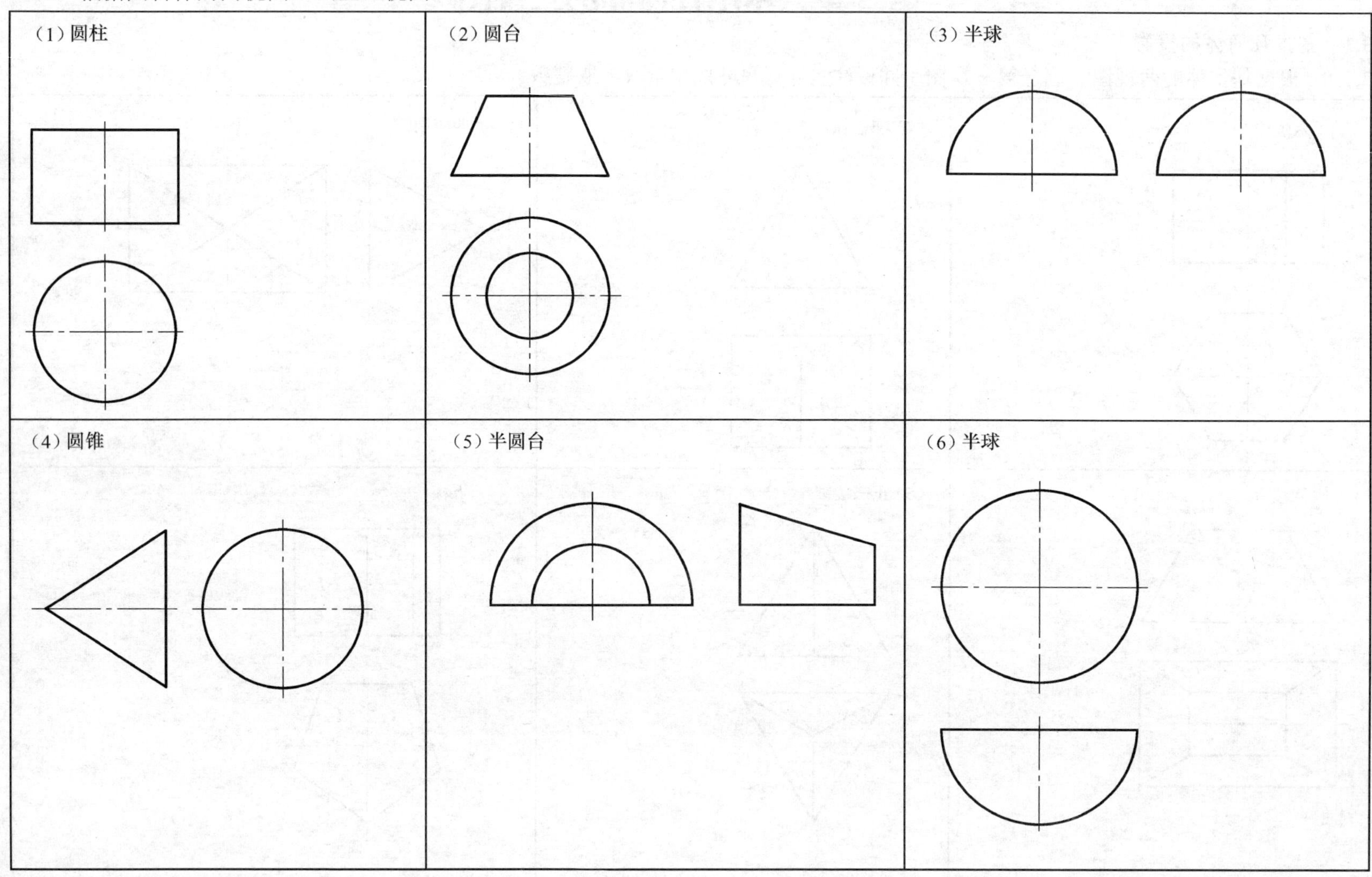

姓名：　　　　　　　学号：

3.1.3 按给定的条件，画出基本体的三视图

（1）正六棱柱：高 20，正六边形的对边尺寸为 24	（2）正三棱柱：宽为 10，高为 10。	（3）正四棱台：上下底面分别为 10×10、20×20，高 20	（4）正三棱锥：长度为 20，高为 20。
（5）圆柱：半径 10，轴向长度 15。	（6）圆锥：半径 10，轴向长度 15。	（7）圆台：上下底圆半径分别为 5、9，高 15。	（8）半球：半径 10。

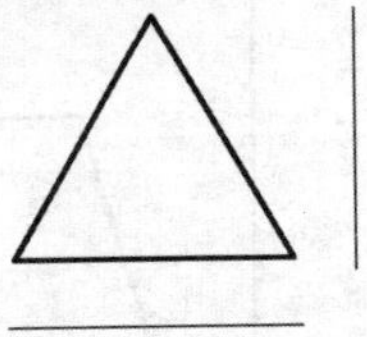

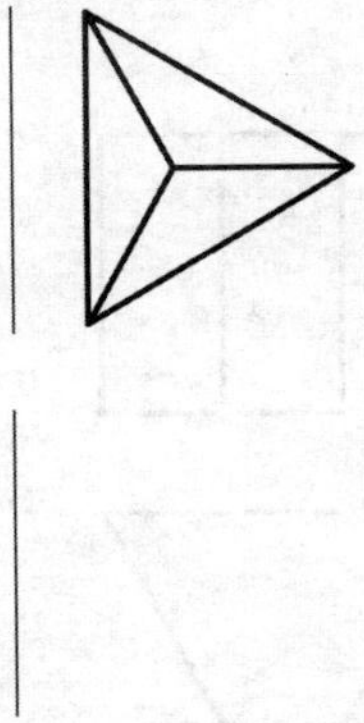

姓名：　　　　学号：

3.2 立体表面上求点

3.2.1 补画第三视图,并作出立体表面上两点 M、N 的另两个投影

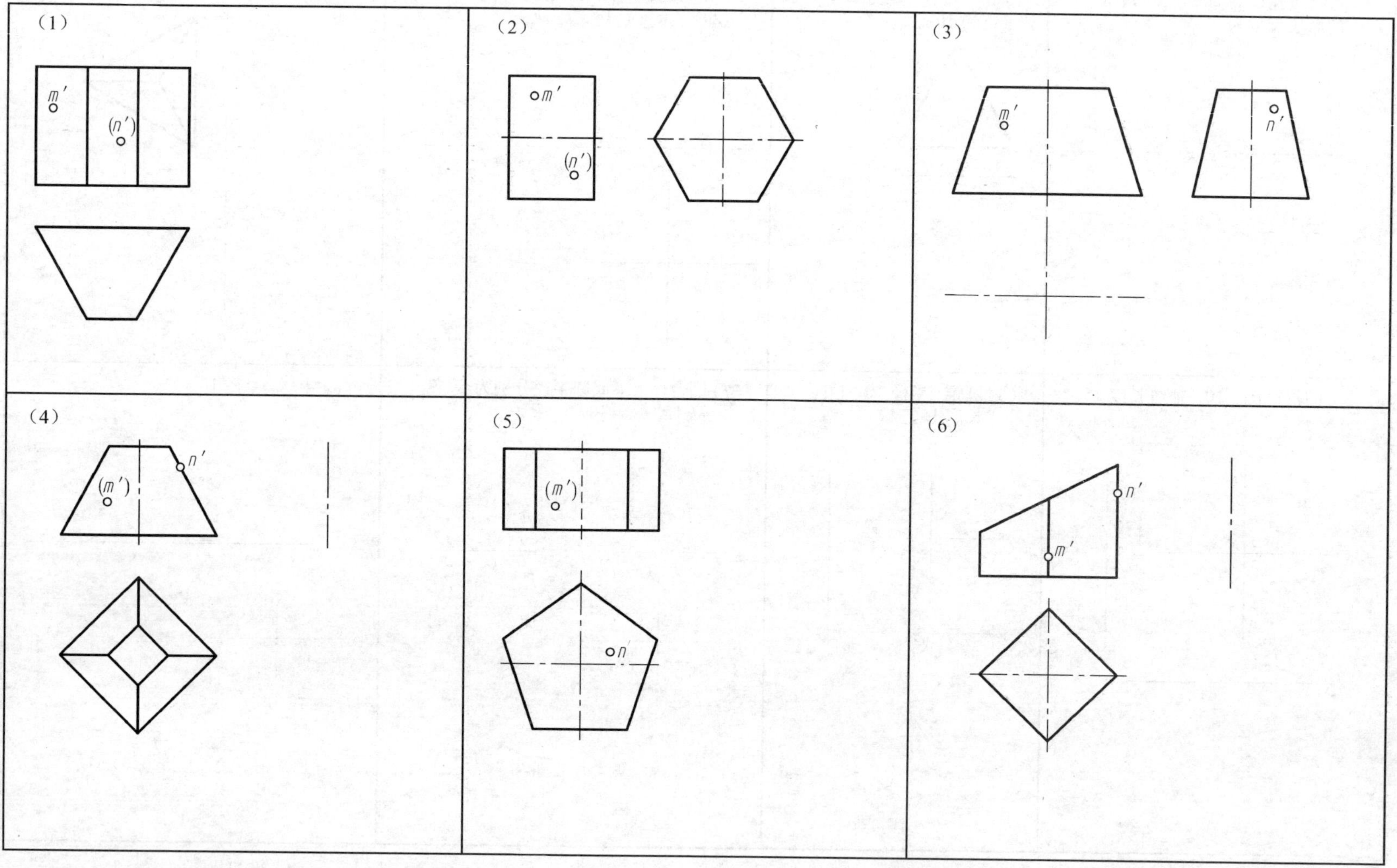

姓名: 学号:

3.2.2　补画第三视图,并作出回转体表面上两点 *M*、*N* 的另两个投影

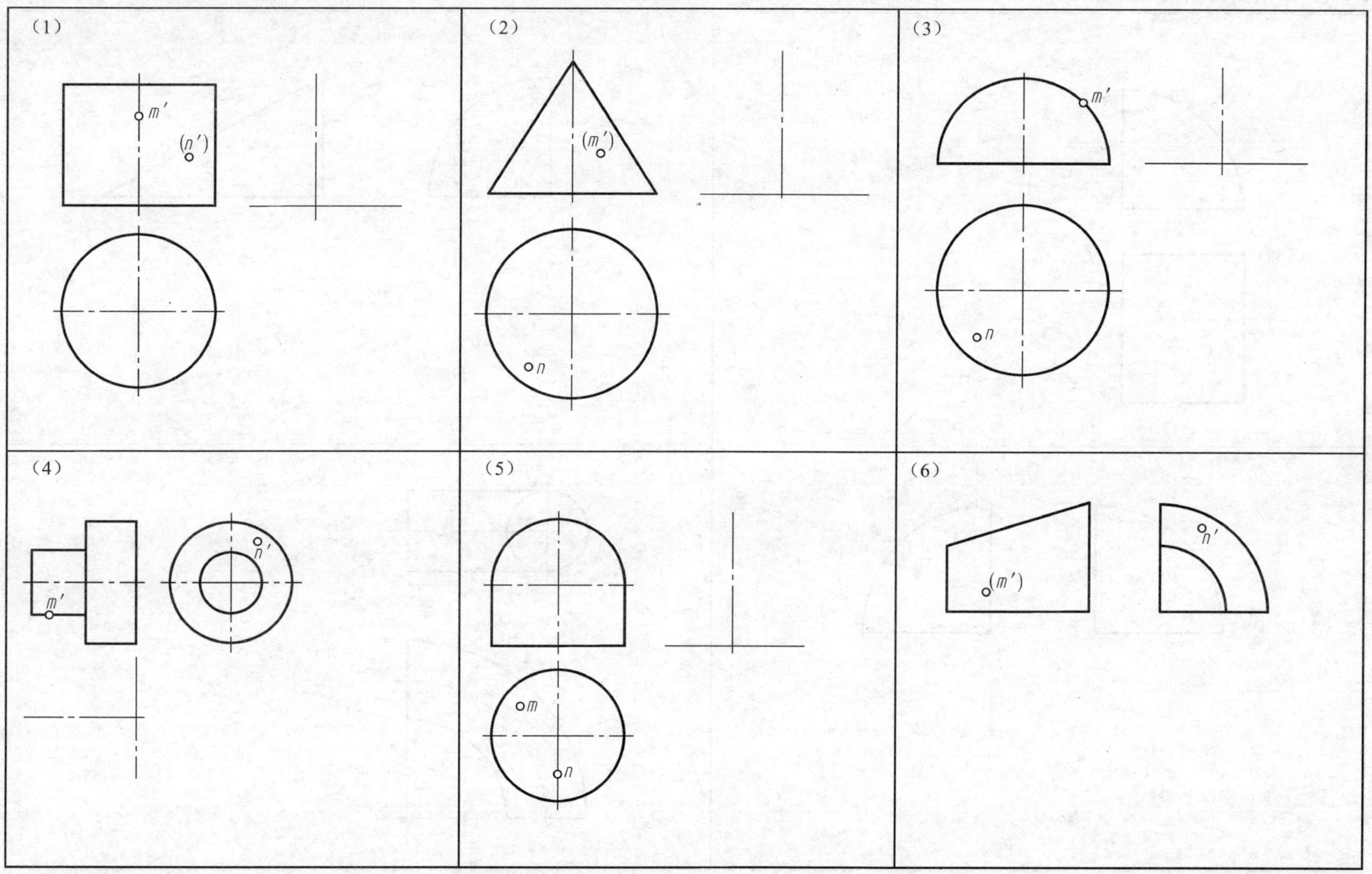

姓名:　　　　　　　学号:

3.2.3　根据物体的两视图补画第三视图，求作回转体表面上点的未知投影

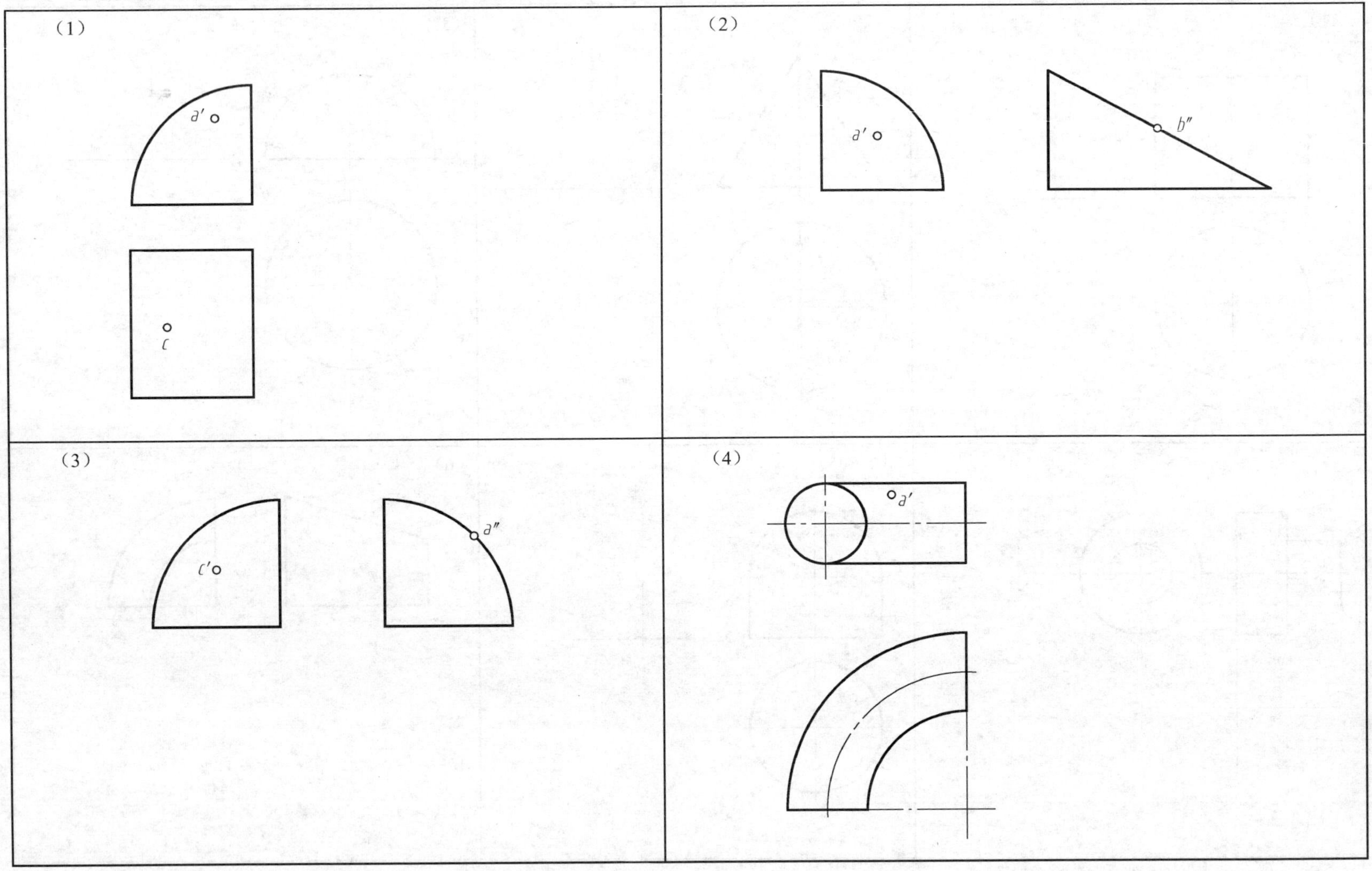

姓名：　　　　　　学号：

3.3 识读基本几何体的视图

3.3.1 根据柱体的两视图，想象形状，补画第三视图

(1)	(2)	(3)	(4)
(5)	(6)	(7)	(8)
(9)	(10)	(11)	(12)

姓名： 学号：

3.3.2 读下列柱形体的三视图，想象立体形状，补画视图中所缺图线

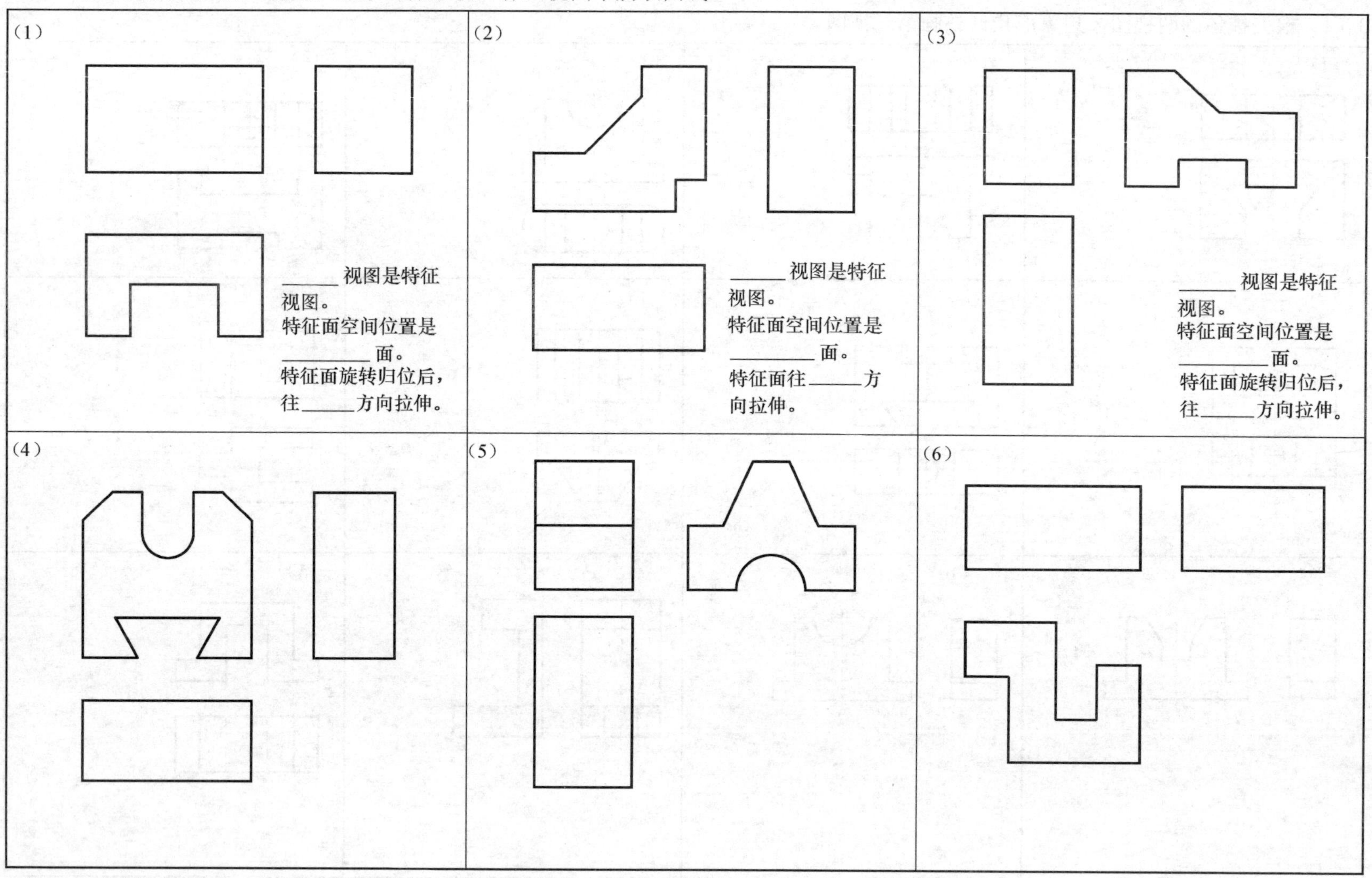

姓名：　　　　　　学号：

3.3.3　根据立体的两视图，补画第三视图，并注出基本体的名称

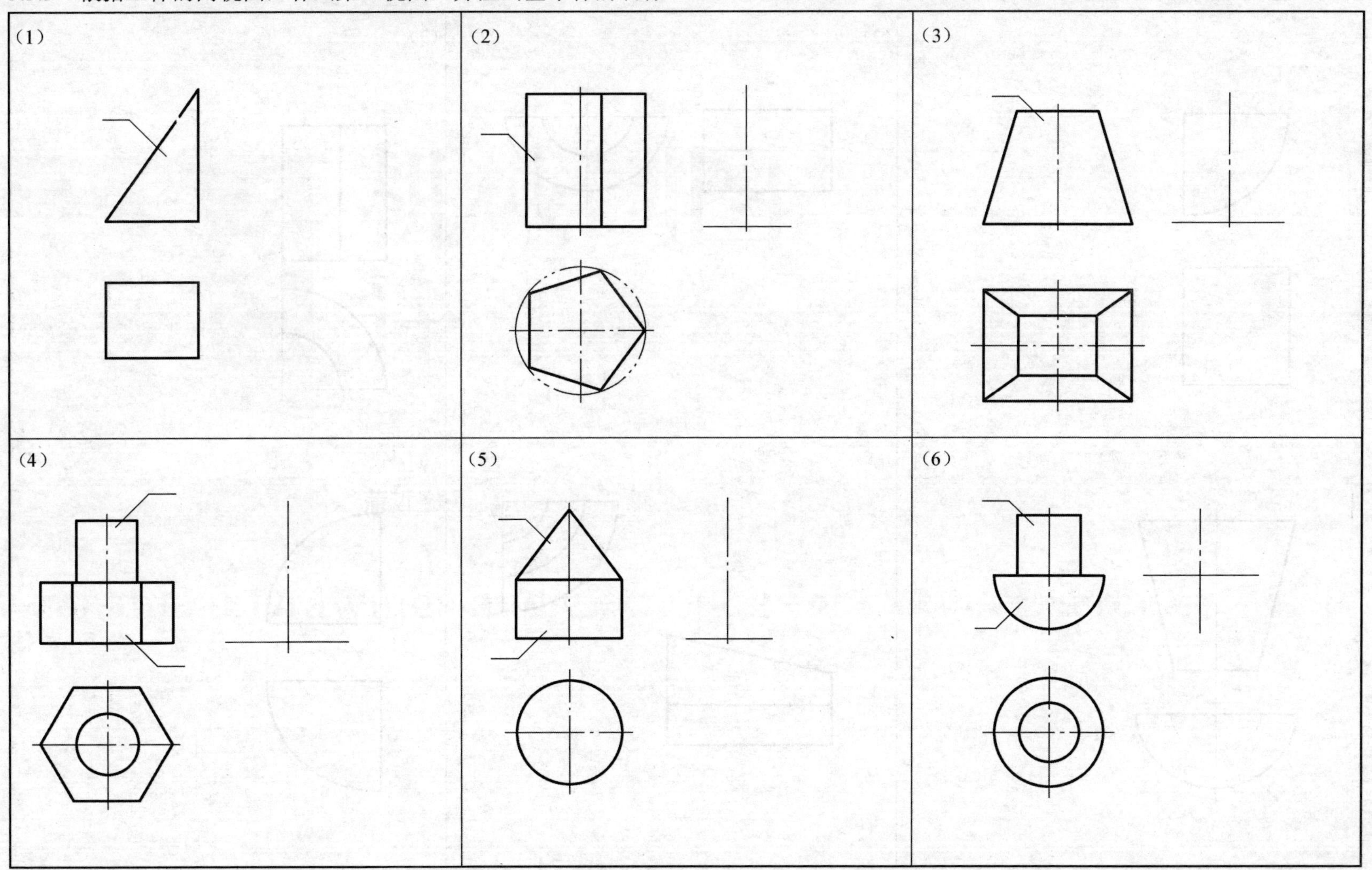

姓名：　　　　　　学号：

3.3.4 已知回转体的两面视图，想象立体形状、补画第三面视图

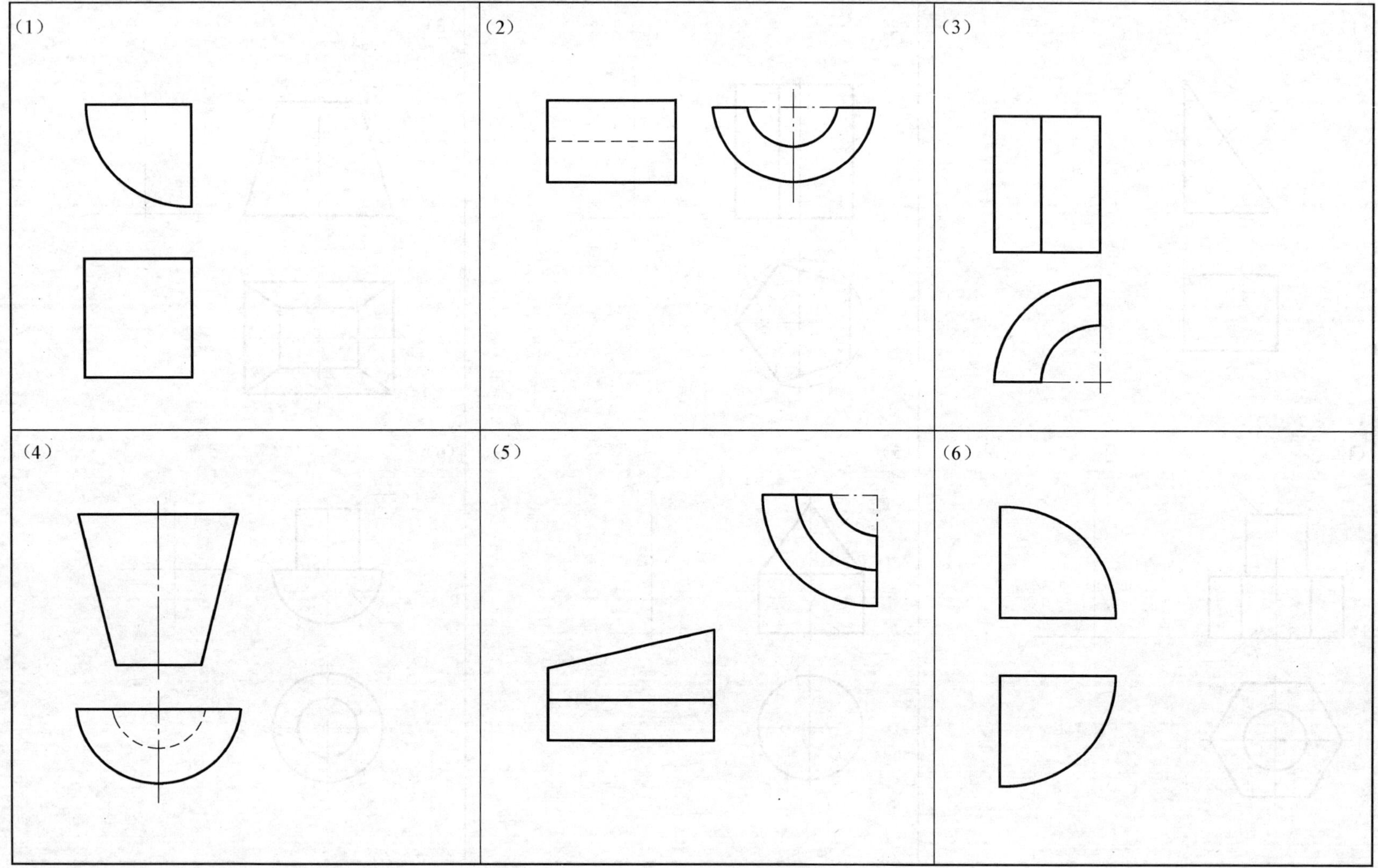

姓名：　　　　　　学号：

第4章 基本几何体的轴测图

4.1 正等轴测图

4.1.1 根据已知视图，画物体的正等轴测图

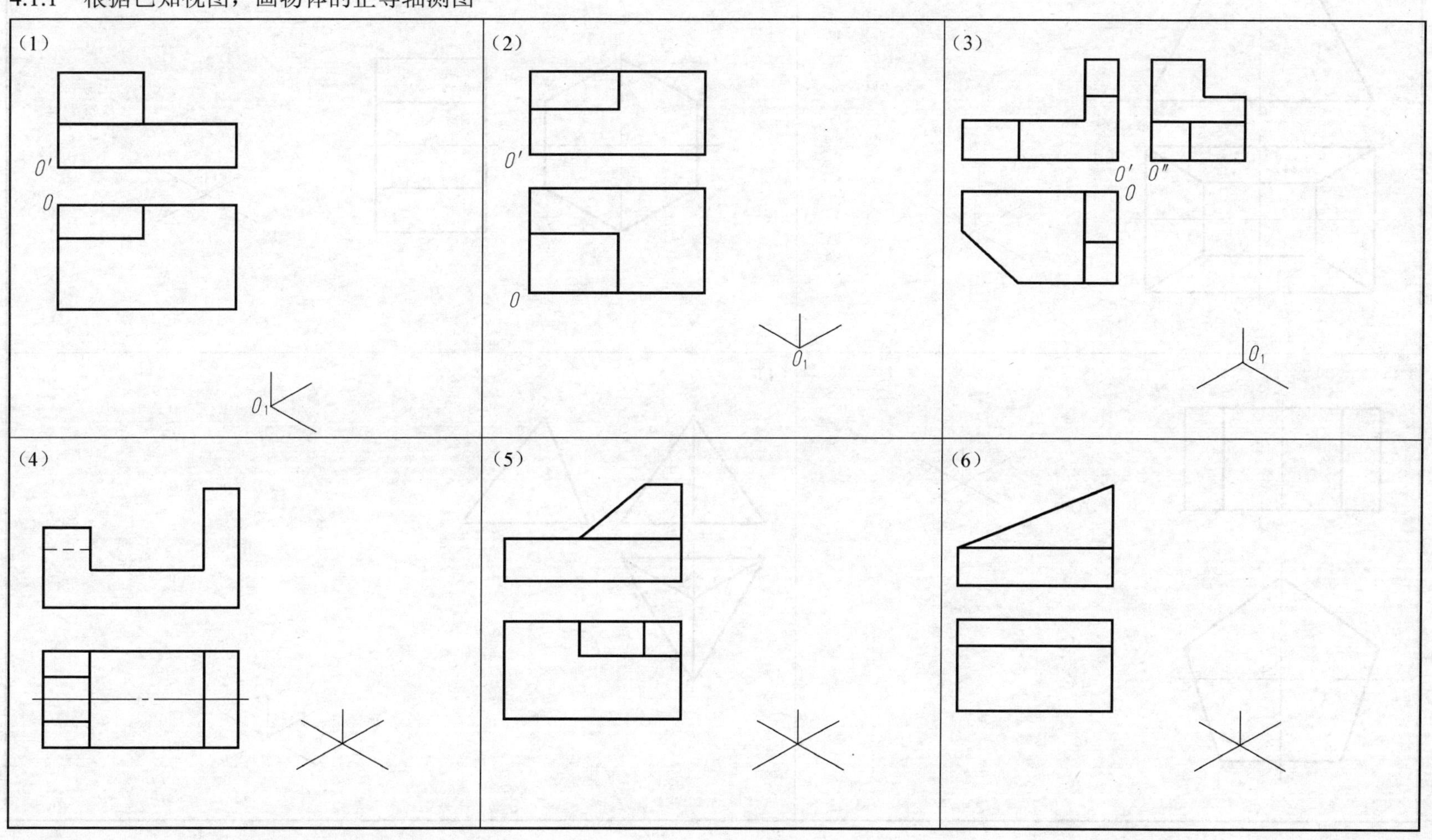

姓名： 学号：

4.1.2　根据基本体的视图画出正等轴测图

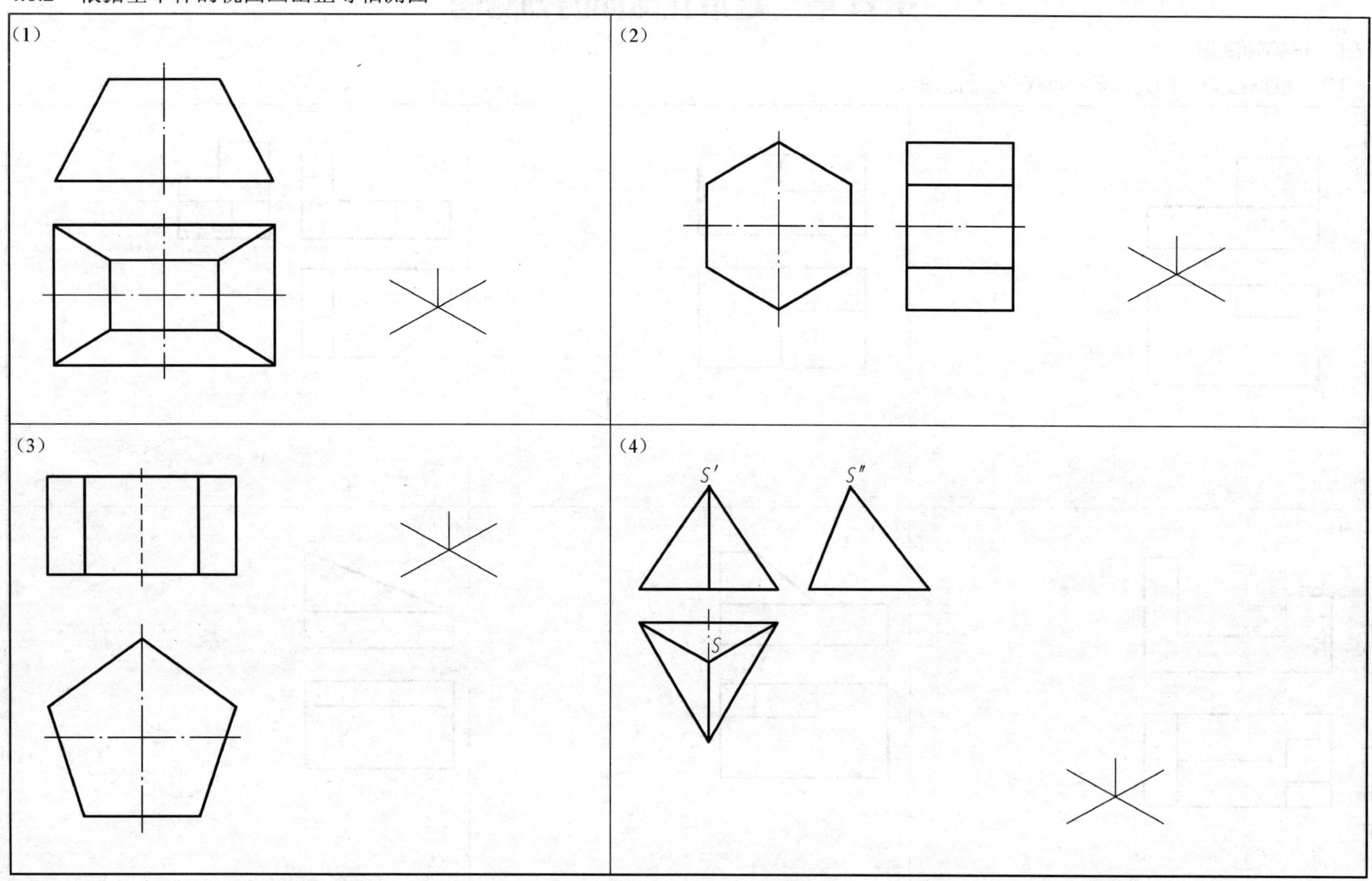

姓名:　　　　　　　　学号:

4.1.3　根据基本体的视图画出正等轴测图

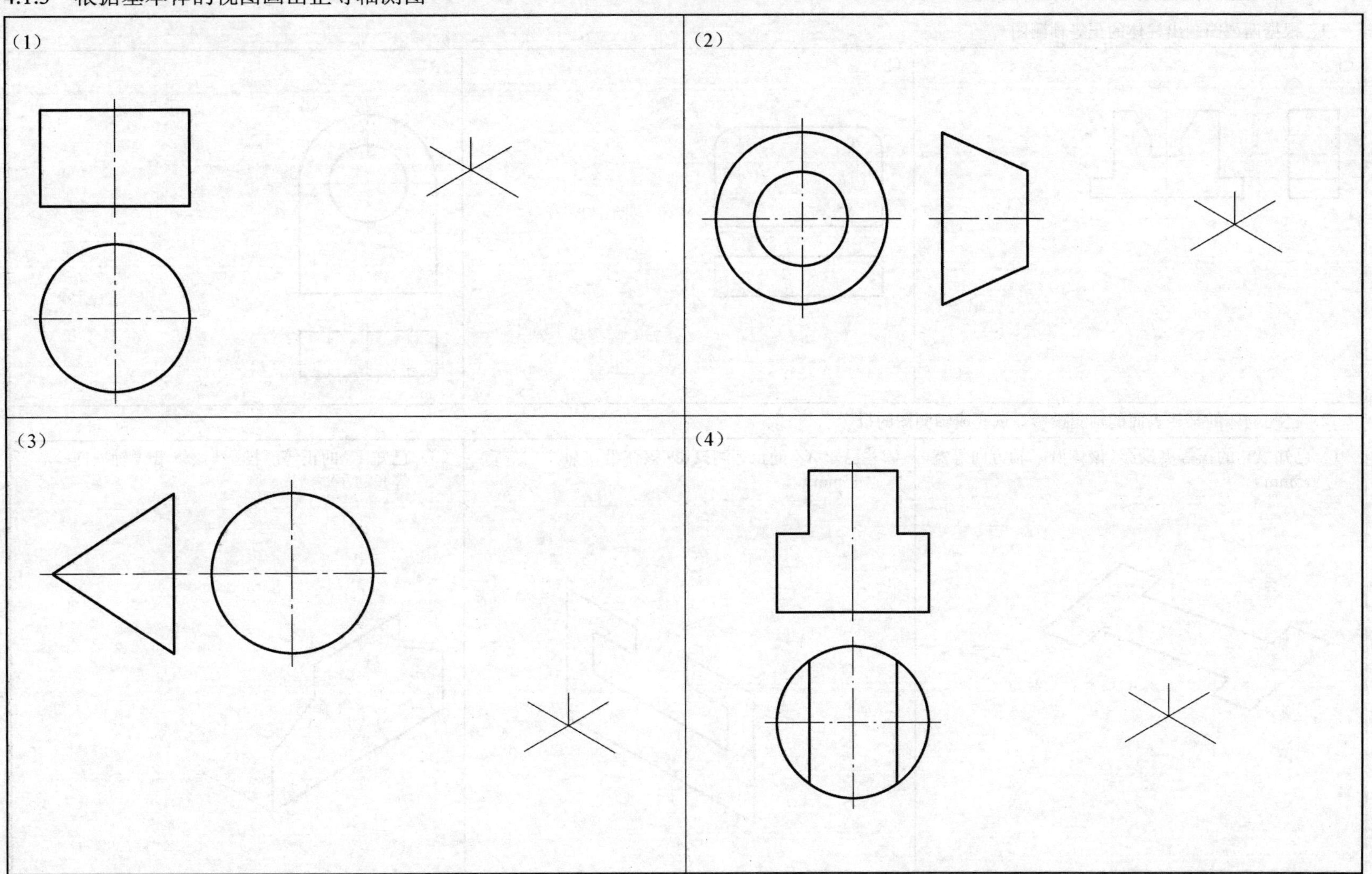

姓名:　　　　　　　　学号:

4.1.4 画出柱体的正等轴测图

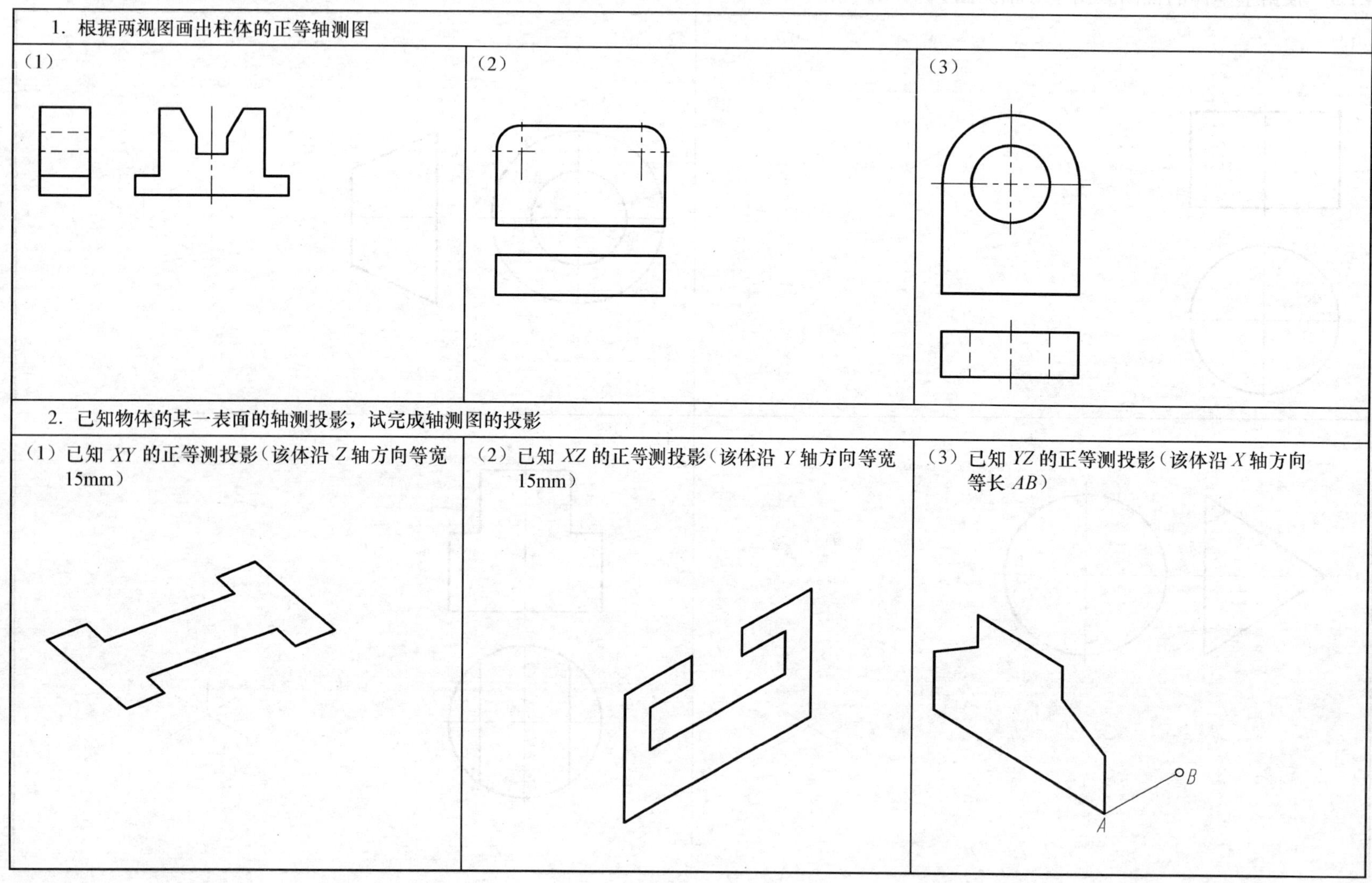

姓名：　　　　　　学号：

4.2　斜二轴测图

根据已知视图画出斜二轴测图

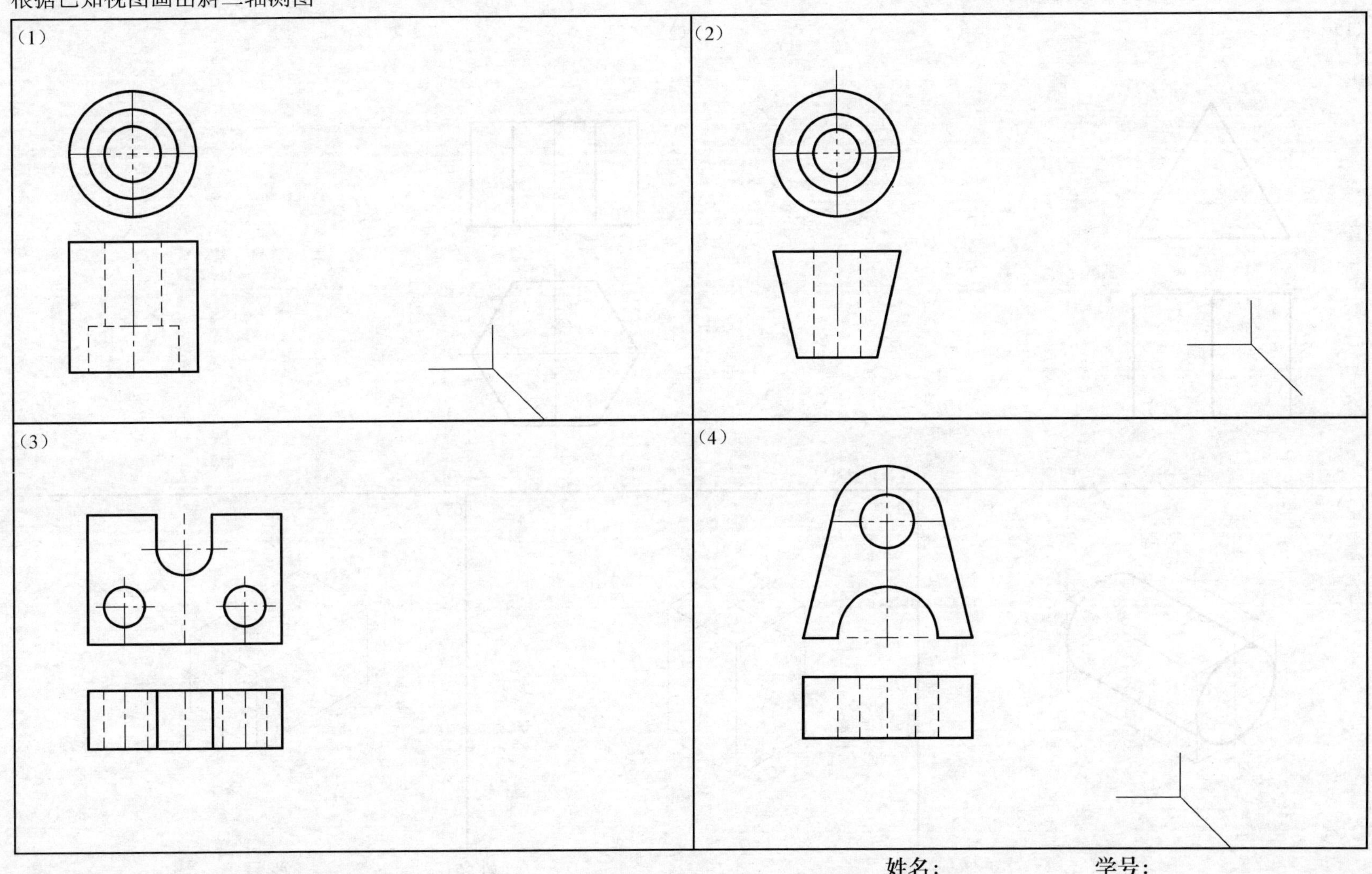

姓名：　　　　　　学号：

4.3 徒手绘制轴测草图

4.3.1 根据已知条件徒手画出正等测图

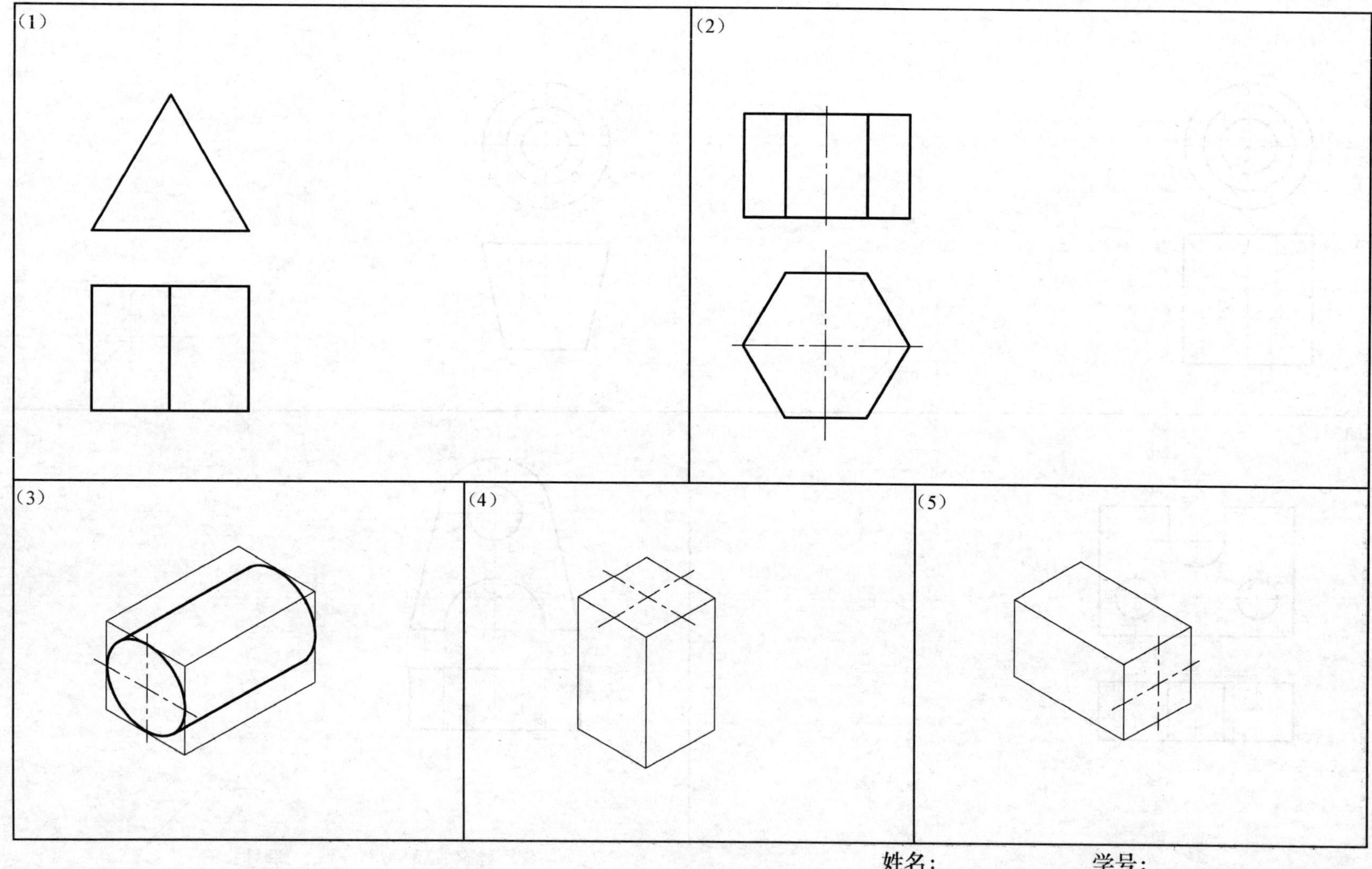

姓名：　　　　学号：

4.3.2　根据已知条件徒手画出正等测图

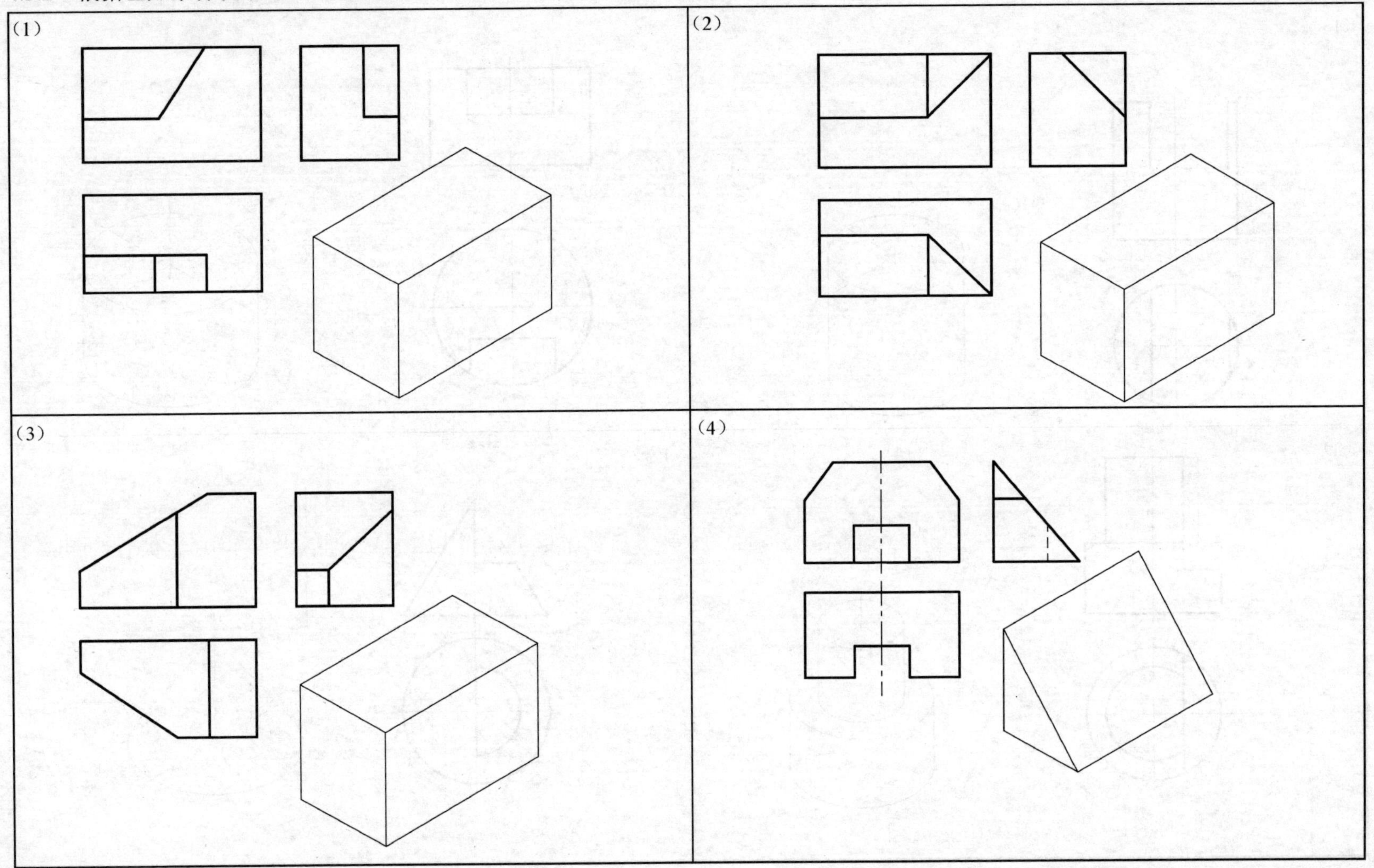

姓名：　　　　　　学号：

4.3.3　根据已知视图徒手画出正等测图

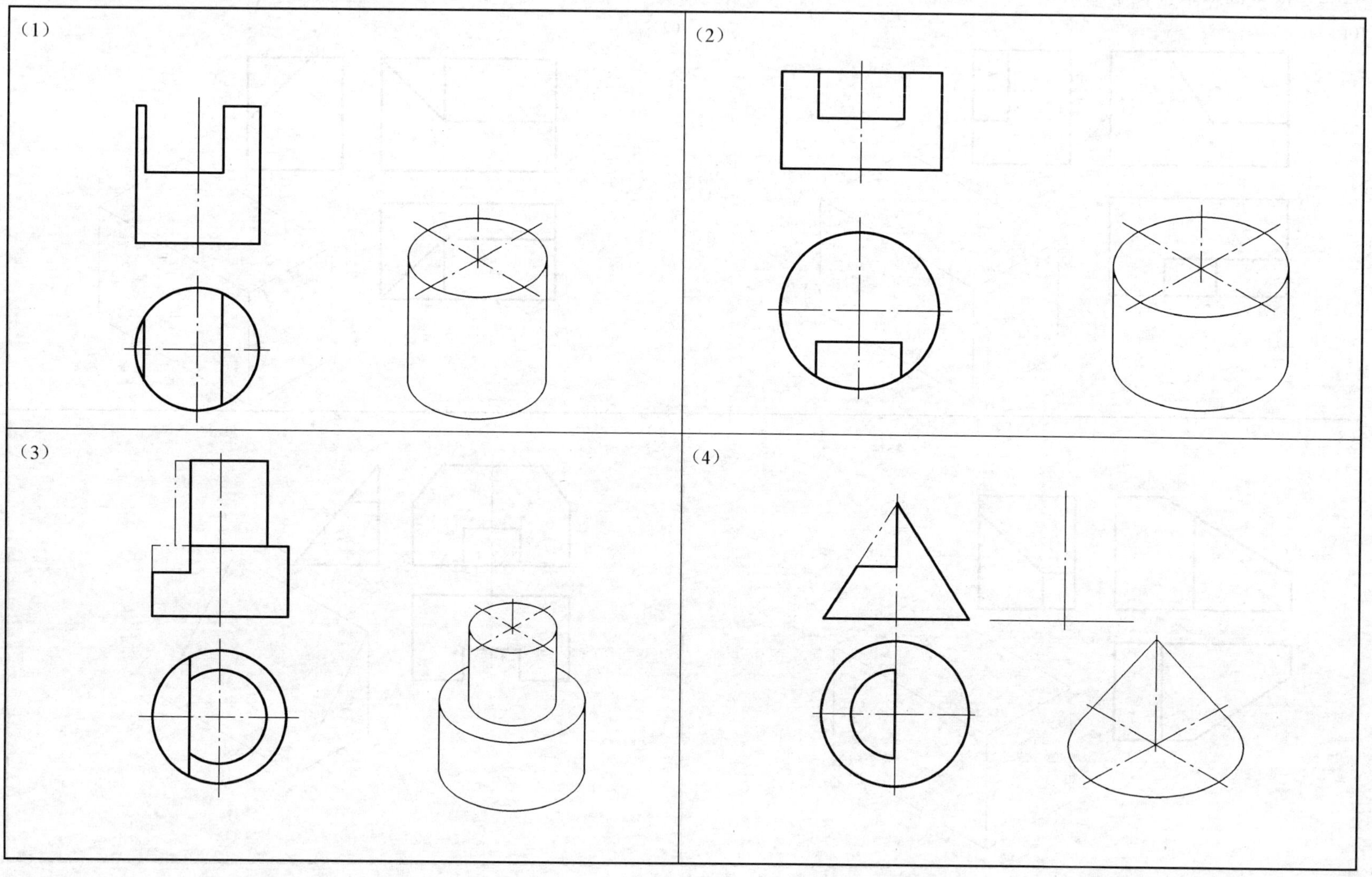

姓名:　　　　　　学号:

第5章　组　合　体

5.1　立体的截交线

5.1.1　根据切割体的两视图，补画第三视图

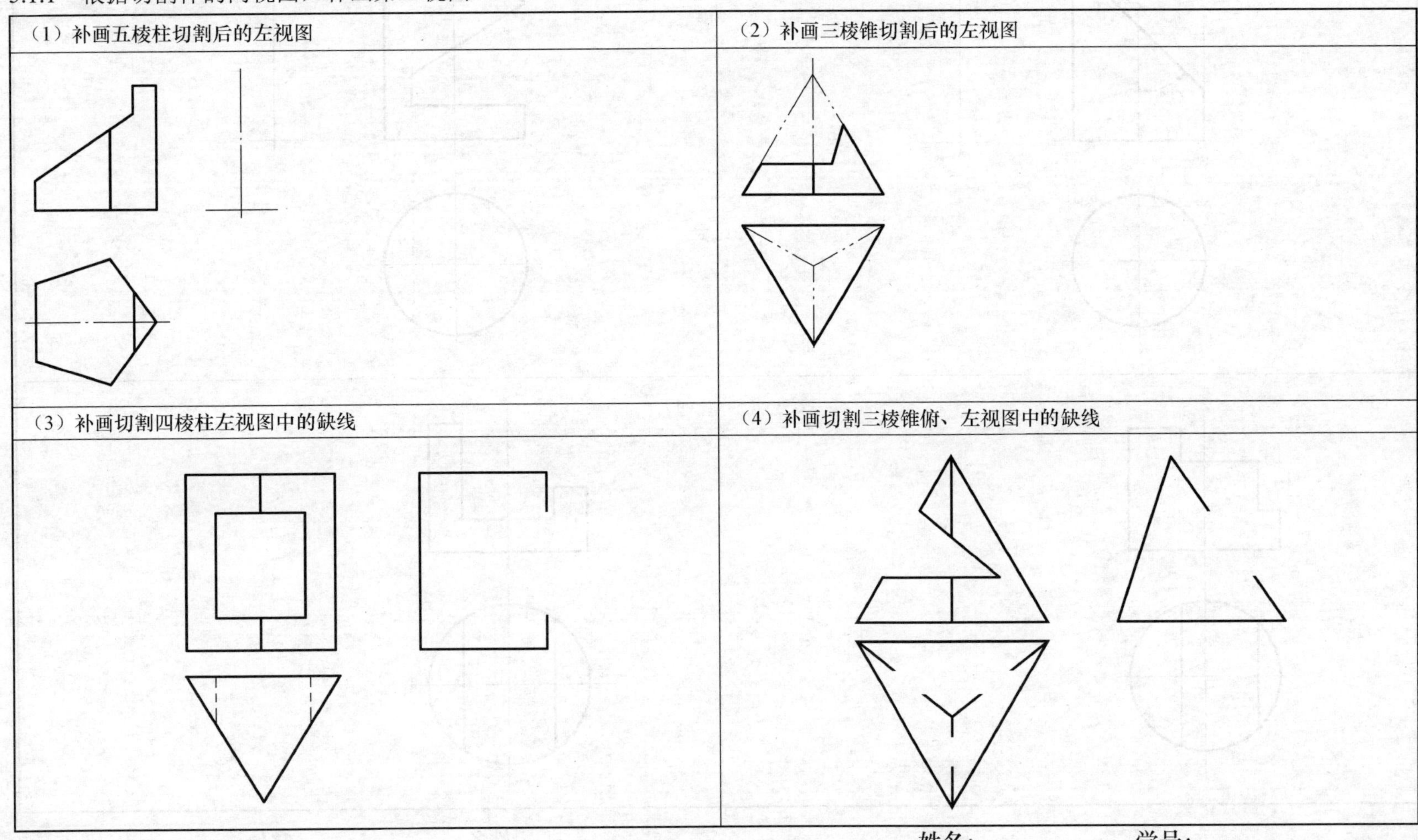

姓名：　　　　　　学号：

5.1.2　根据切割圆柱的两视图，补画第三视图

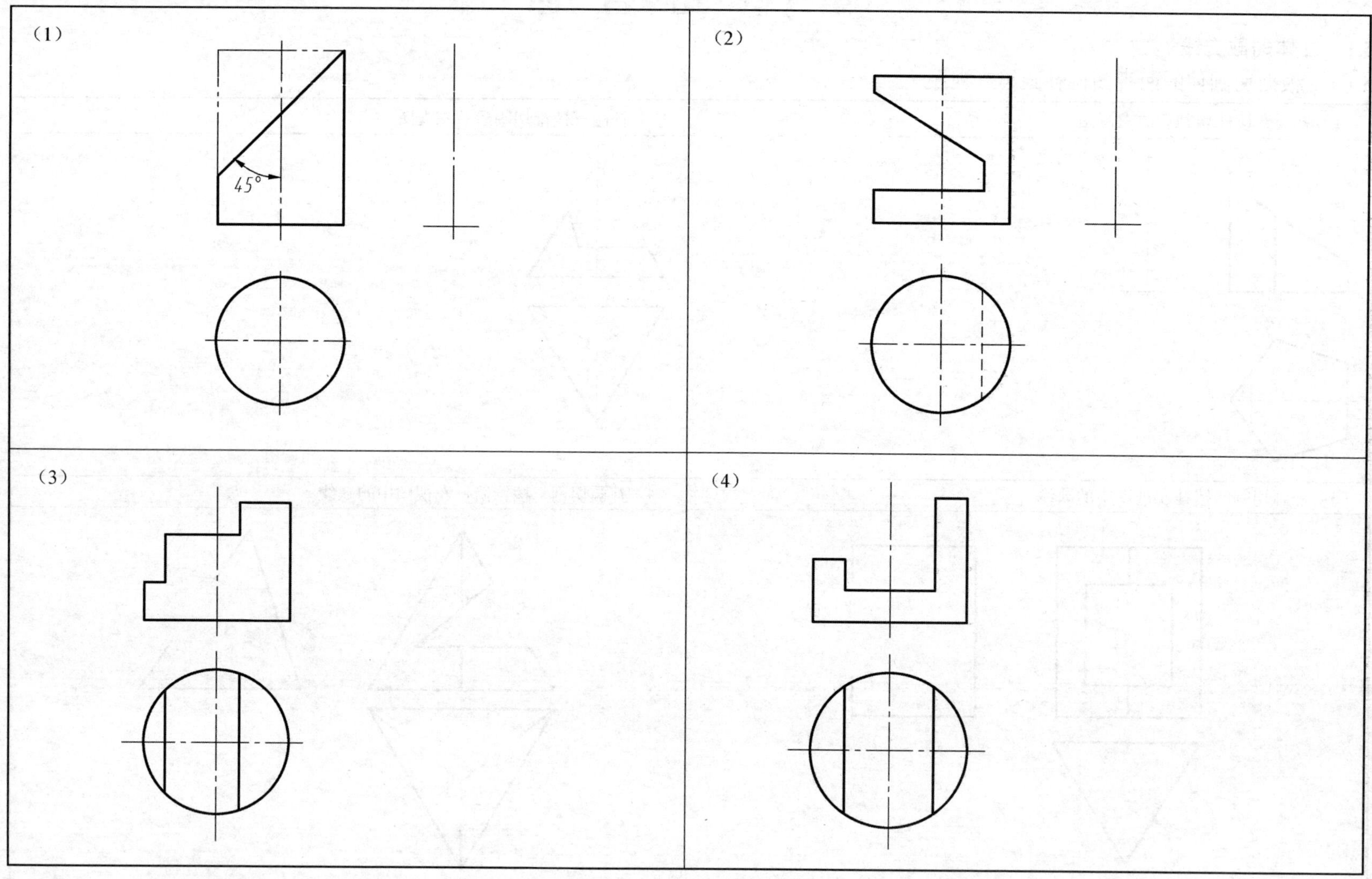

姓名：　　　　　　　学号：

5.1.3　根据切割圆柱的两视图，补画第三视图

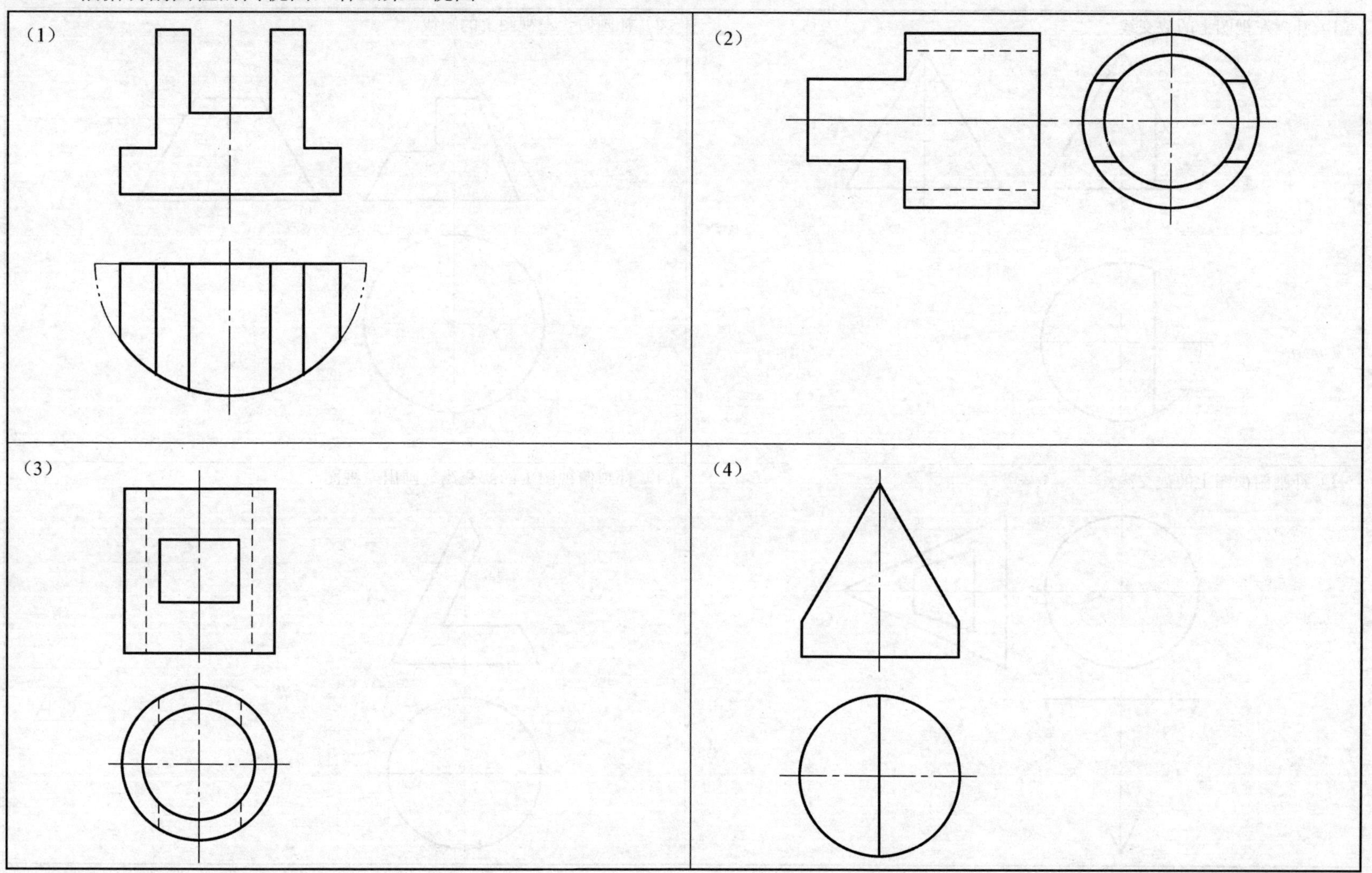

姓名：　　　　学号：

5.1.4　根据切体的两视图，补画第三视图

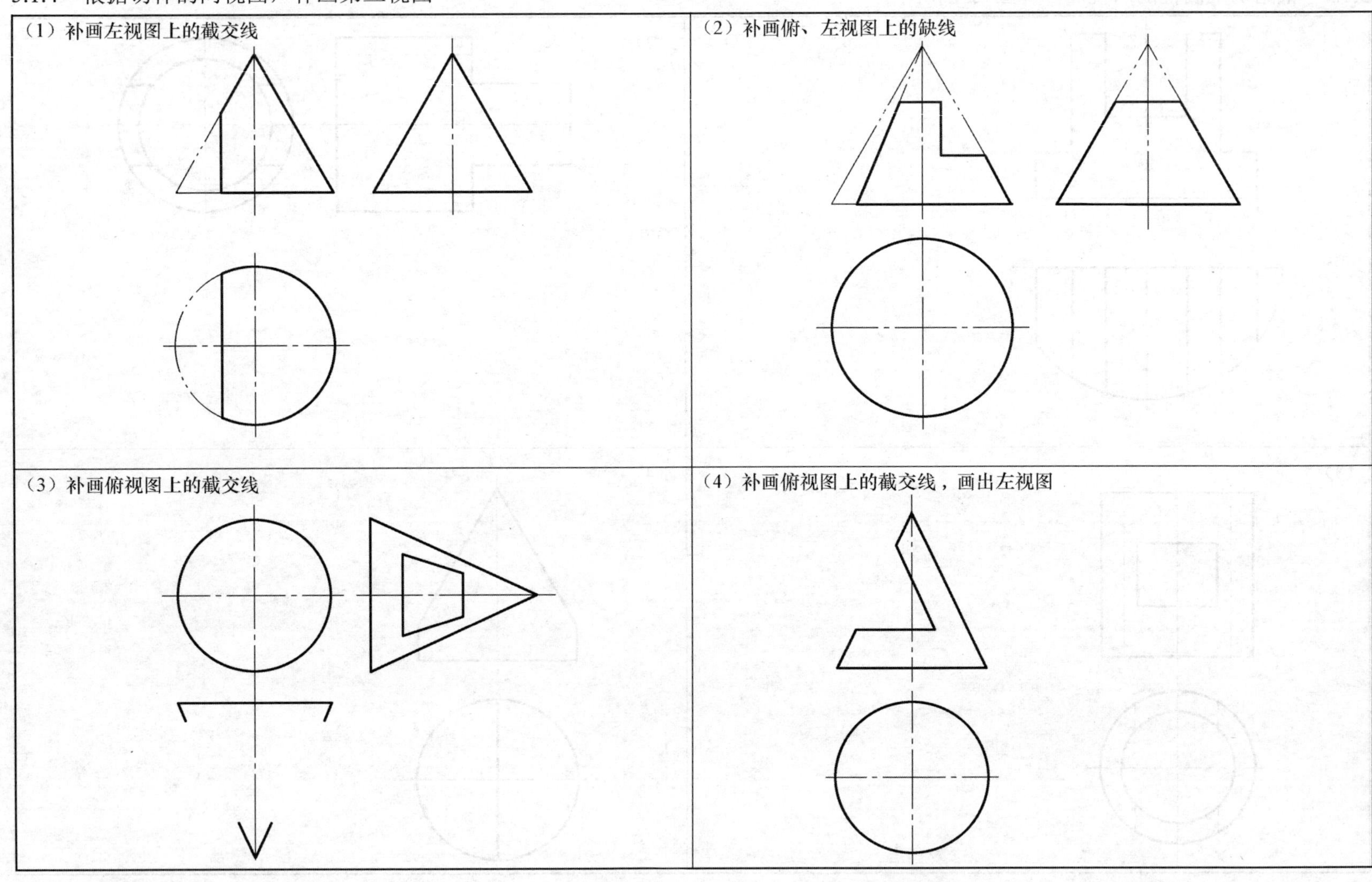

姓名：　　　　　　学号：

5.1.5　根据切割体的两视图，补画第三视图

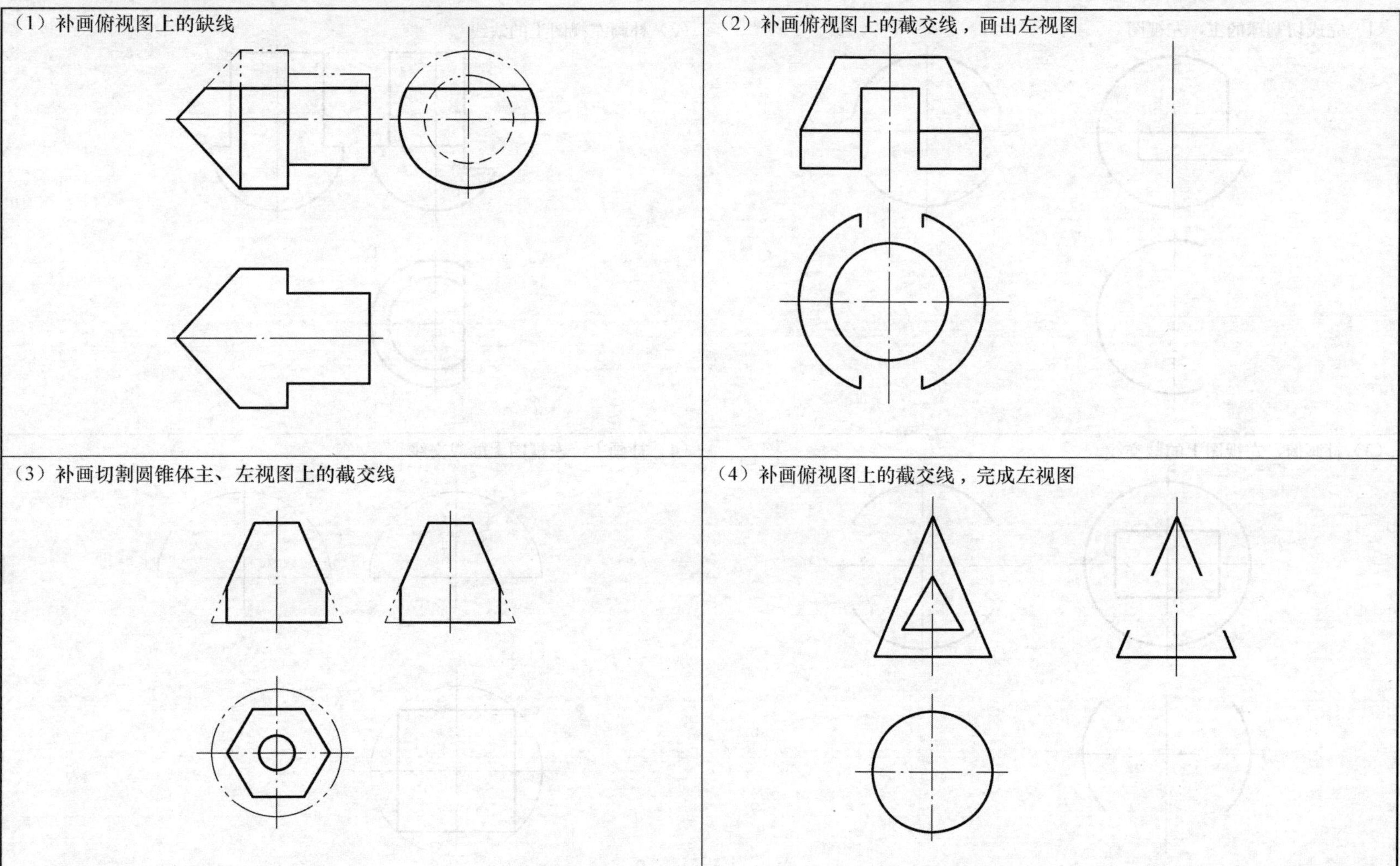

姓名：　　　　　　学号：

5.1.6　根据切割体的两视图，补画视图中的缺线

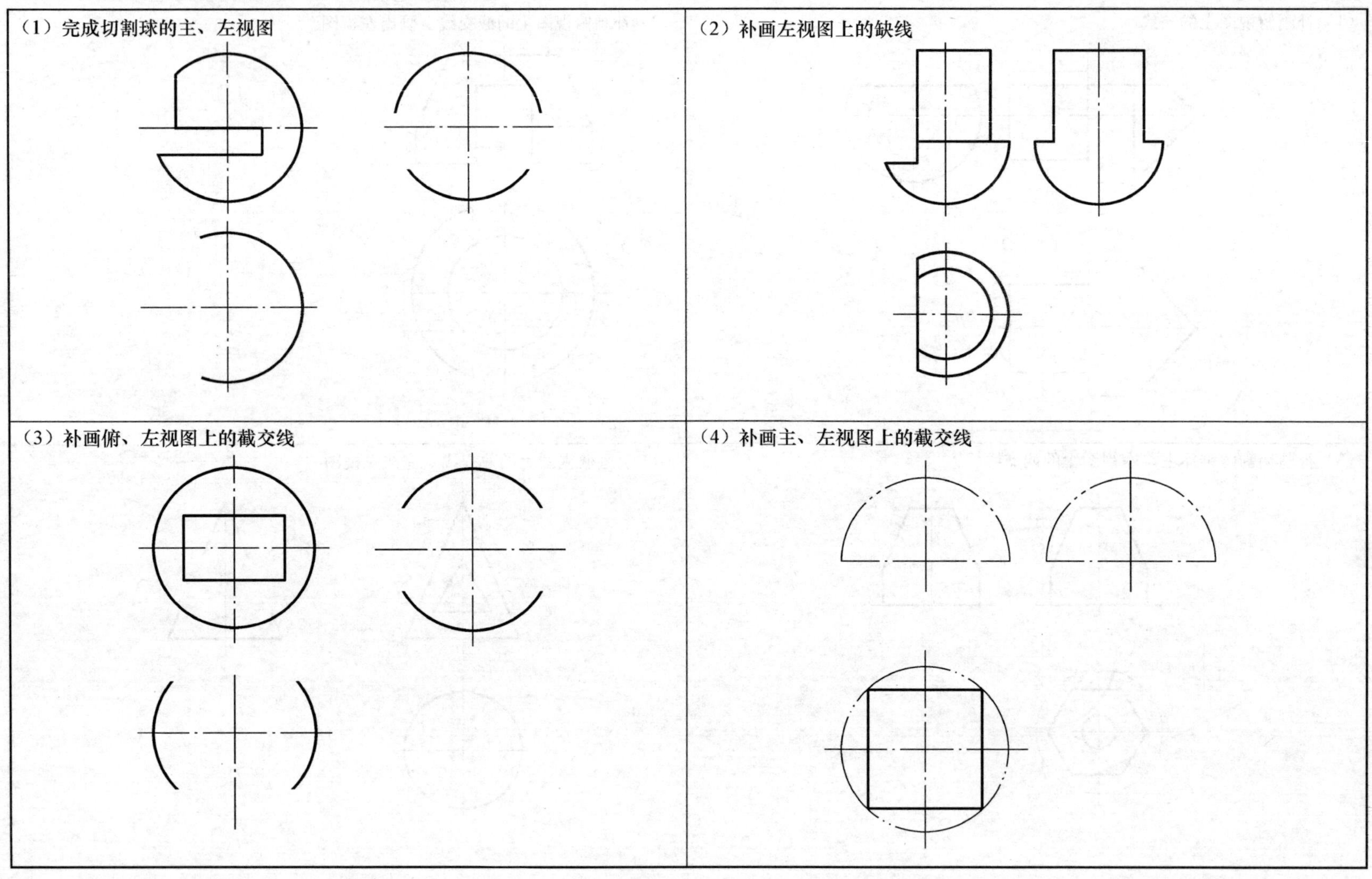

姓名：　　　　　　　学号：

5.2 回转体的相贯线

5.2.1 求作相贯线的投影

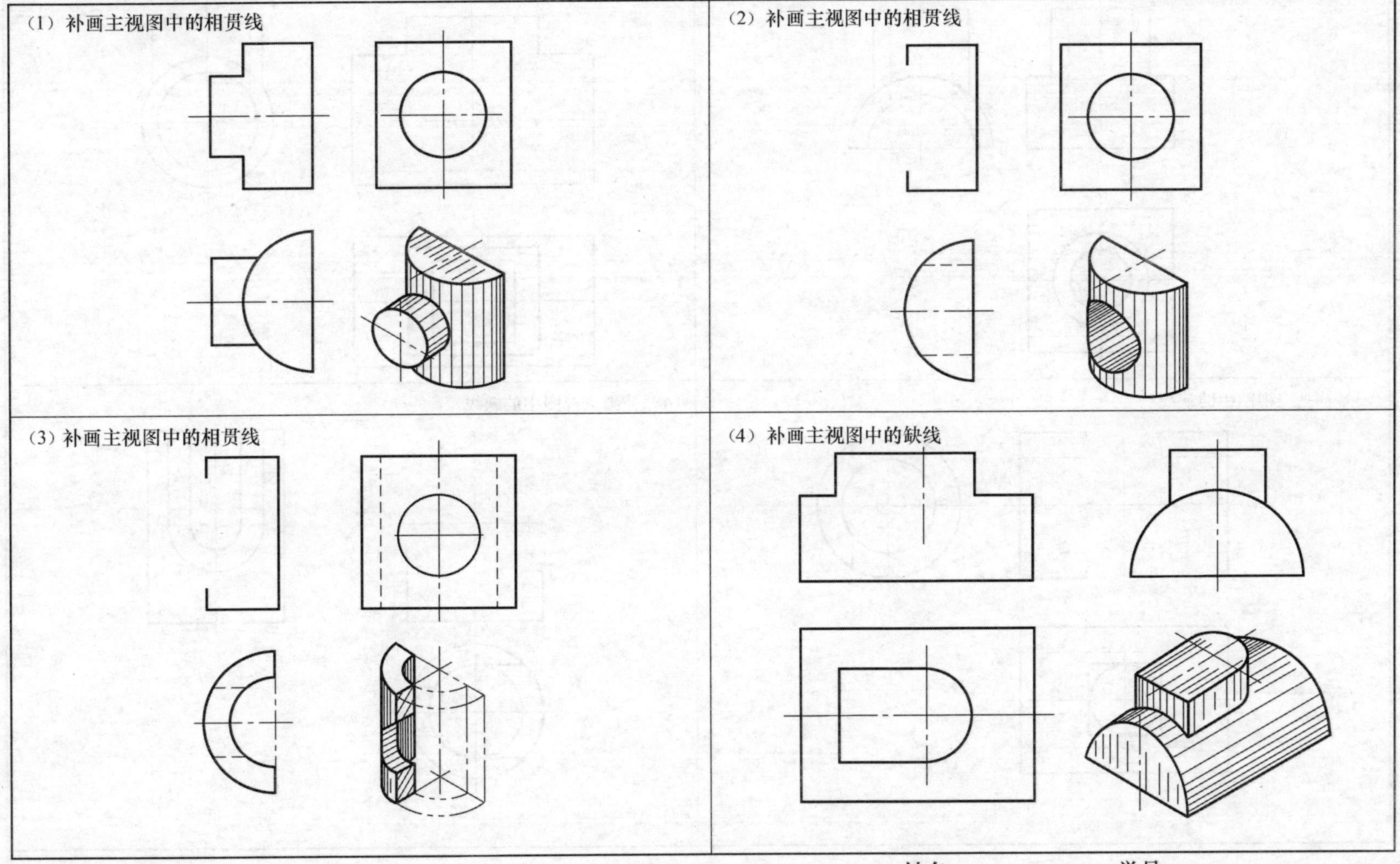

姓名：　　　　　　学号：

5.2.2 求作相贯线或截交线

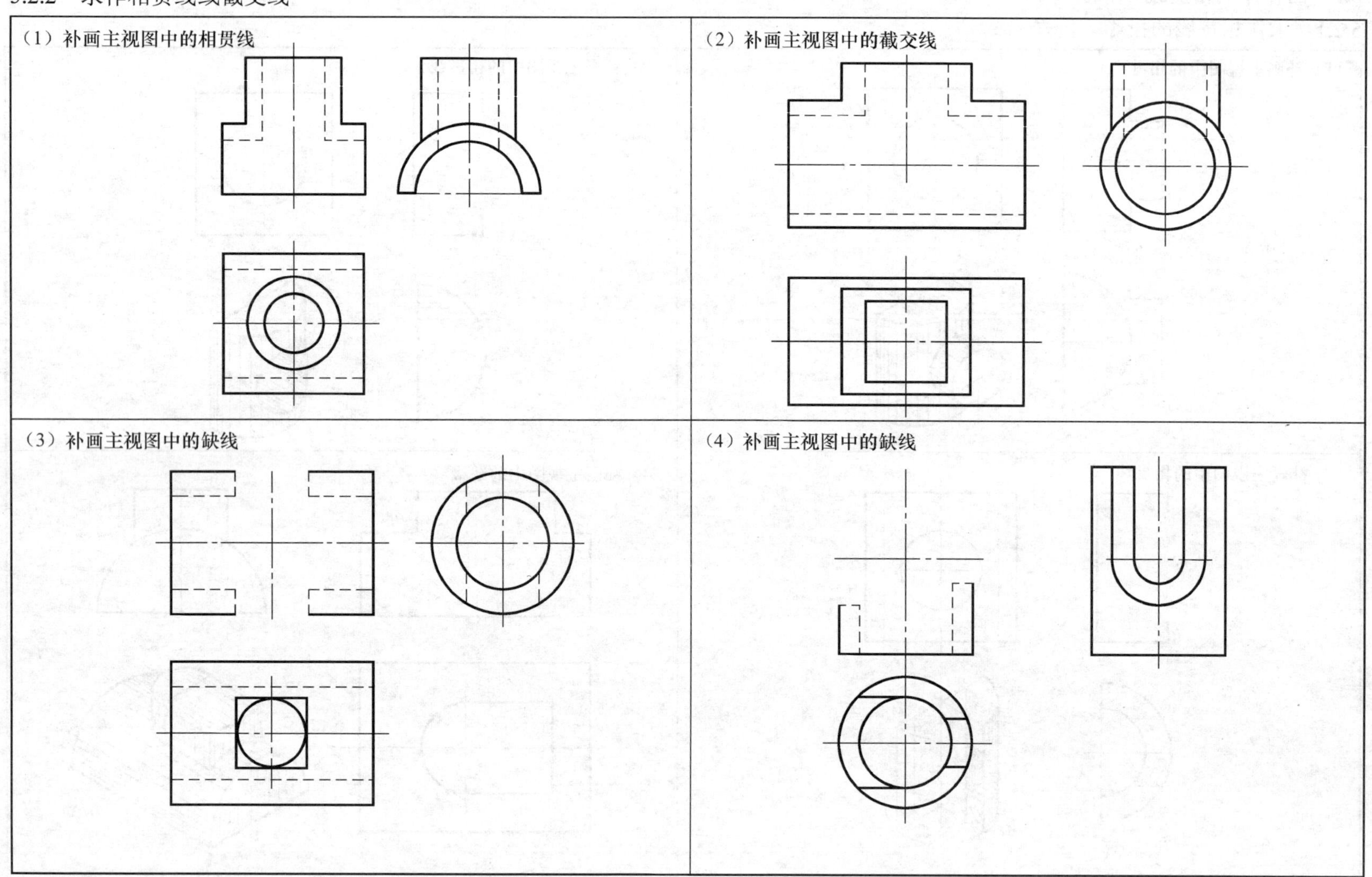

姓名：　　　　学号：

*5.2.3　画出立体相贯线的投影

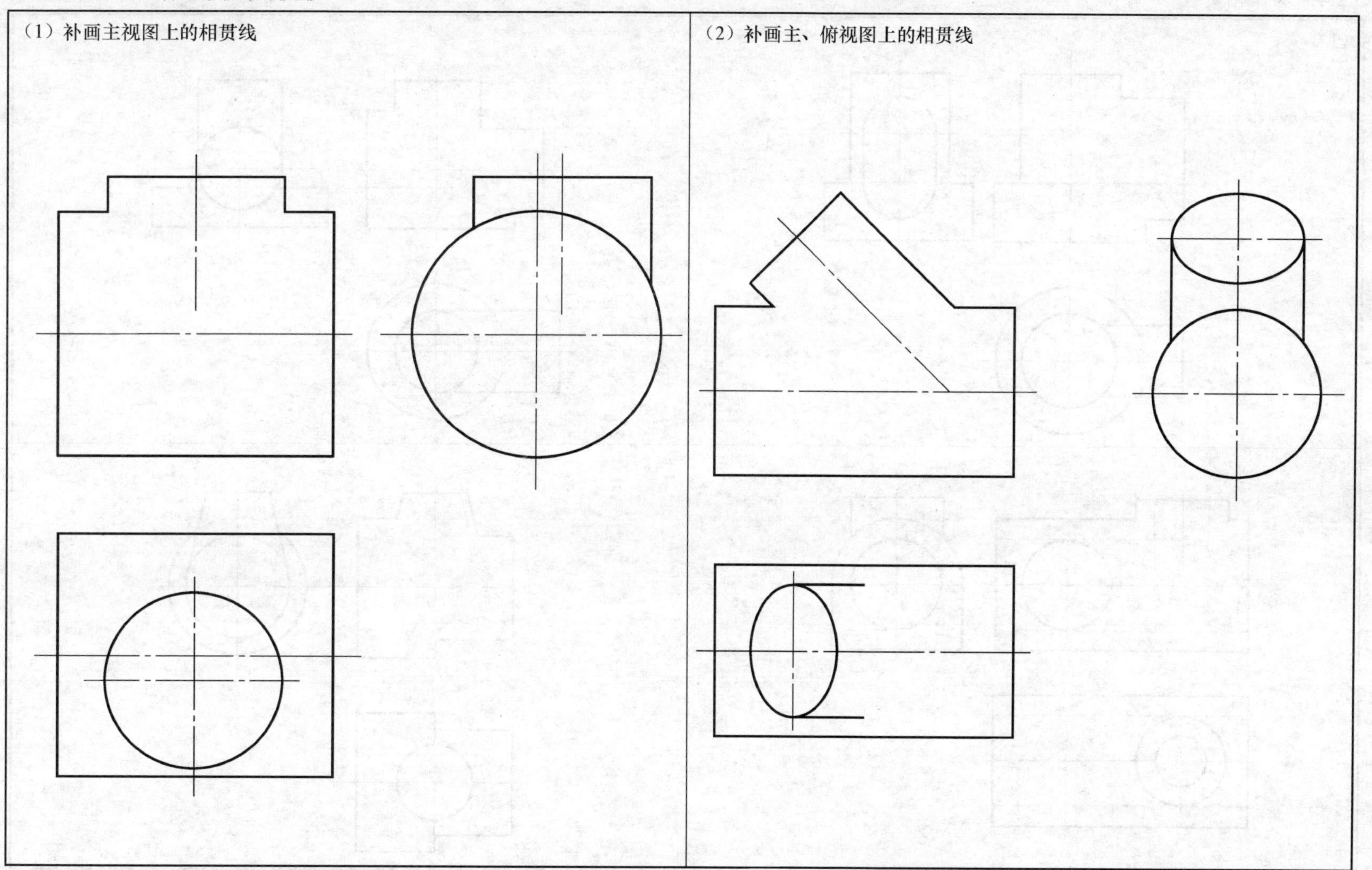

姓名：　　　　　　学号：

5.2.4　求作相贯线

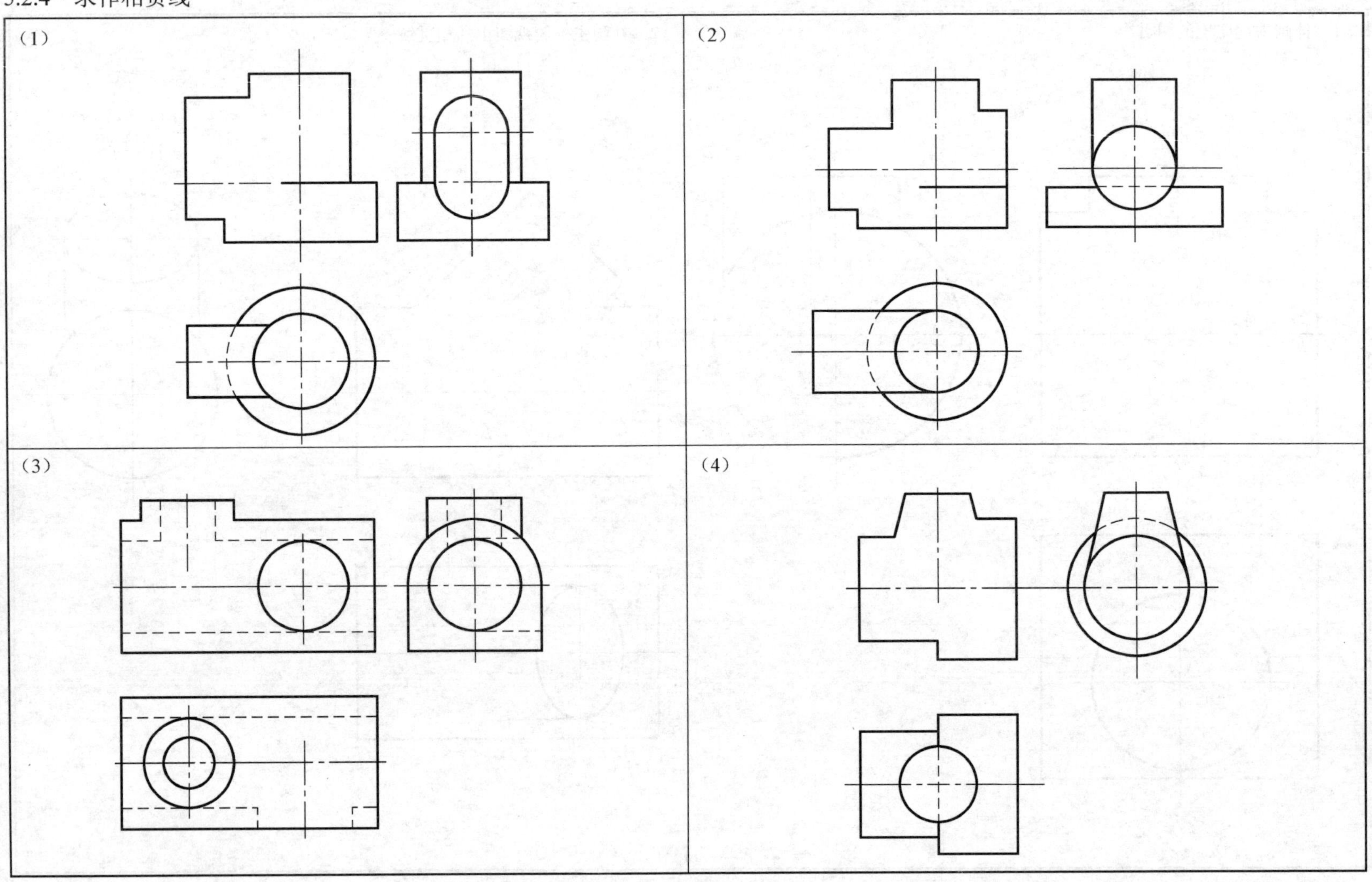

姓名：　　　　　　学号：

5.2.5 求作相贯线

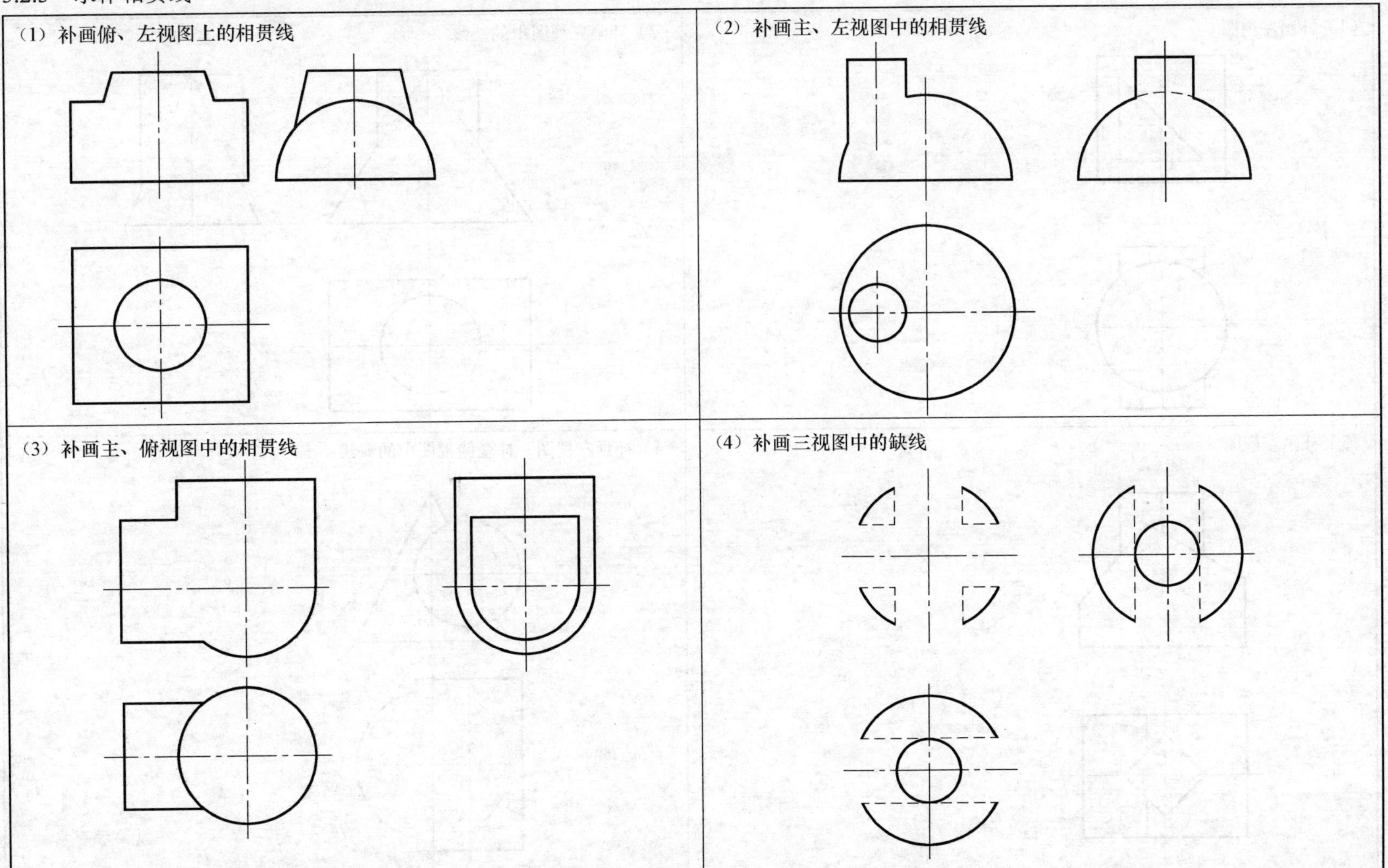

姓名：　　　　　　学号：

5.2.6　根据两视图，补画第三视图

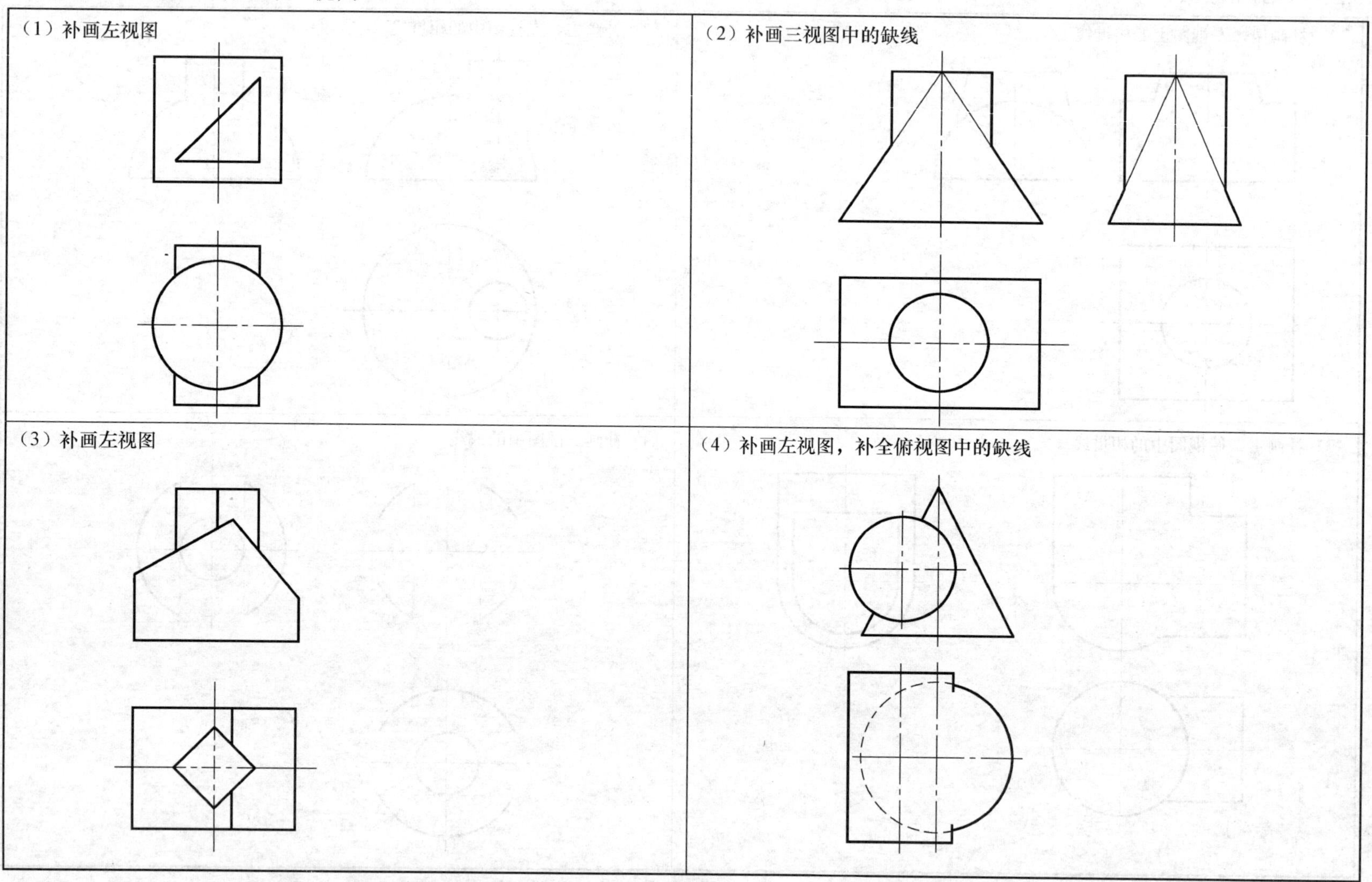

姓名：　　　　　　学号：

5.2.7 补画组合体的表面交线

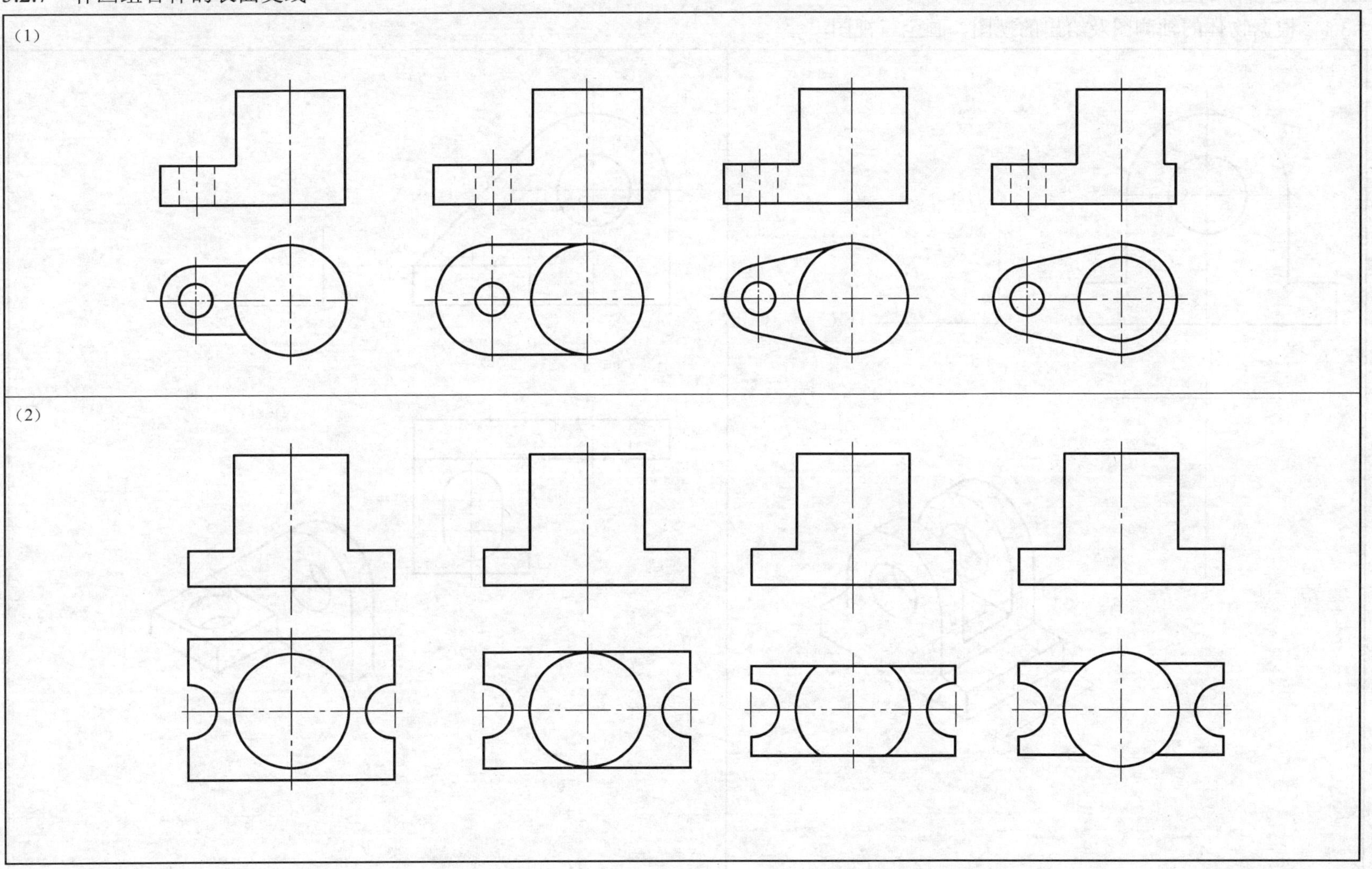

姓名：　　　　　　学号：

5.3 画组合体的三视图

5.3.1 根据物体的轴测图及给出的视图，画全三视图

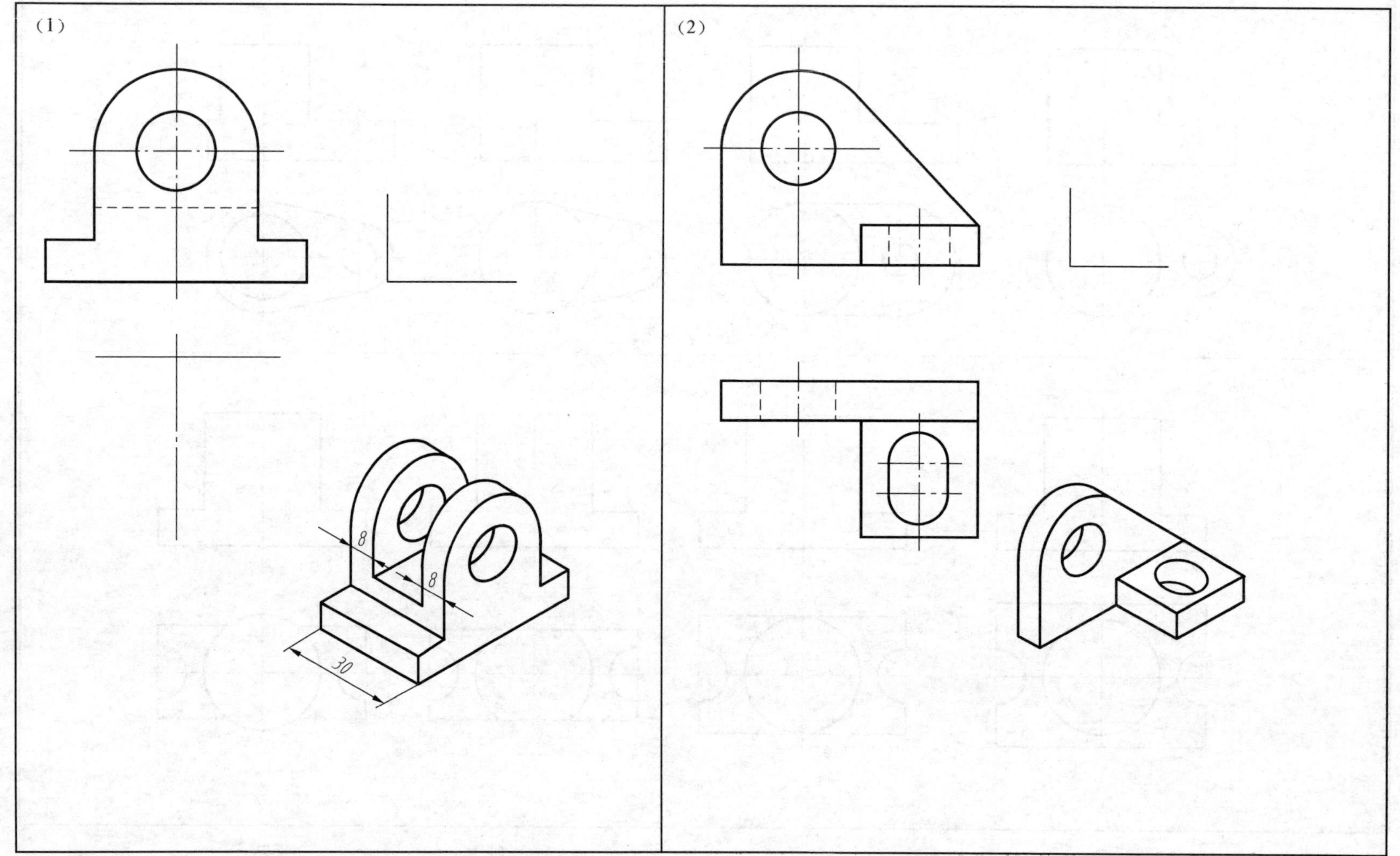

姓名：　　　　　　学号：

5.3.2　对照轴测图，在指定位置绘制组合体的三视图（尺寸从图中量取）

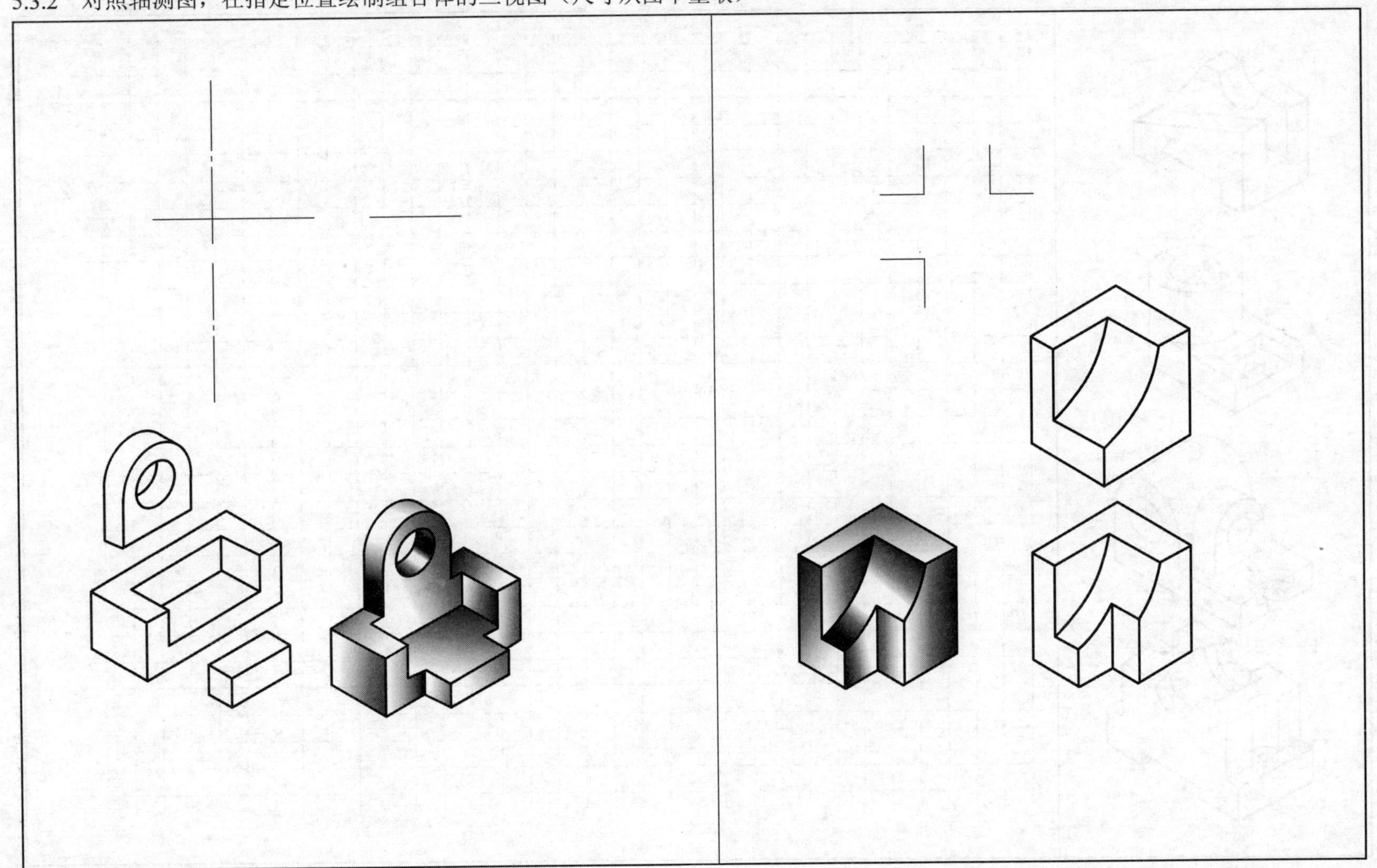

姓名：　　　　　　学号：

5.3.3 徒手画组合体的三视图

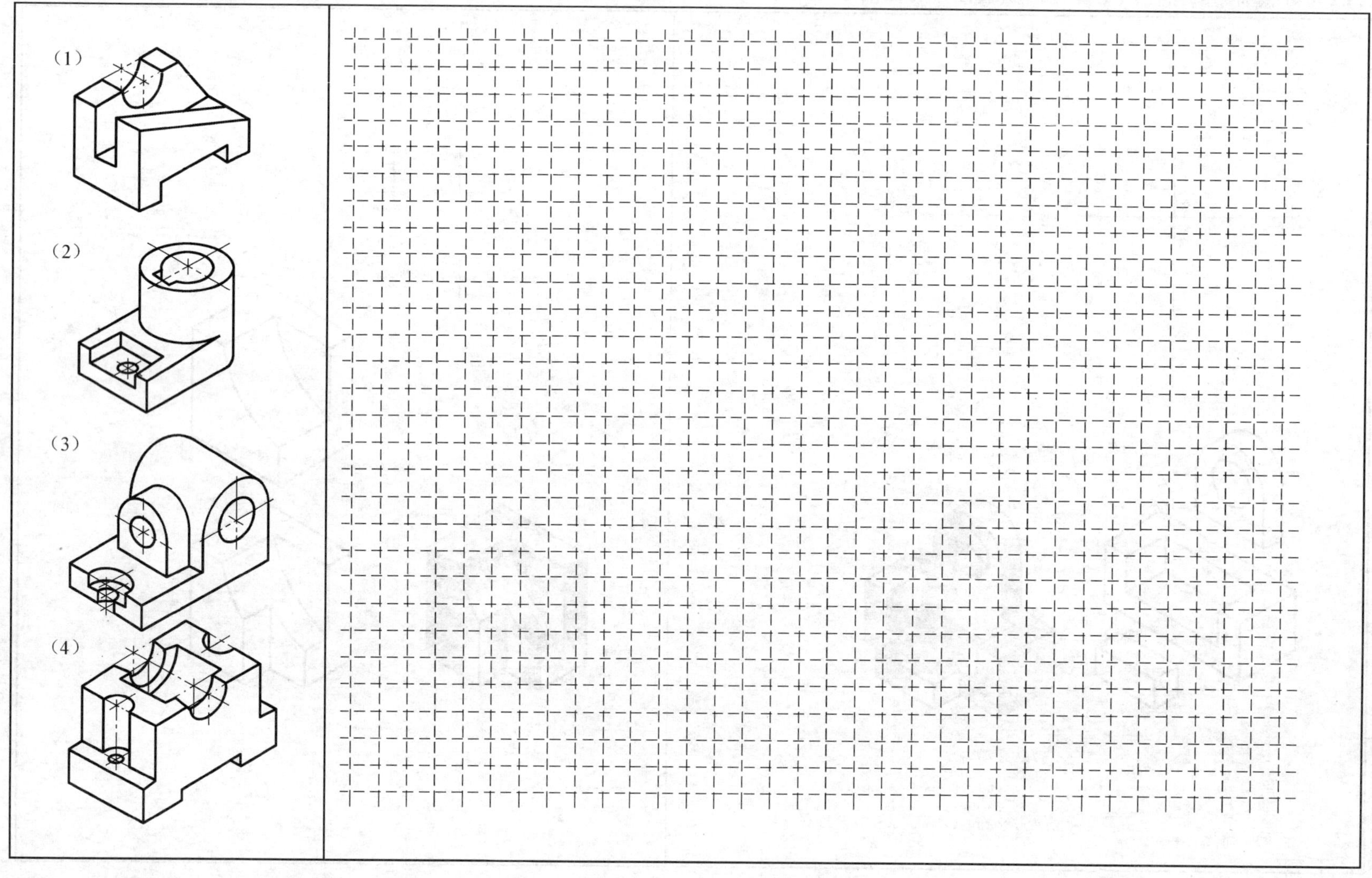

姓名：　　　　　　　　学号：

5.3.4 根据轴测图和给出的尺寸，用 1:1 的比例绘制三视图

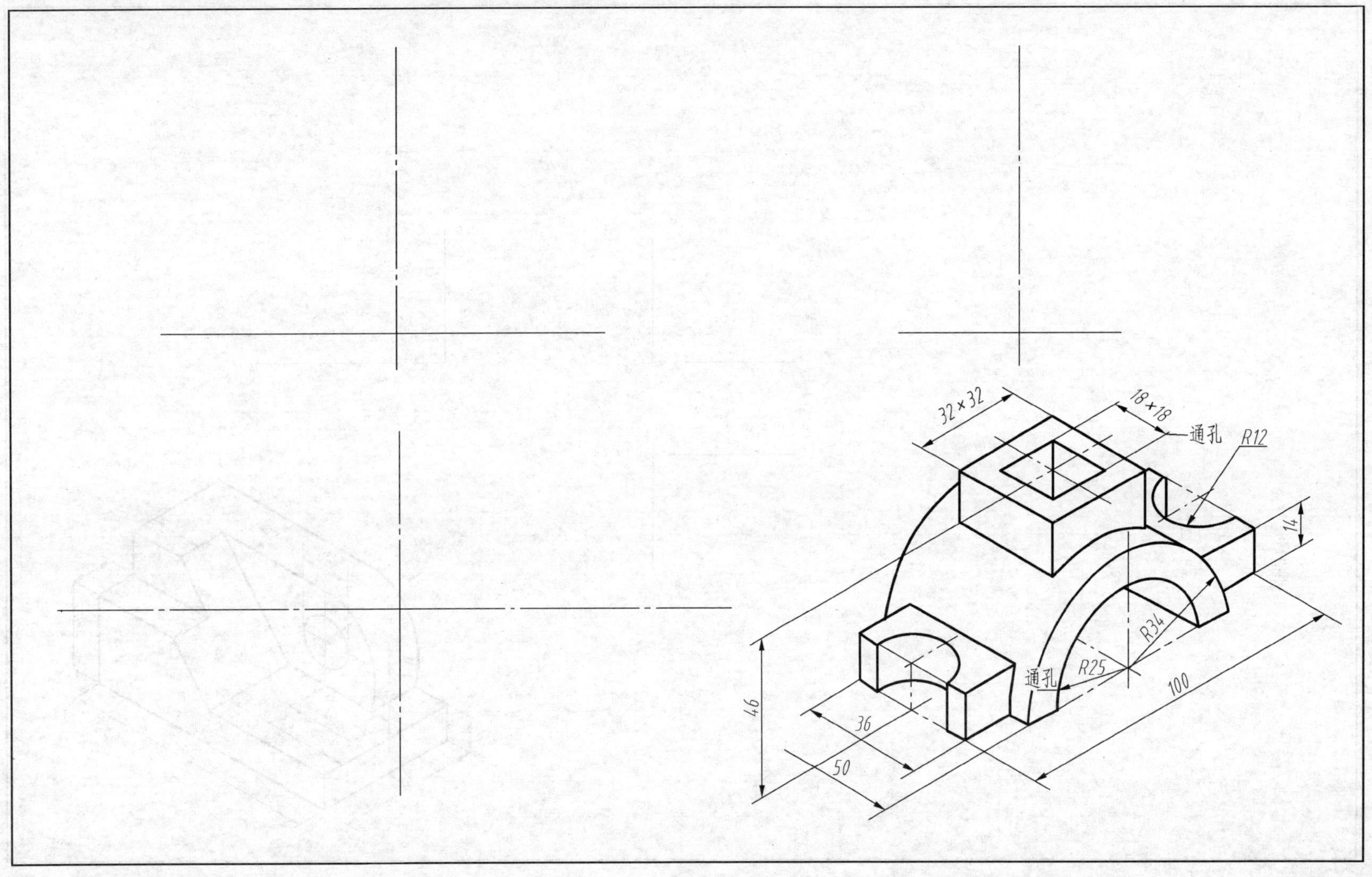

姓名：　　　　　　学号：

5.3.5　根据轴测图和给出的尺寸，用 1:1 的比例绘制三视图

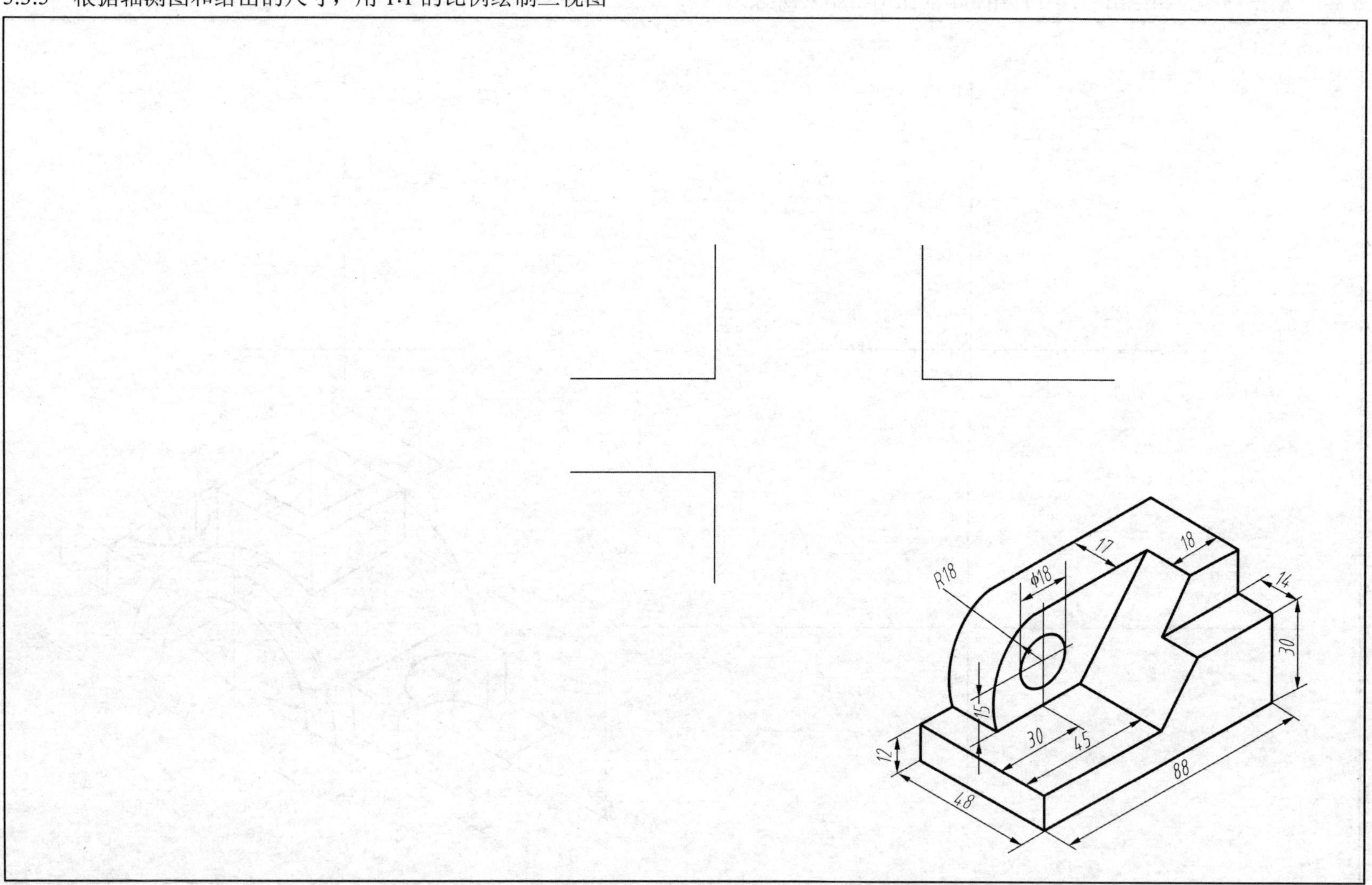

姓名：　　　　　　学号：

5.4　标注组合体的尺寸

5.4.1　看懂视图，按给定的基准标注尺寸（尺寸从图中量取，取整数）

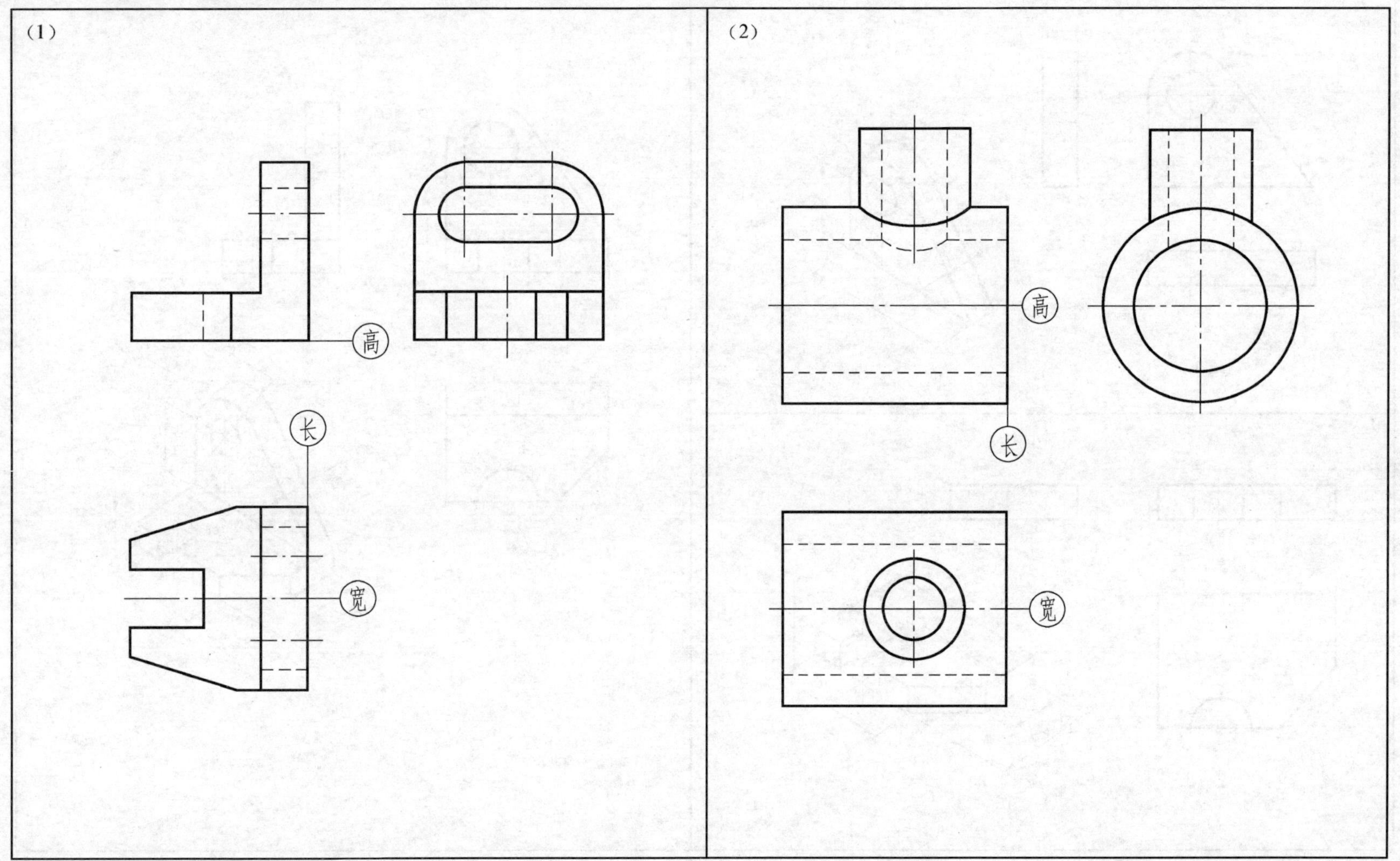

姓名：　　　　　　　学号：

5.4.2　对照轴测图，在三视图上标注尺寸

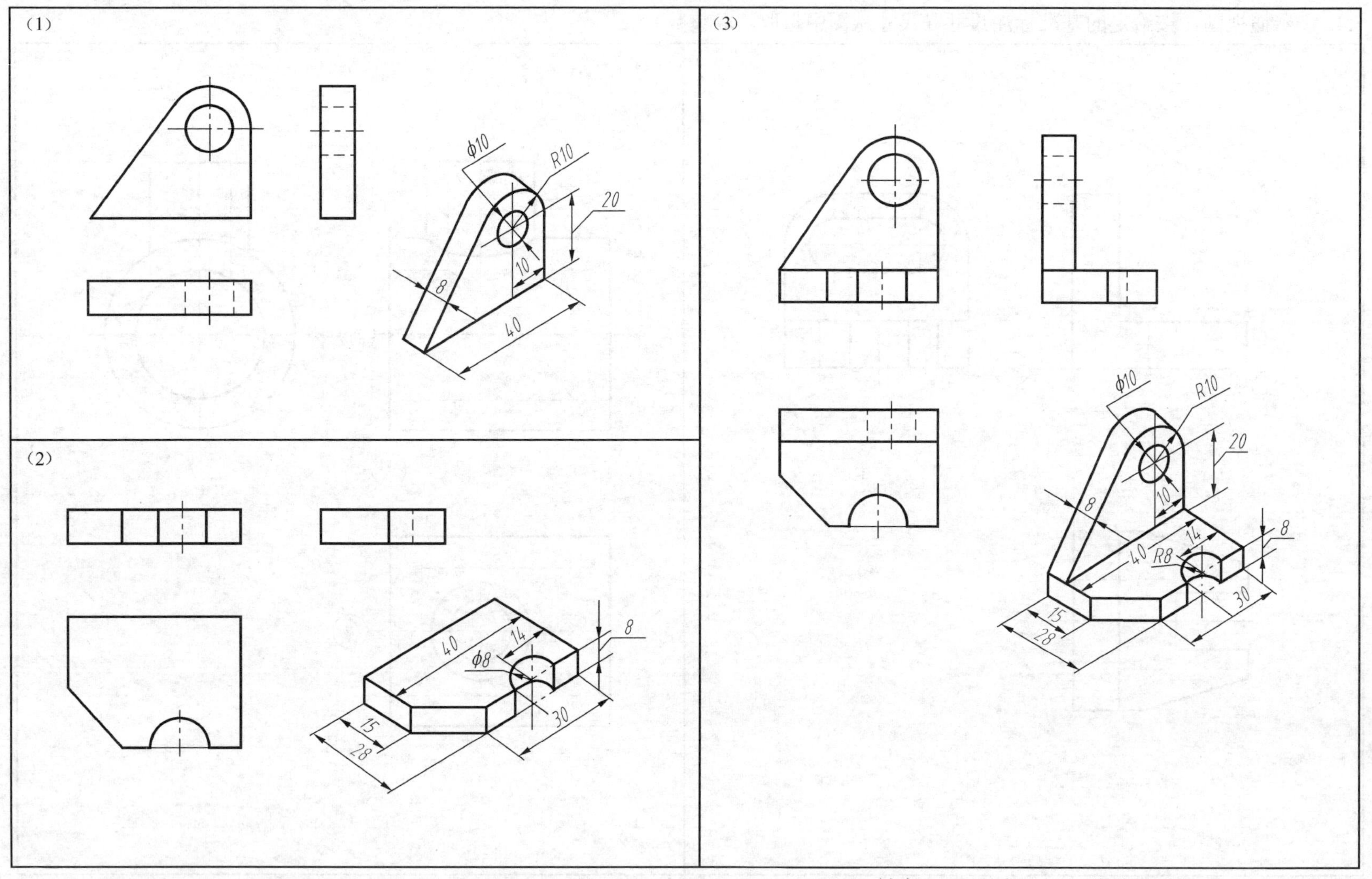

姓名:　　　　　　学号:

5.4.3　在视图上标注尺寸（尺寸图中量取，取整数）

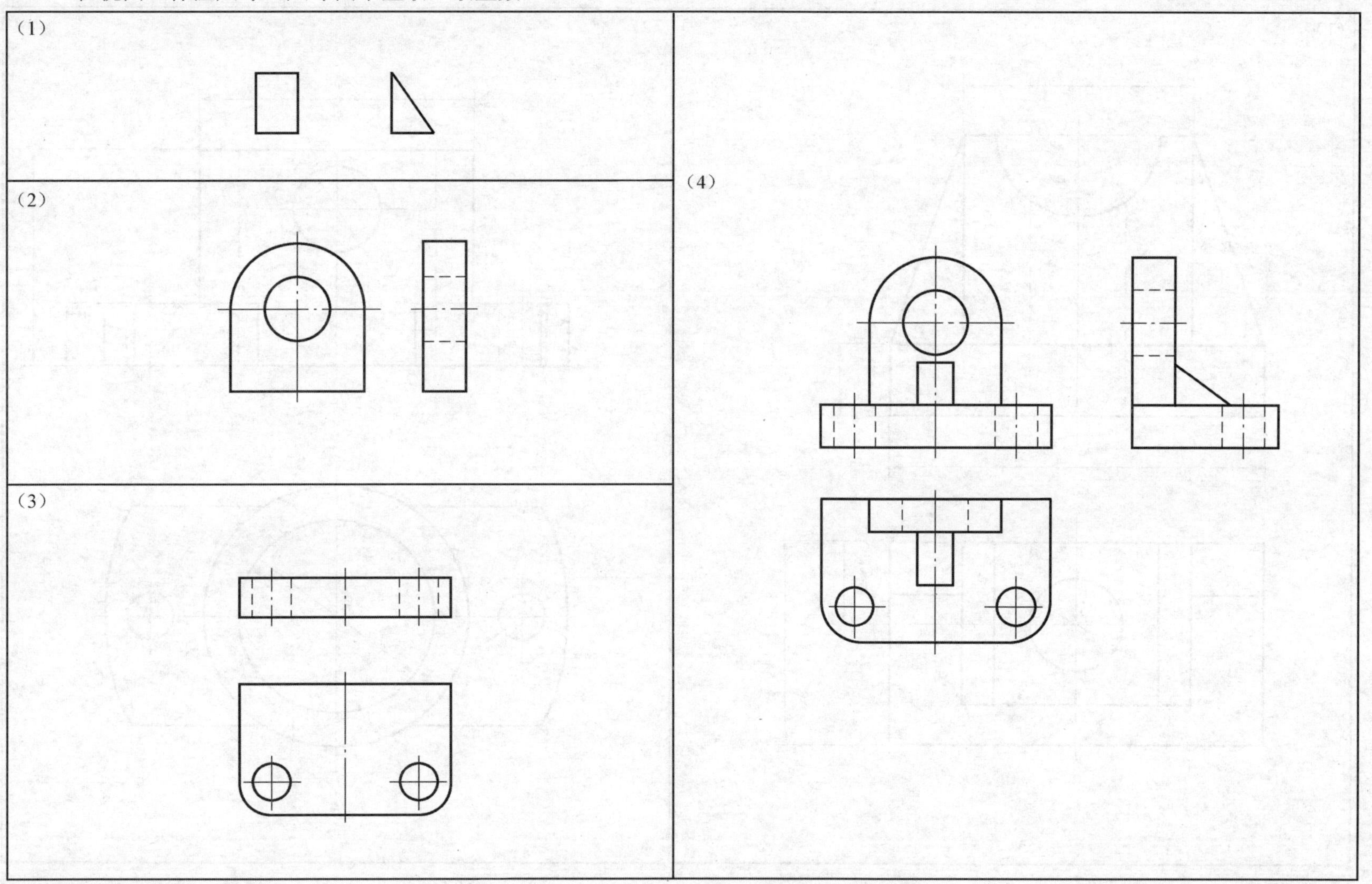

姓名：　　　　　　学号：

5.4.4 补全视图中所缺的尺寸，有尺寸的加注尺寸数字（尺寸图中量取，取整数）

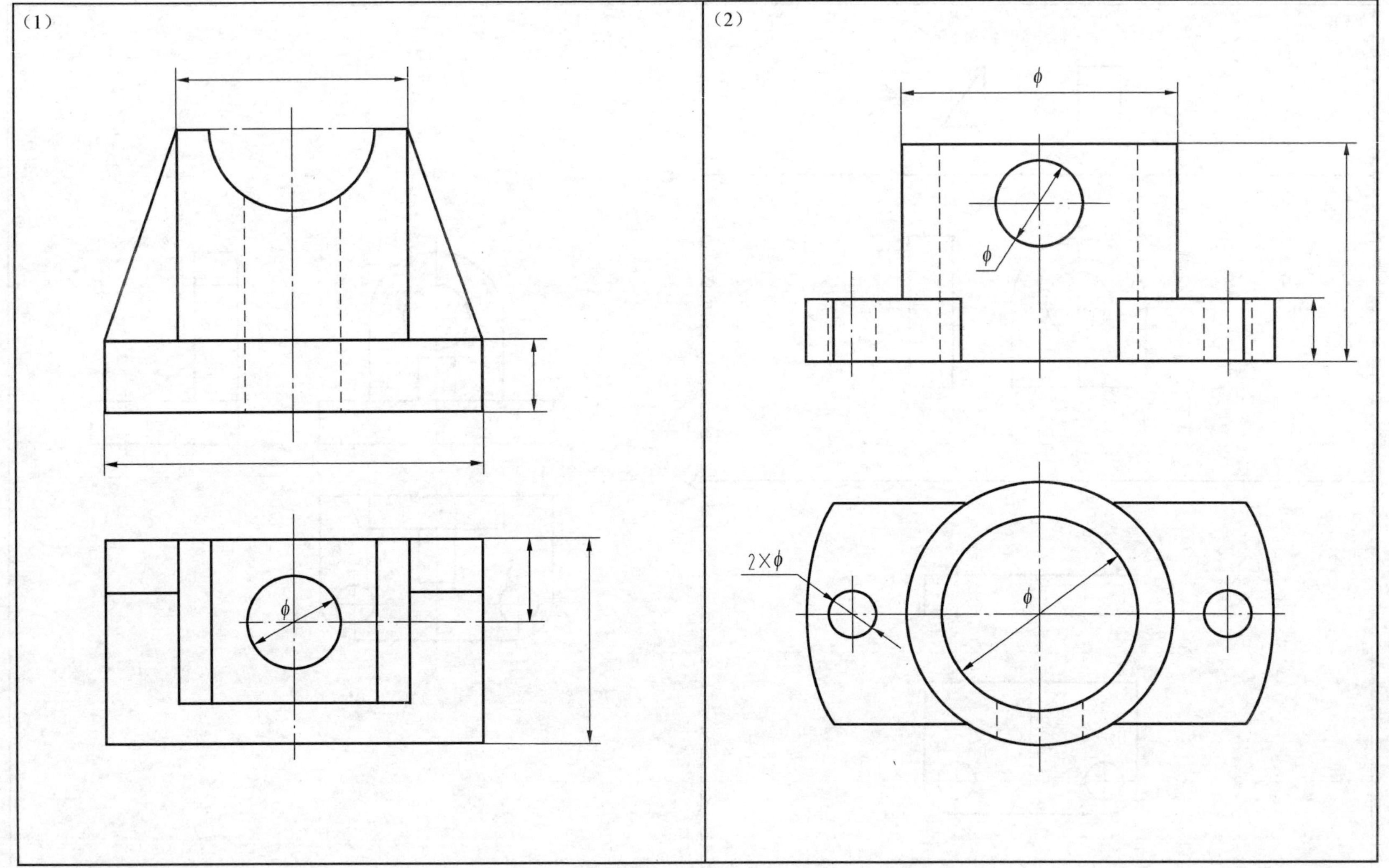

姓名：　　　　　　学号：

5.5 计算机绘制三视图

5.5.1 用 AutoCAD 书写文本

练习设置文字样式:

字体为宋体，文字高度为 5mm，宽度因子为 0.667。

（1）分别用“多行文字”、“单行文字”输入方式书写下列文本:

*R*50、ϕ80、60°、100±0.01、$\frac{1}{2}$、ϕ30±0.05、40%、3^2、机械制图等文字。

（2）绘制标题栏，并输入文本内容

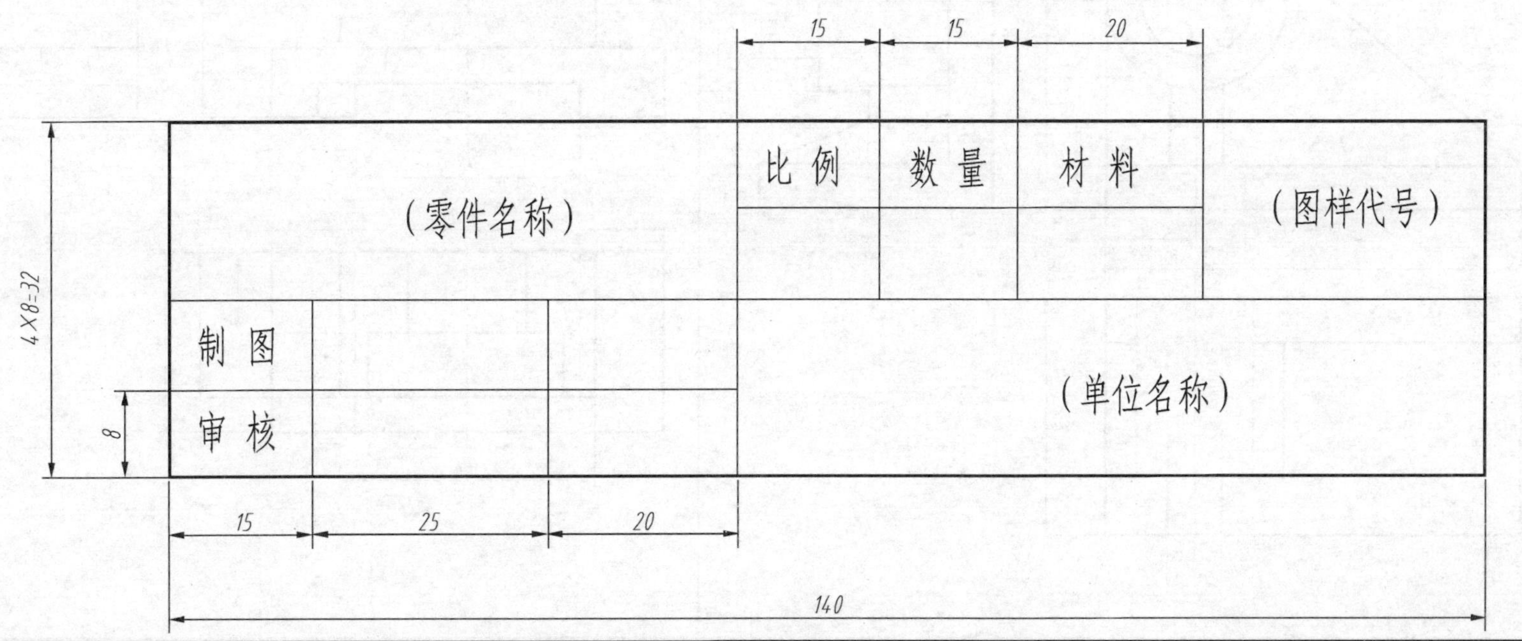

姓名:　　　　　　学号:

5.5.2　绘制三视图，并标注尺寸

要求：

设置尺寸标注样式：通过菜单“格式”→“标注样式”打开“标注样式”设置对话框。基础样式为 ISO-25，在“符号的箭头”选项中设置“箭头大小”为 3.5，在“文字”选项中选择“文字高度”为 3.5 与“与尺寸线对齐”，在“调整”选择中选择“手动放置文字”。其余可自行设置。

绘图提示：

用 AutoCAD 绘制三视图时，可通过打开“捕捉”、“追踪”功能，实现视图间的对正关系；或通过建立辅助线层、绘制 45° 斜线等实现俯、左视图宽相等。

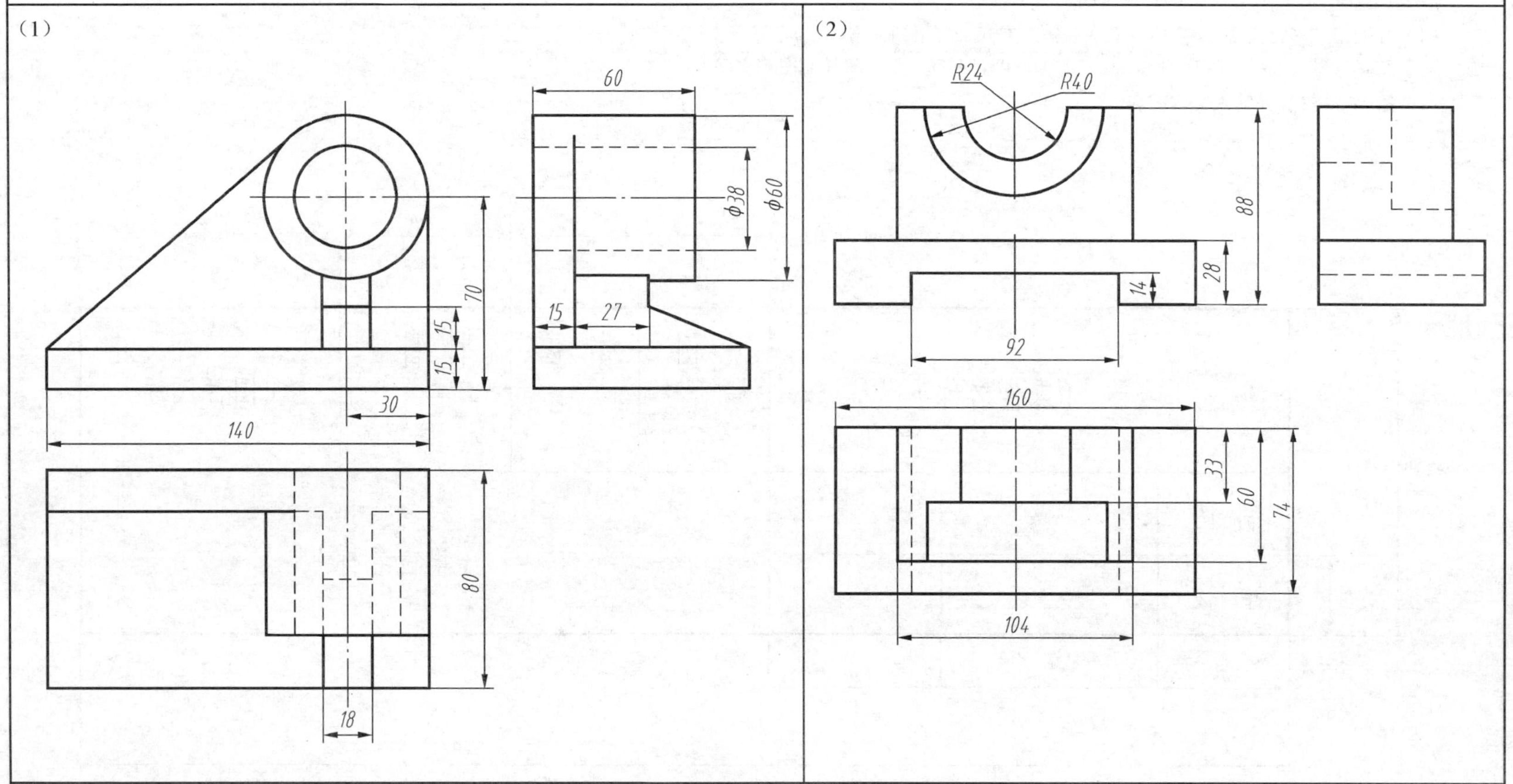

姓名：　　　　　　学号：

5.5.3 根据给出的轴测图或模型，利用绘图仪器或 AutoCAD 软件绘制组合体的三视图

图名：组合体三视图

图幅（绘图环境）：自行设置

比例：自选

一、作业内容

1. 根据模型（或轴测图）画组合体三视图。

2. 标注尺寸。

二、作业目的

1. 学习运用形体分析法画组合体三视图。

2. 学习运用形体分析法标注组合体的尺寸。

3. 训练仪器绘图、计算机绘图技能。

三、作业要求

1. 正确选择主视图和俯、左视图。

2. 标注尺寸要做到正确、齐全、清晰。

四、作业指示

1. 应用形体分析法进行形体分析。

2. 要按照正确的画图步骤画图。

3. 应以反映组合体各组成部分形状和相对位置较明显的方向作为主视图的投影方向。

4. 应用形体分析法标注尺寸，不要完全照搬轴测图上的尺寸标注，要根据三视图的具体情况重新考虑尺寸配置。

5. 若从模型测量尺寸，要取整数。

6. 利用 AutoCAD 绘图前，可先徒手绘制草图。

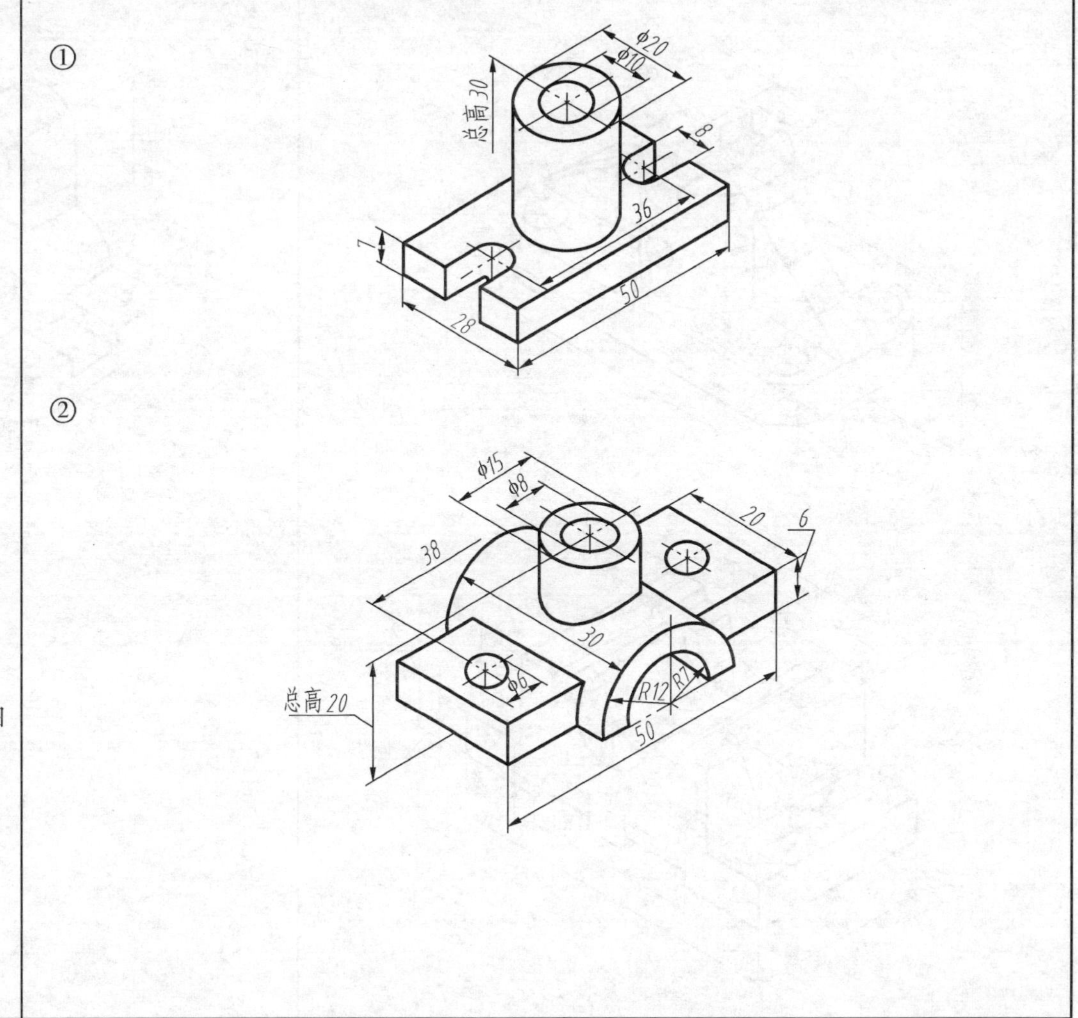

姓名： 学号：

5.5.4 绘制组合体三视图

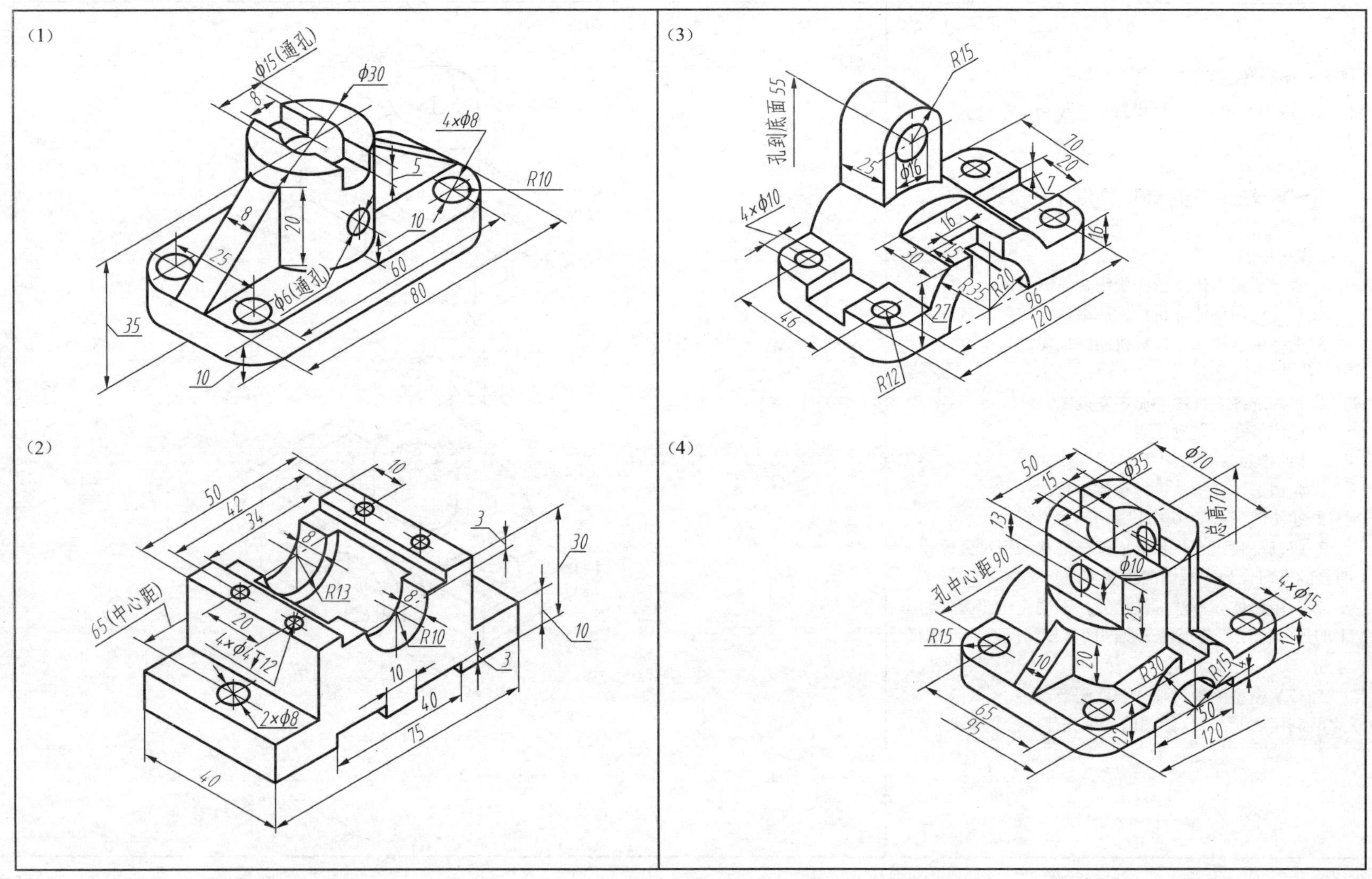

姓名：　　　　　　　学号：

5.6 读组合体的视图及构型

5.6.1 参照轴测图，根据给定的一个视图补画另外两个视图（有多种答案，至少画四个）

轴测图

（1）

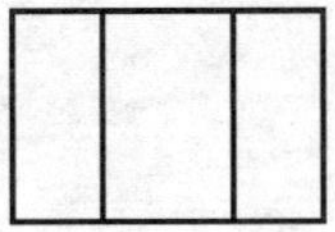

（2）

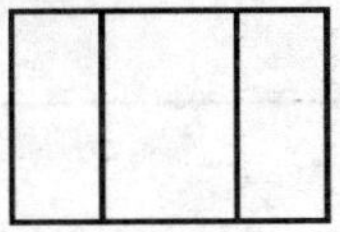

（3）

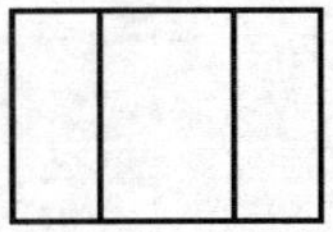

姓名：　　　　　　学号：

5.6.2 参照轴测图，根据给定的两个视图补画第三视图（有多种答案，至少画四个）

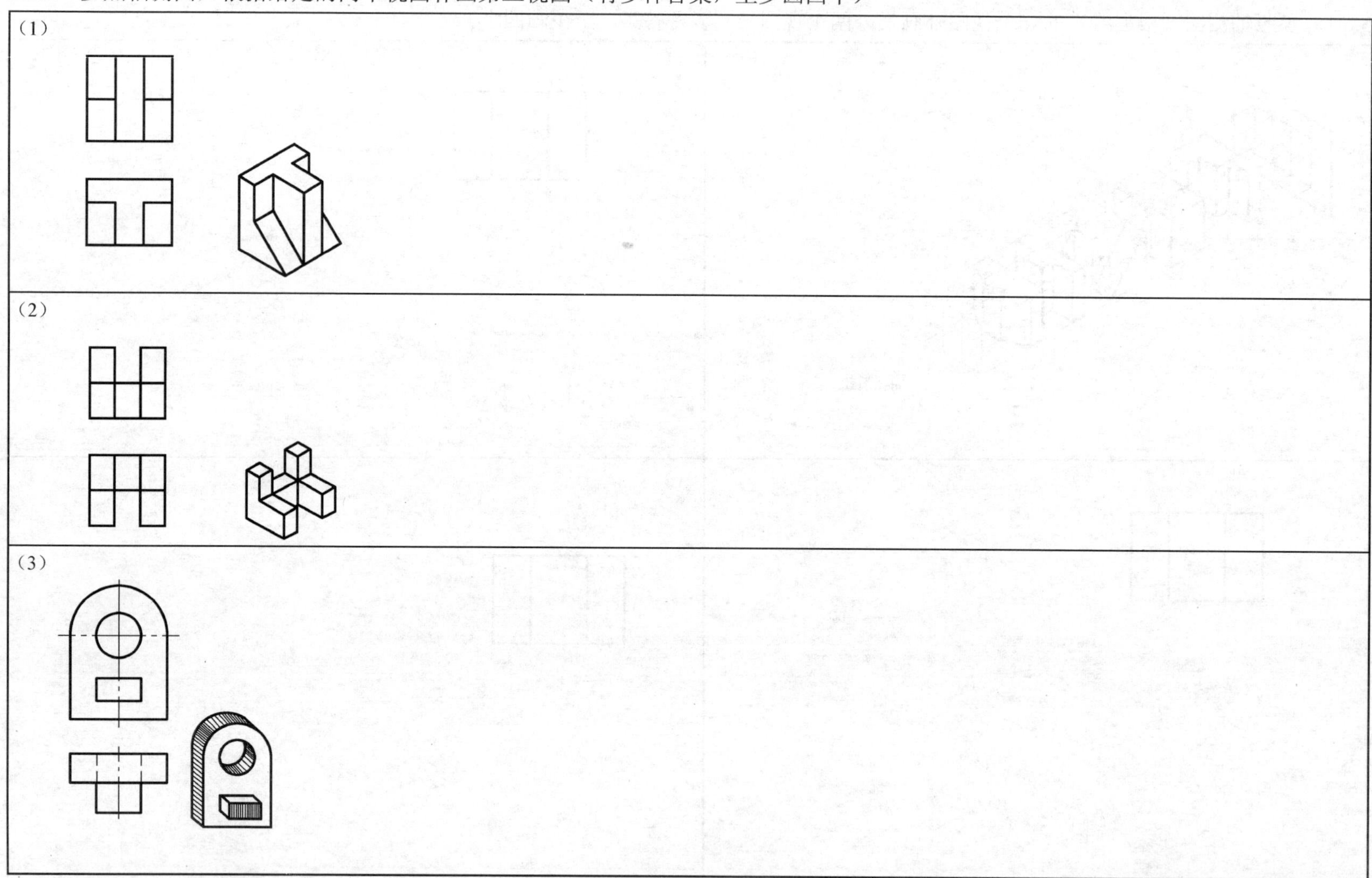

姓名：　　　　　　学号：

5.6.3 根据给定的一个视图补画左视图（有多种答案，至少画两个）

（1）

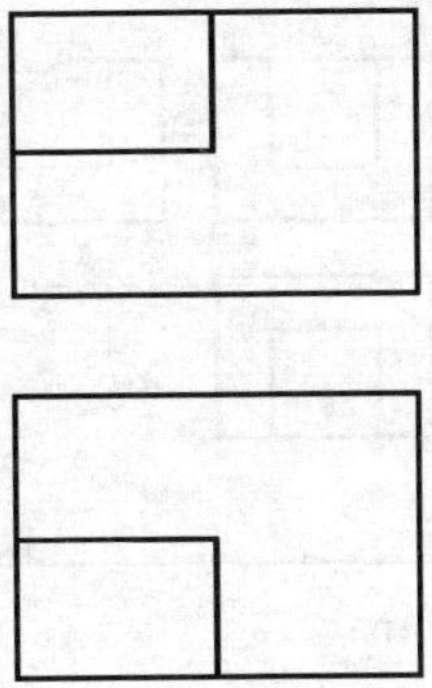

（2）

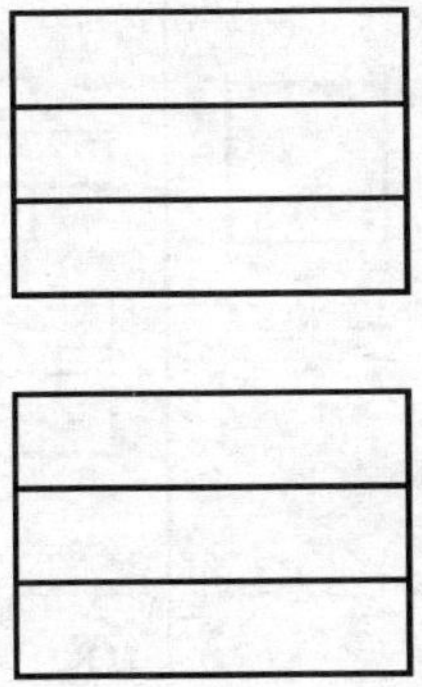

（3）

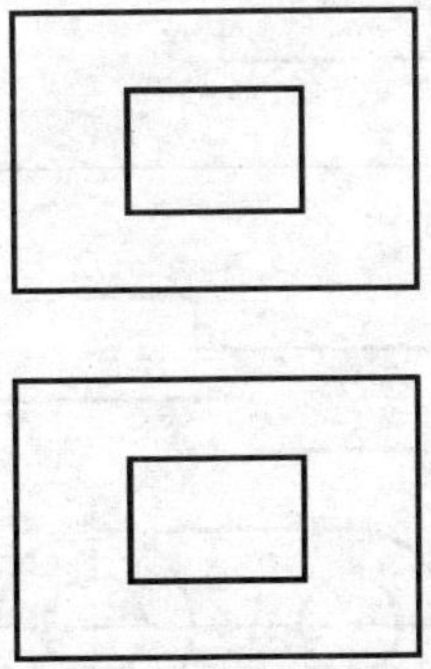

（4）

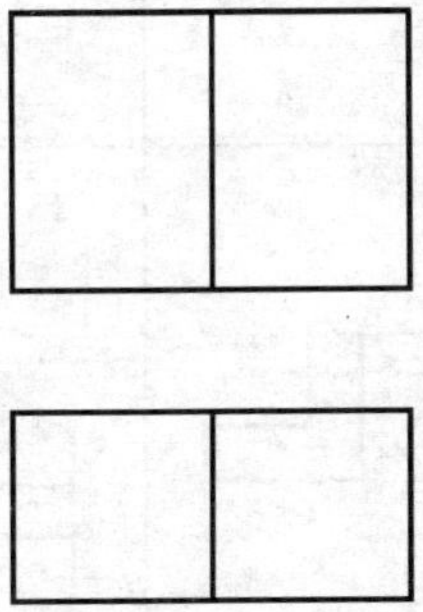

姓名： 学号：

5.6.4 根据已知视图想象出立体形状，并补画图中漏画的图线

(1)	(2)	(3)	(4)	(5)
(6)	(7)	(8)	(9)	(10)
(11)	(12)	(13)	(14)	(15)

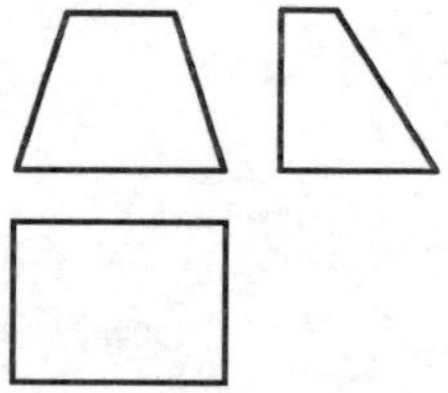

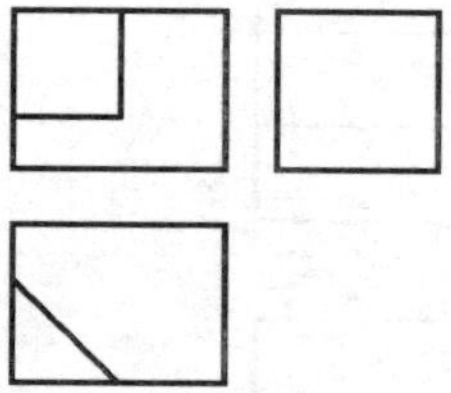

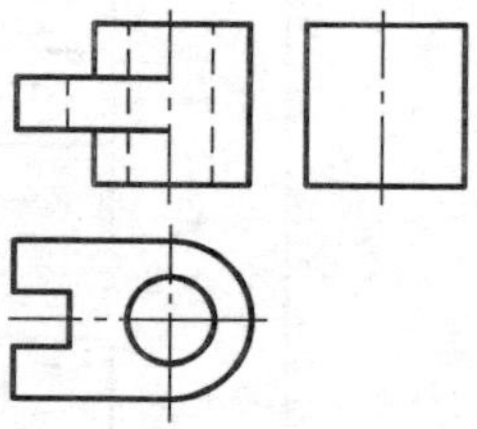

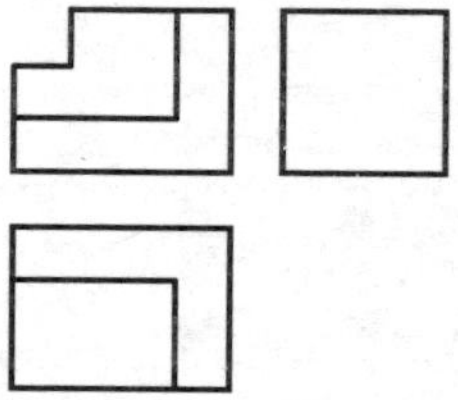

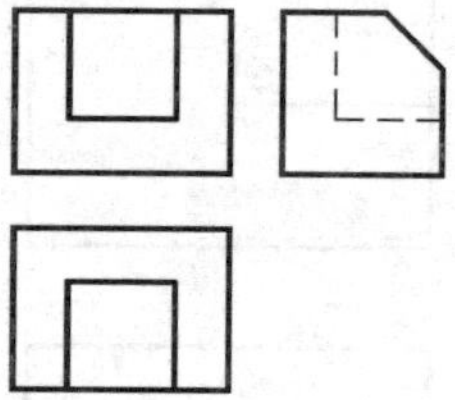

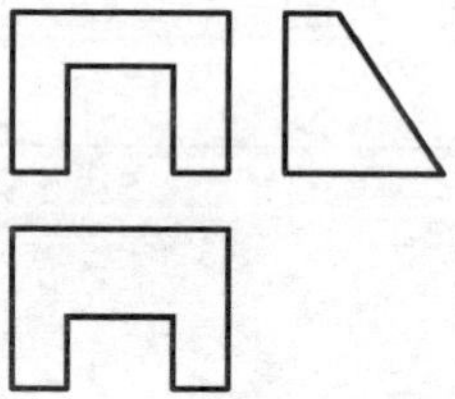

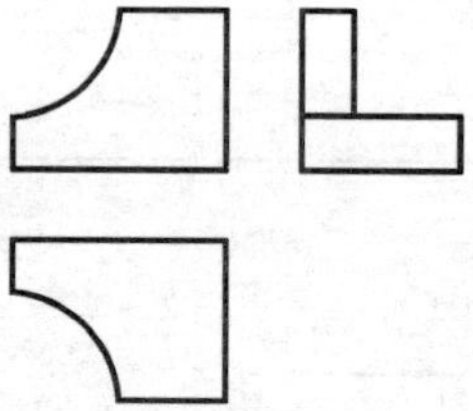

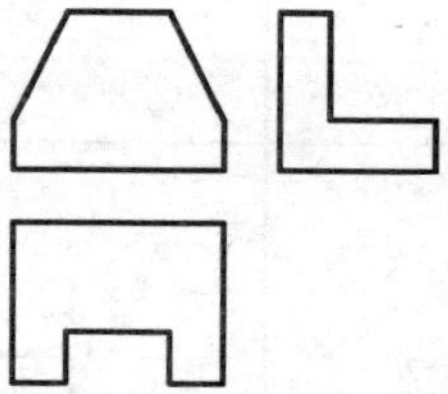

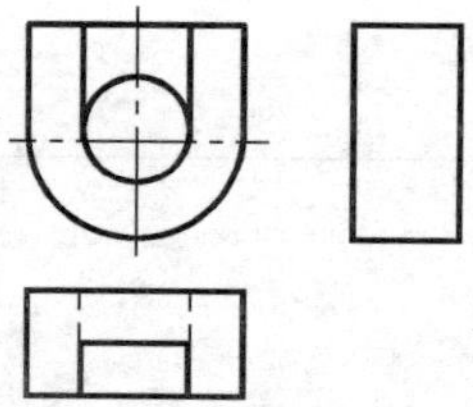

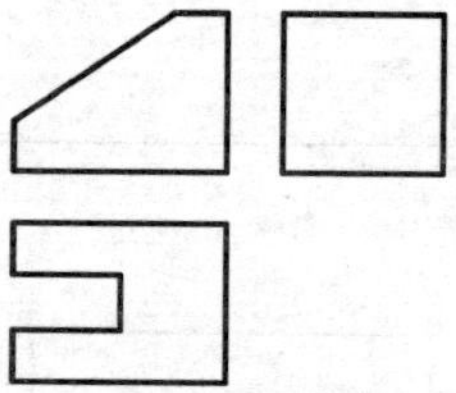

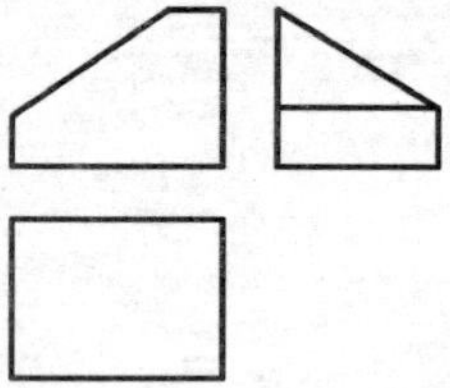

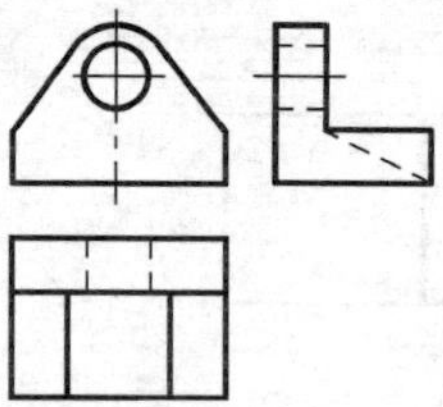

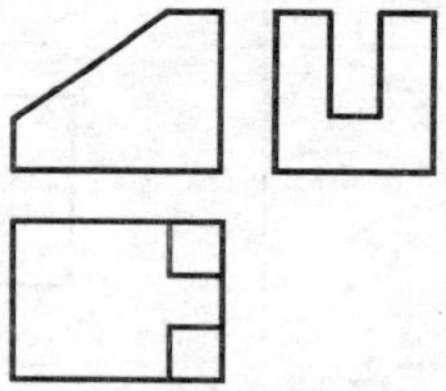

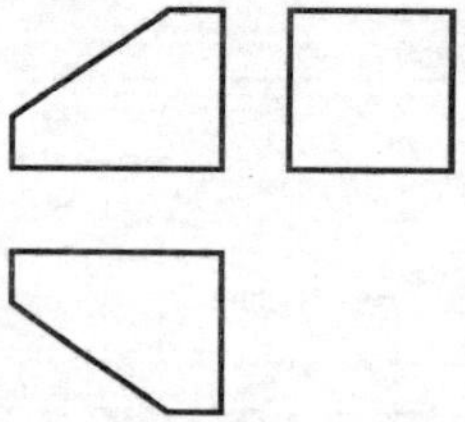

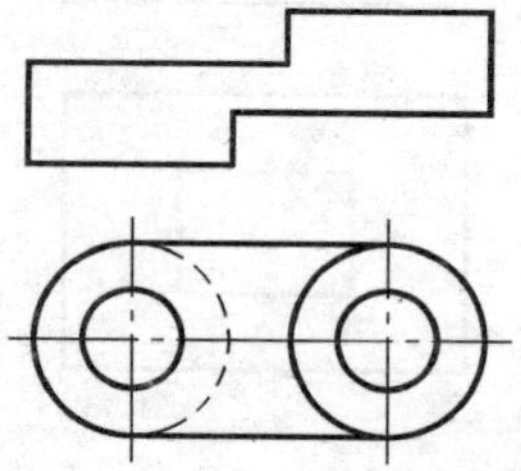

姓名： 学号：

5.6.5　已知主、俯视图，找出正确的左视图

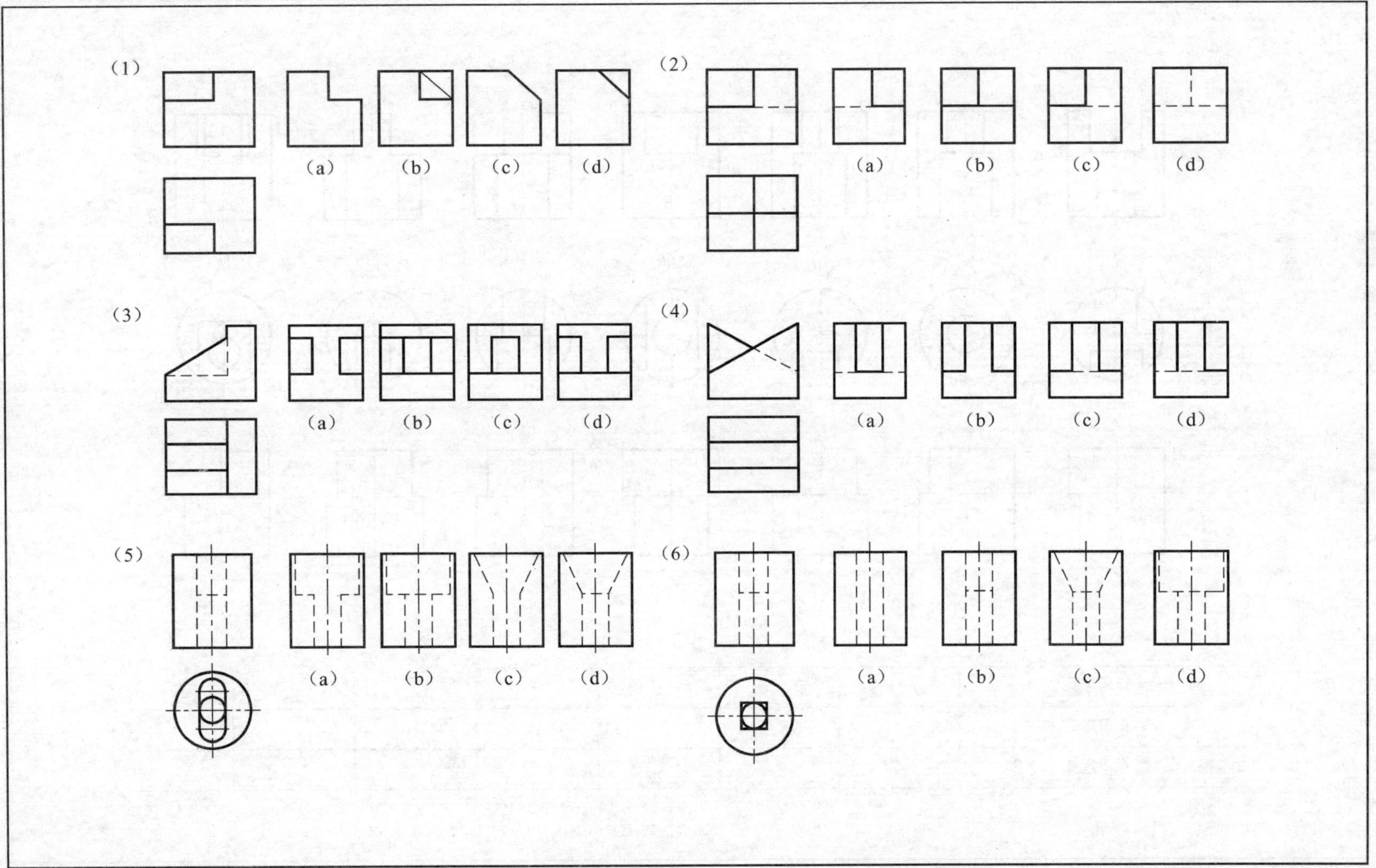

姓名：　　　　　　学号：

5.6.6 选出对应的俯视图、左视图，将序号填入表中

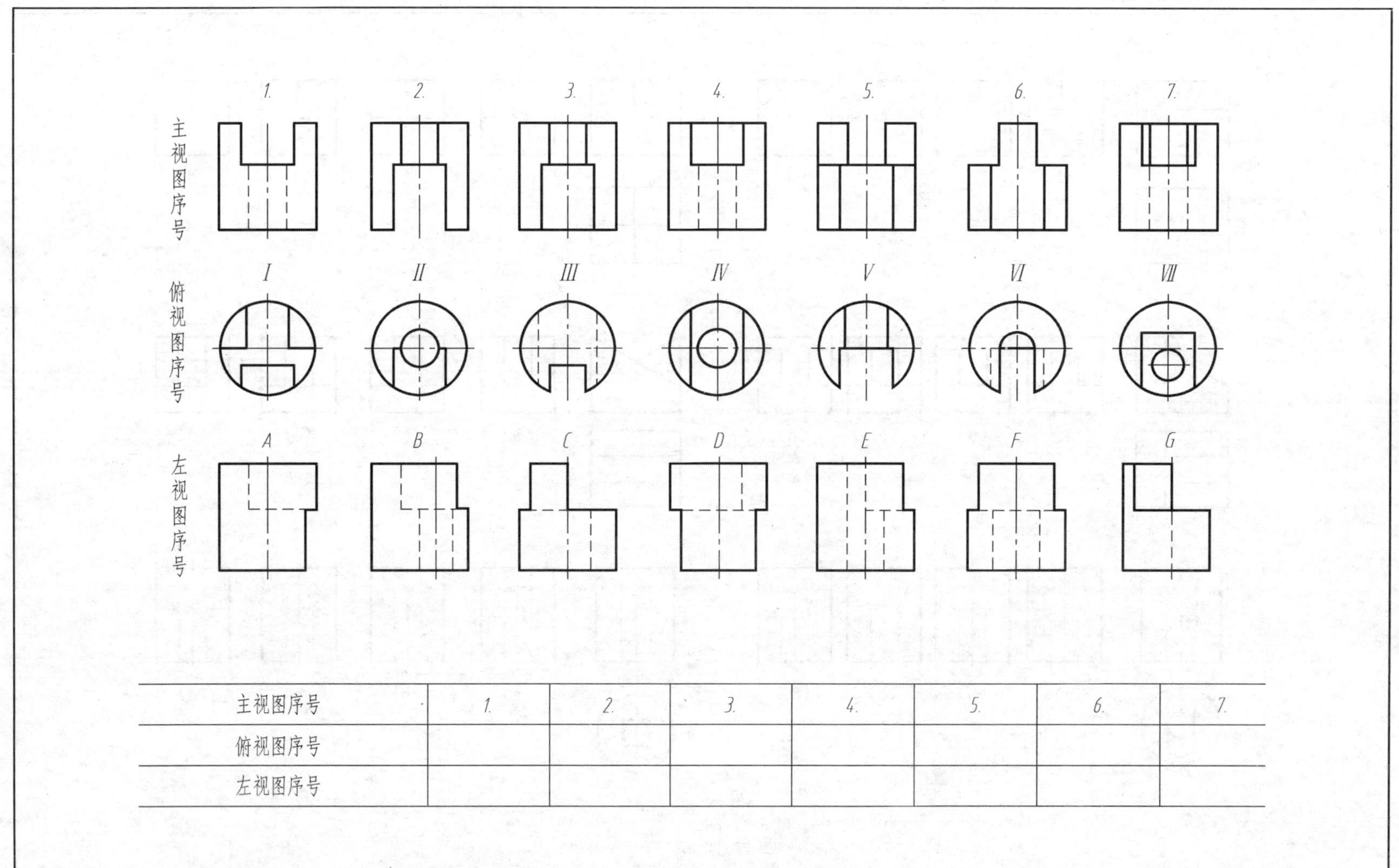

主视图序号	1.	2.	3.	4.	5.	6.	7.
俯视图序号							
左视图序号							

姓名： 学号：

5.6.7 分析形体上面的相对位置，并将分析结果填写在空格内

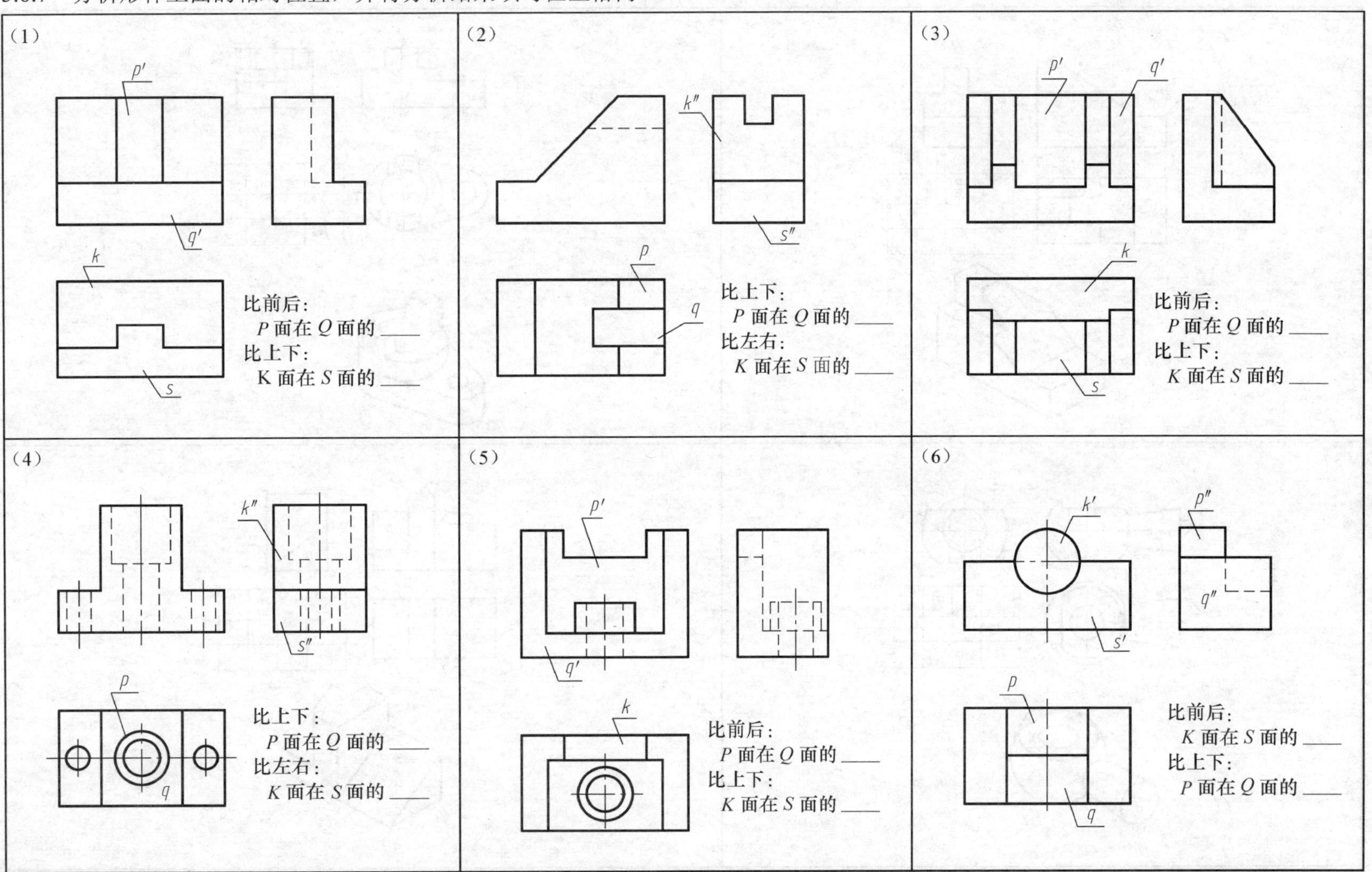

姓名： 学号：

5.6.8　分析组合体视图，将轴测图上标有字母的各表面，在三视图上找出相应数字，填写在相应表格内

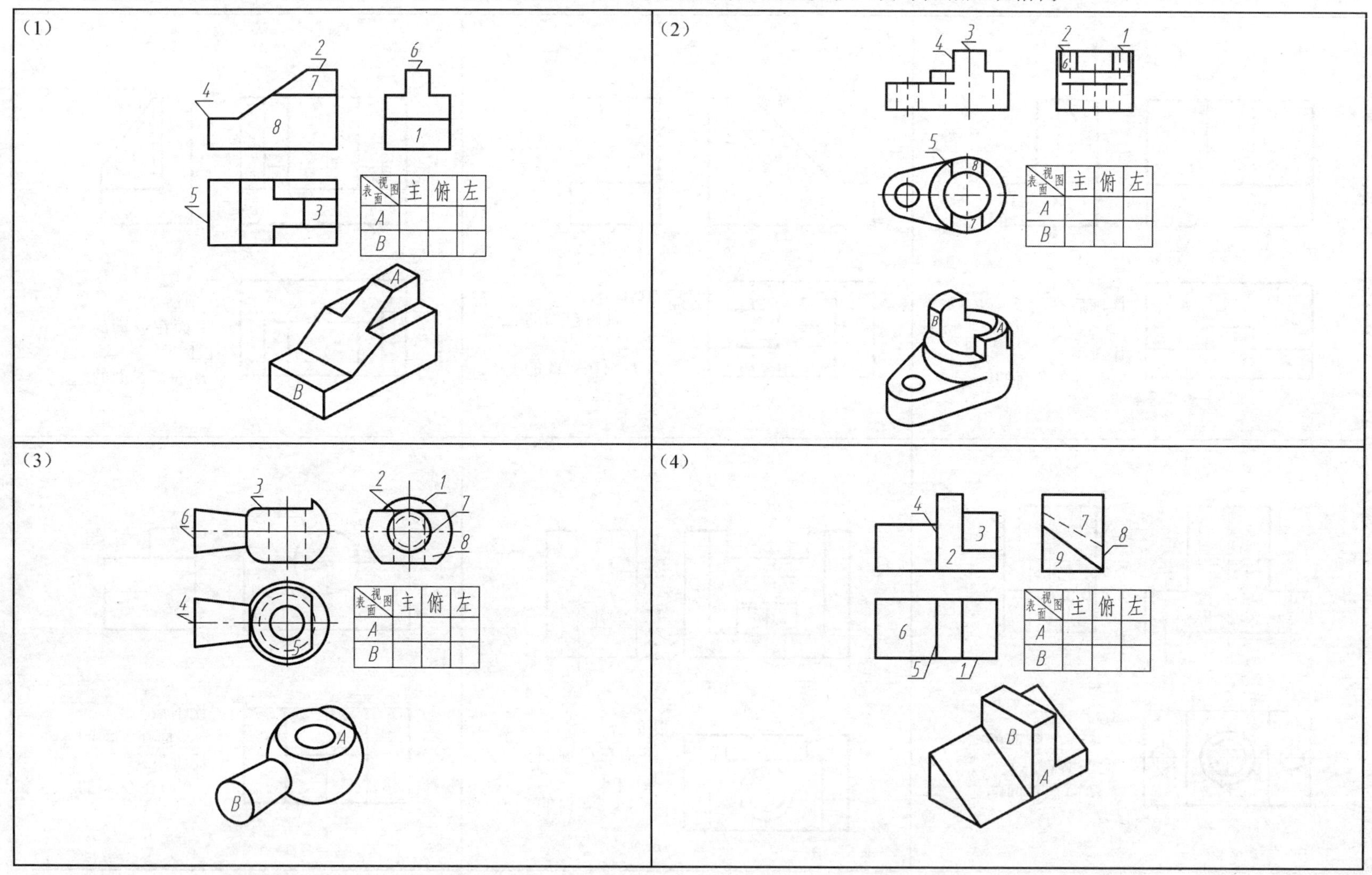

(1)

表面\视图	主	俯	左
A			
B			

(2)

表面\视图	主	俯	左
A			
B			

(3)

表面\视图	主	俯	左
A			
B			

(4)

表面\视图	主	俯	左
A			
B			

姓名：　　　　　　　学号：

5.6.9　根据两面视图，求作第三视图，绘制正等轴测图

（1）

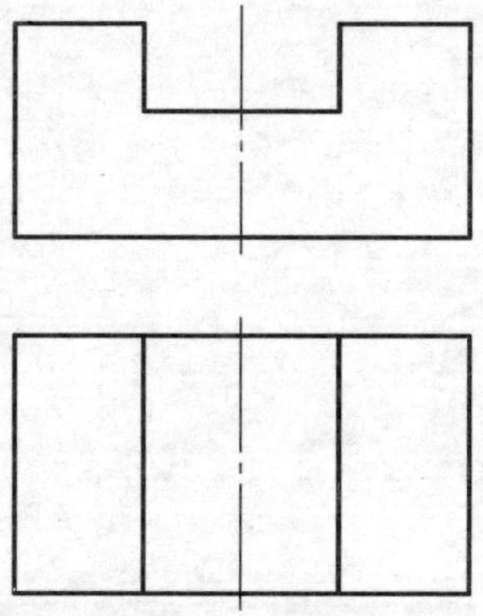

（2）

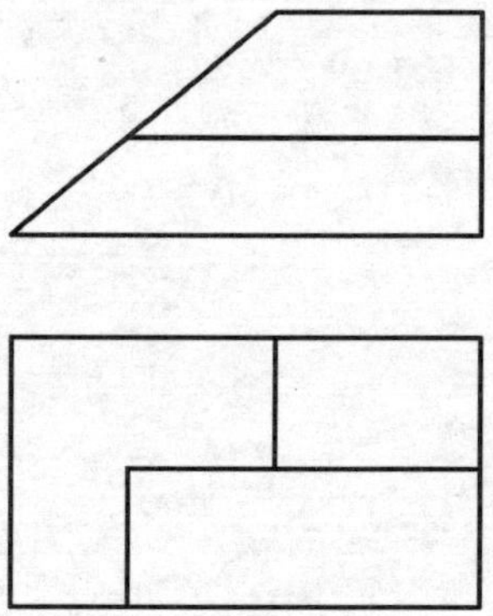

（3）

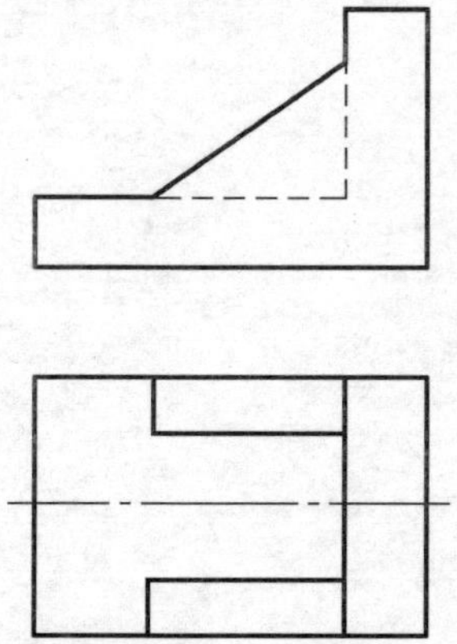

（4）

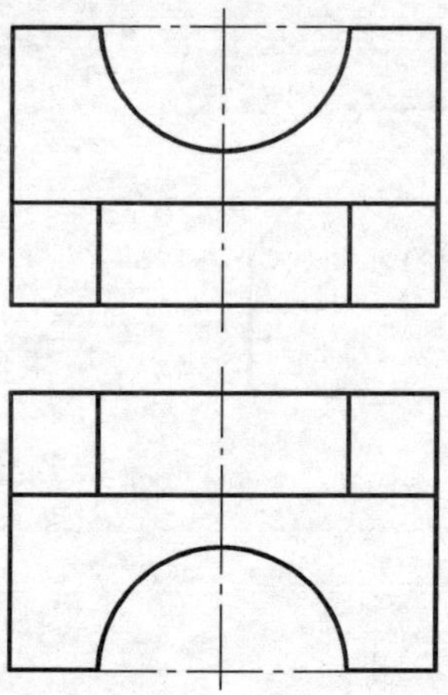

姓名:　　　　　　学号:

5.6.10　根据两面视图，求作第三视图

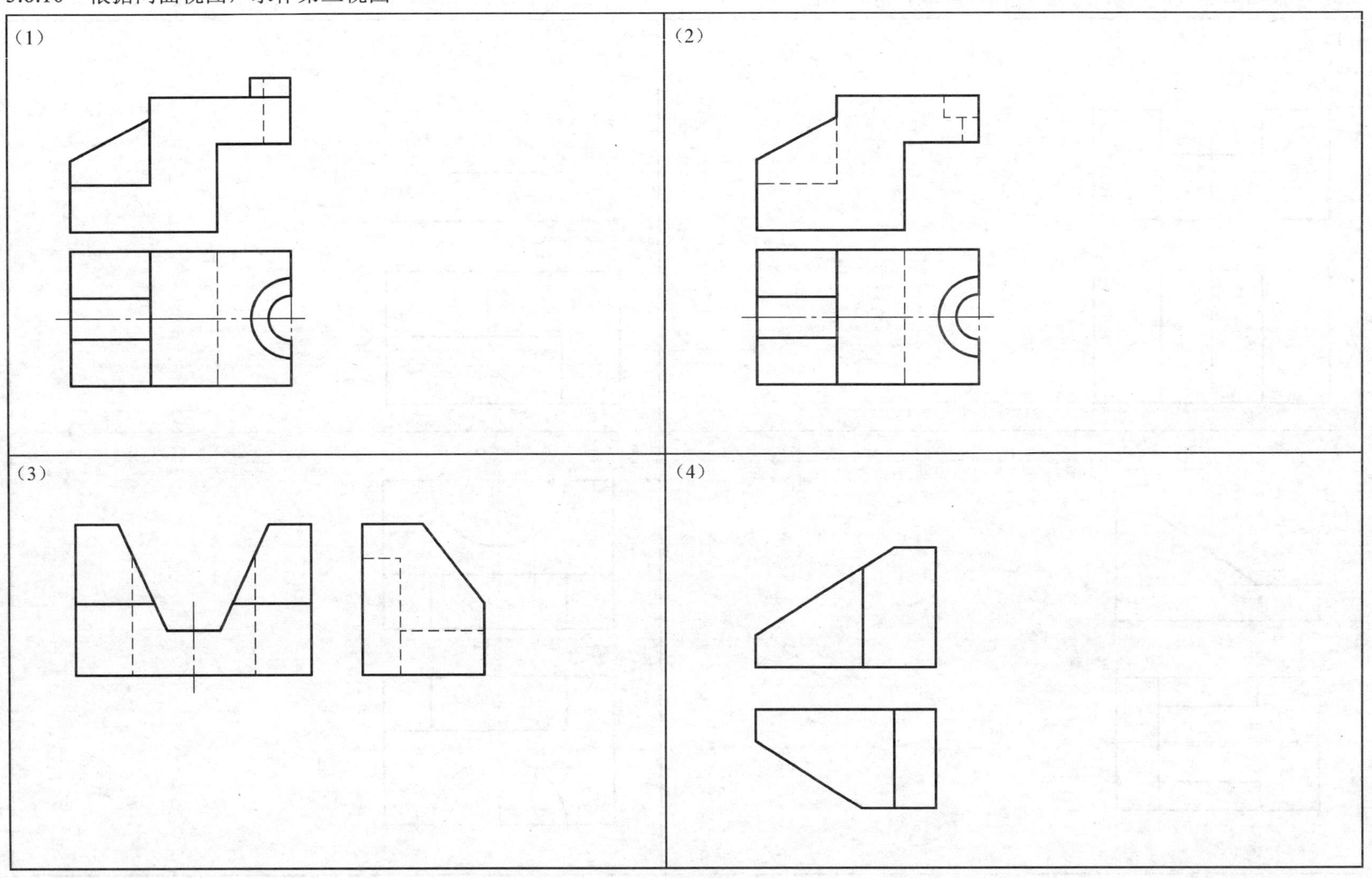

姓名：　　　　　　　学号：

5.6.11 根据两面视图，求作第三视图

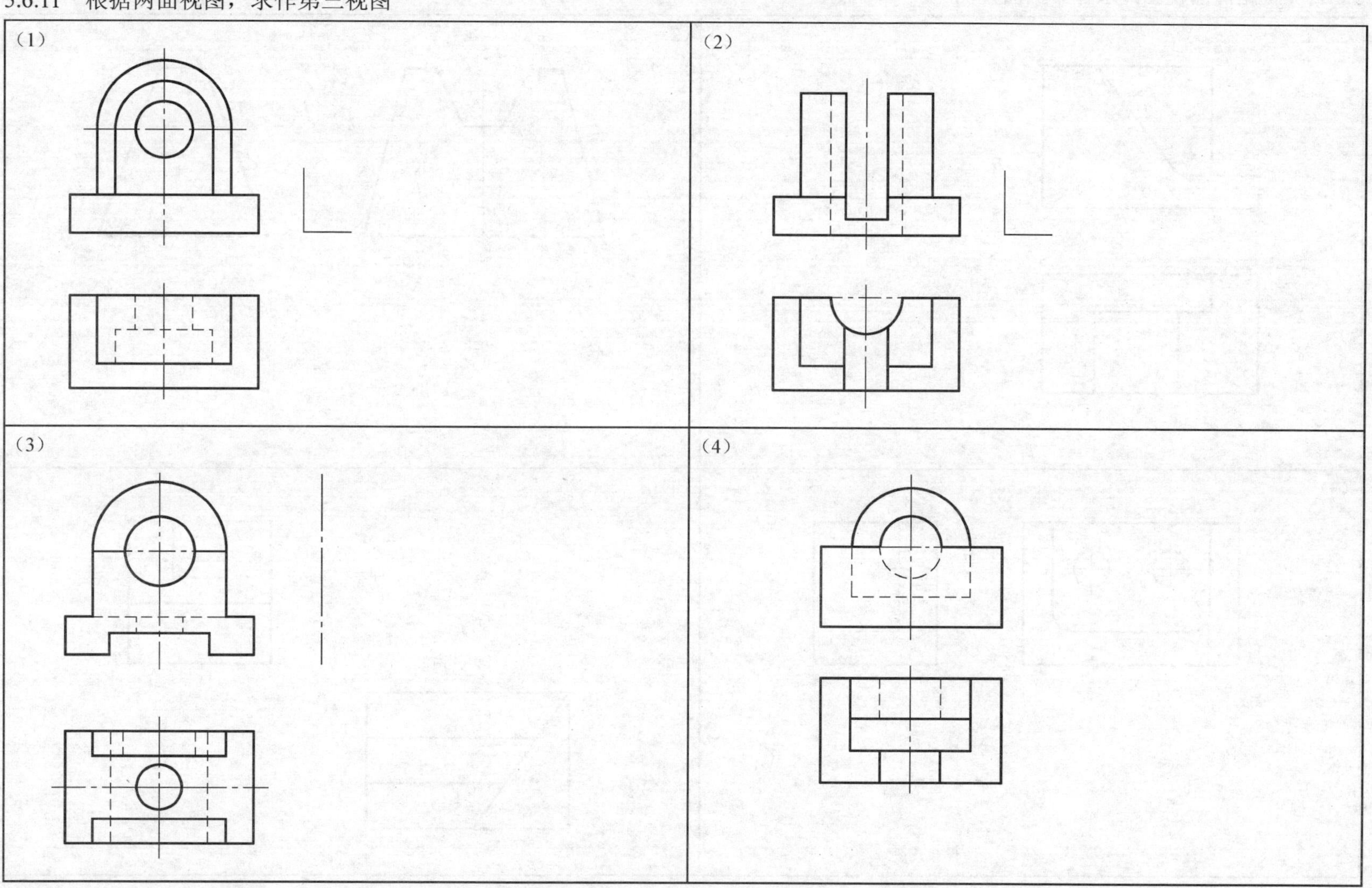

姓名：　　　　学号：

5.6.12　根据两面视图，求作第三面视图

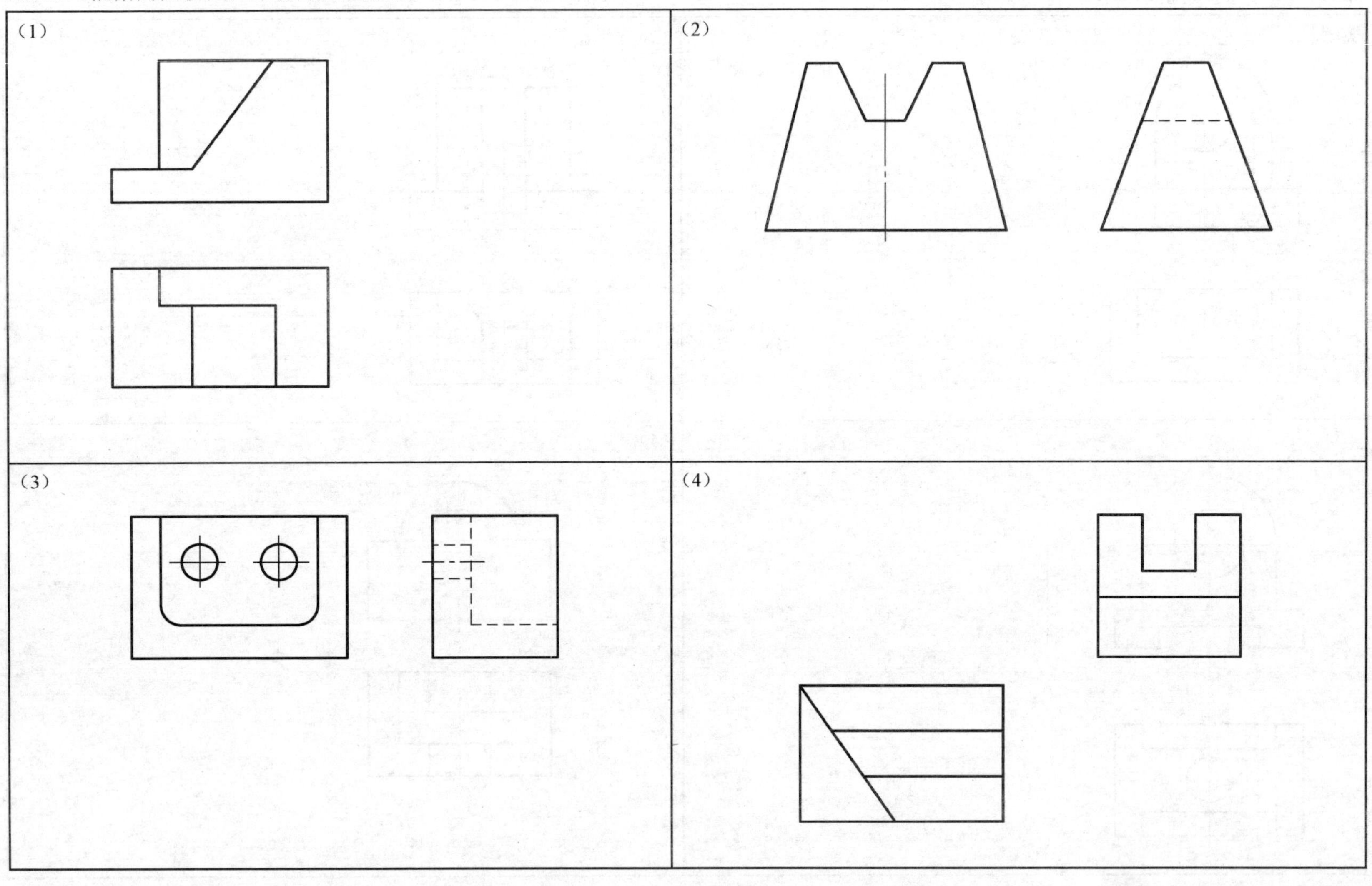

姓名：　　　　　　　学号：

5.6.13　根据两视图，补画第三视图

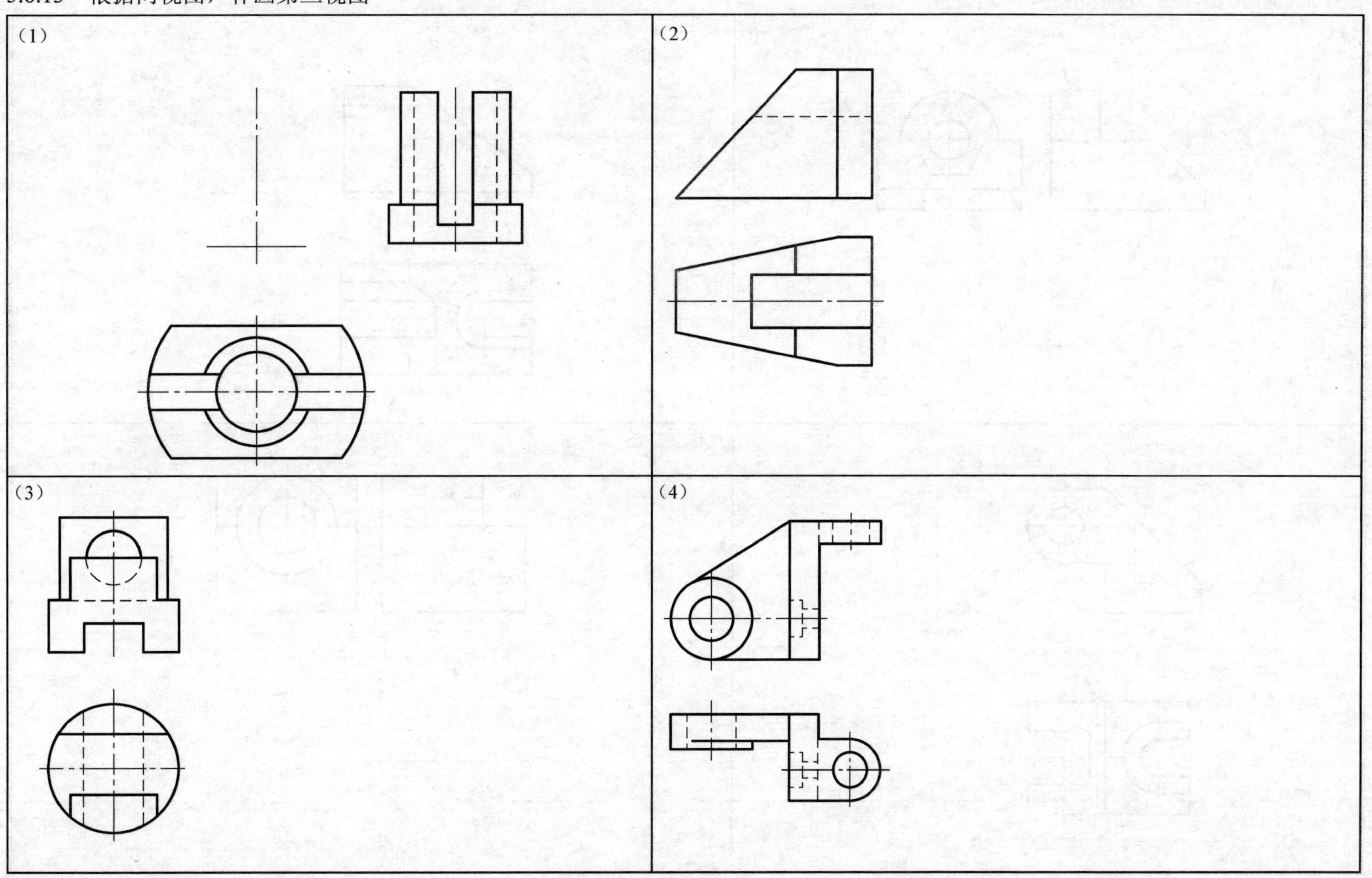

姓名：　　　　　　学号：

5.6.14　根据两视图，补画第三视图

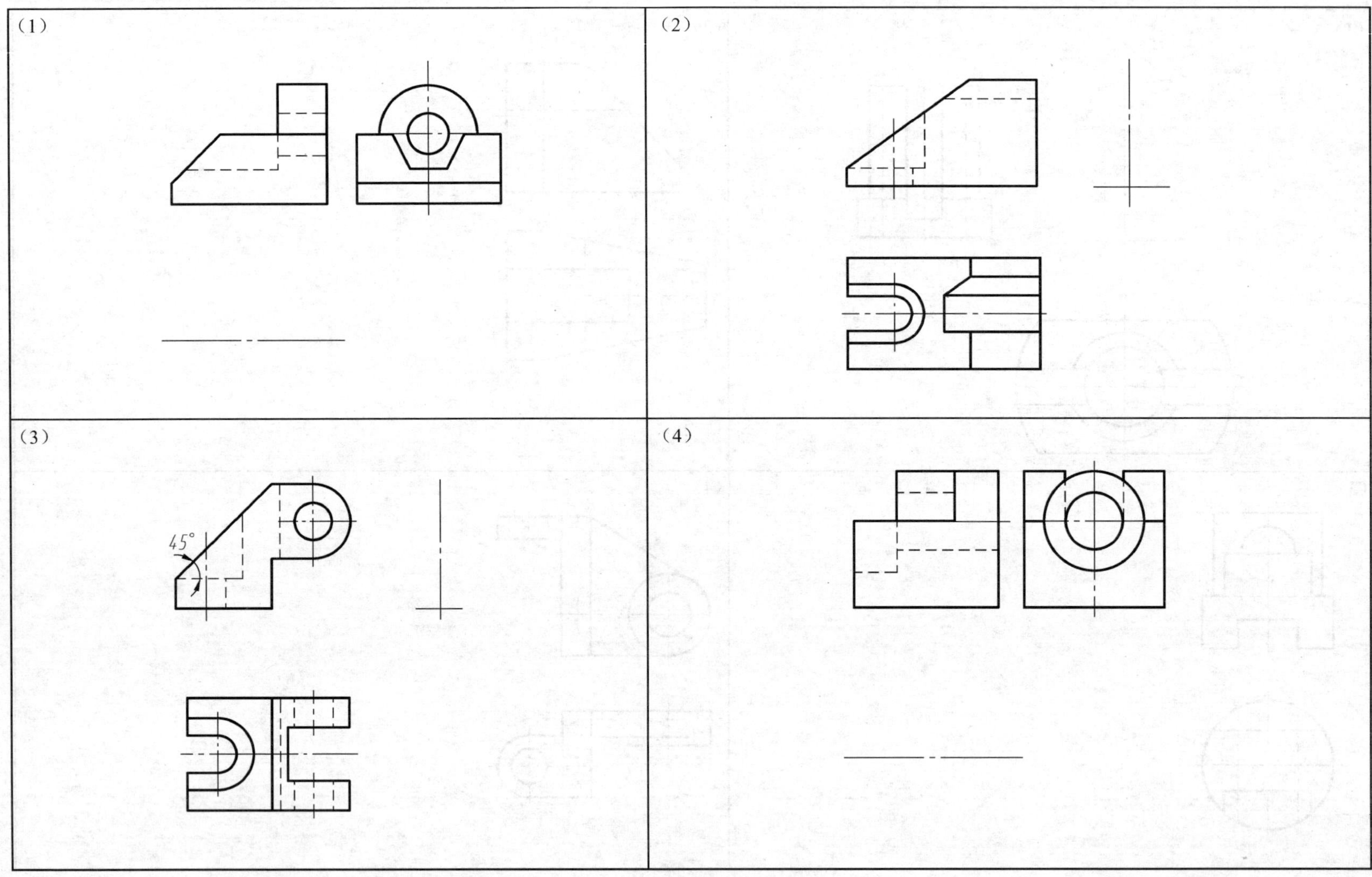

姓名:　　　　　　学号:

5.6.15　根据已知视图想象出立体形状，并补画图中漏画的图线

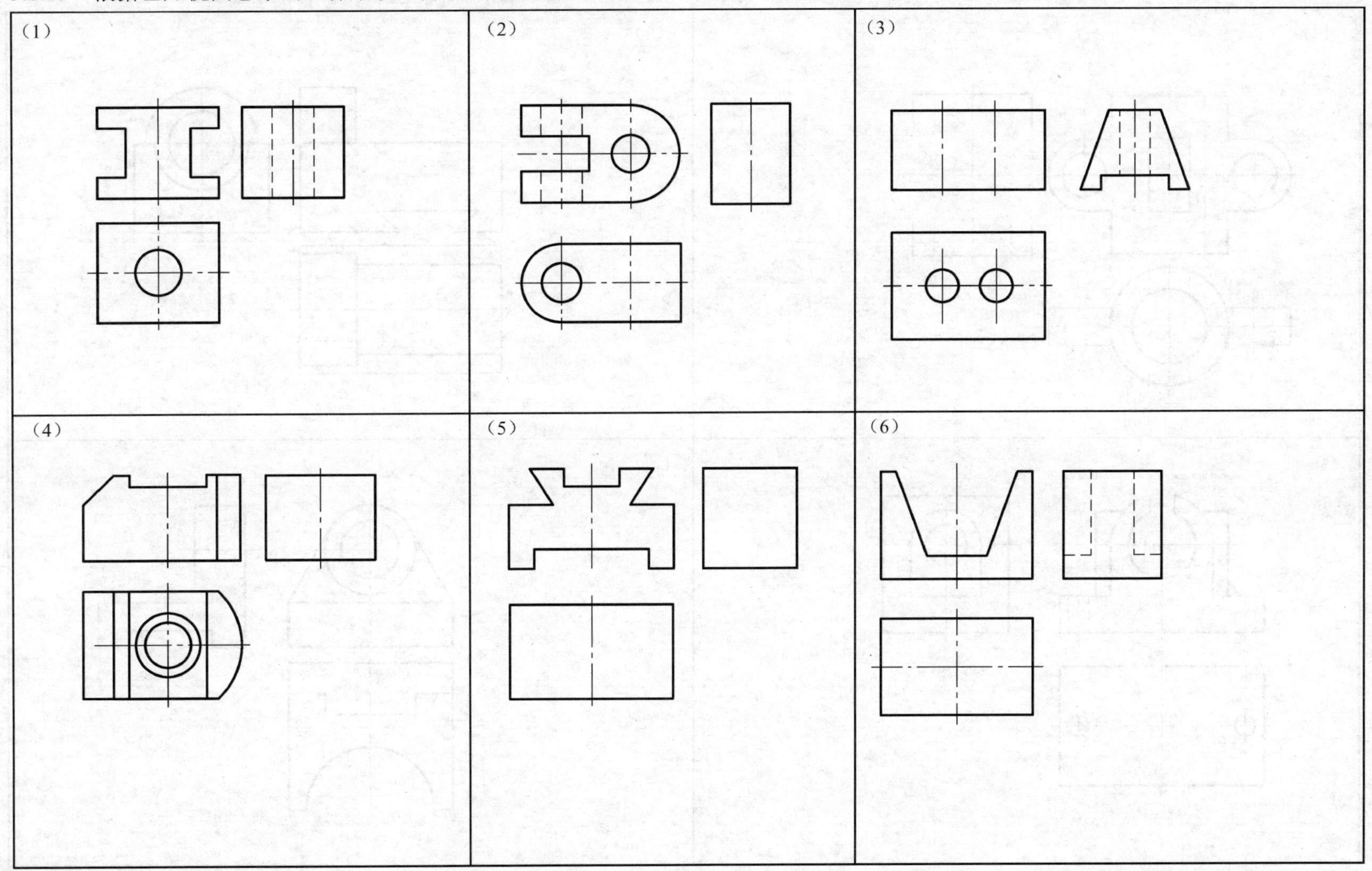

姓名：　　　　　　学号：

5.6.16　补画叠加体视图中所缺的图线

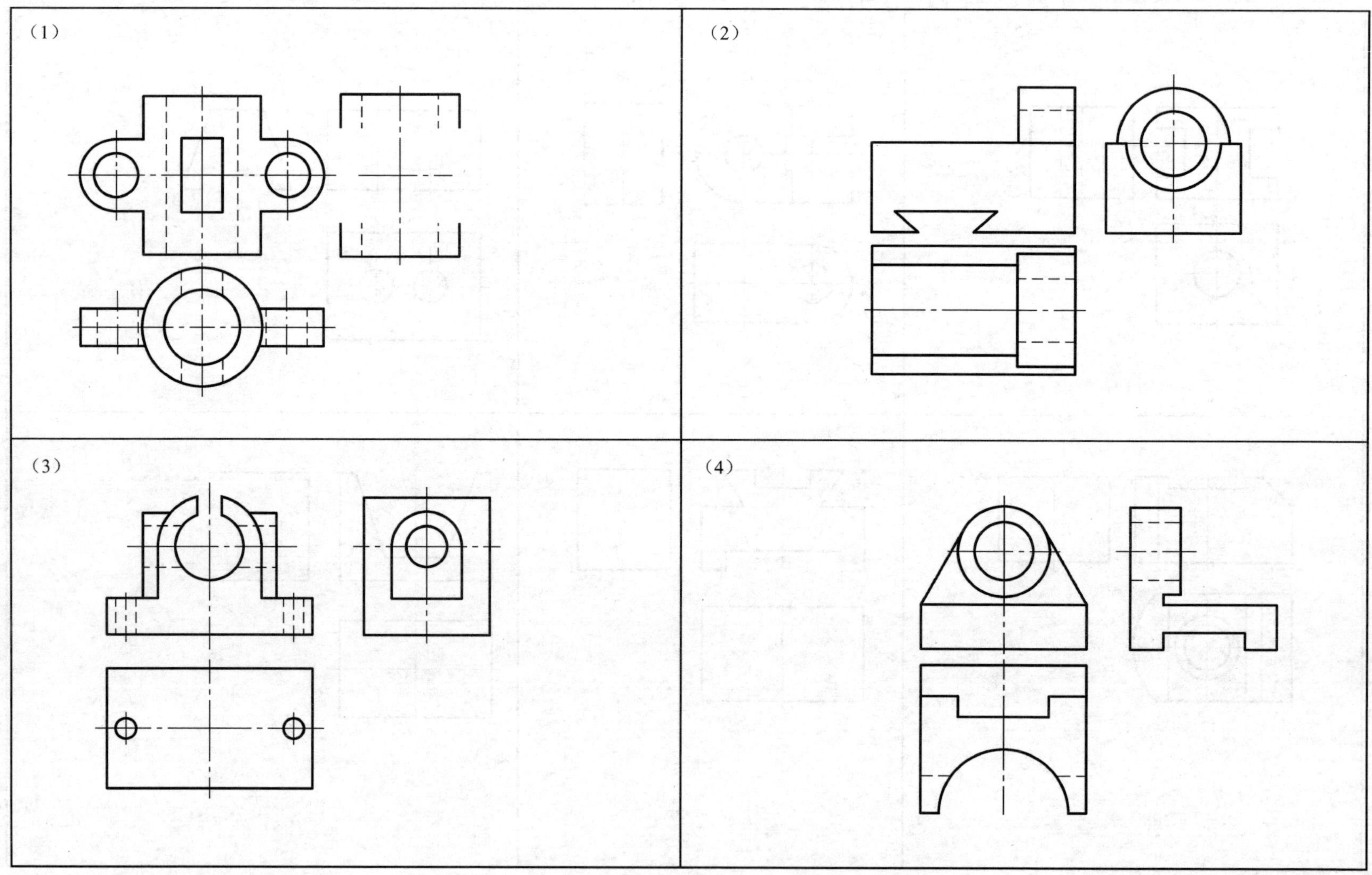

姓名：　　　　　　　　学号：

5.6.17　补画视图中所缺的图线

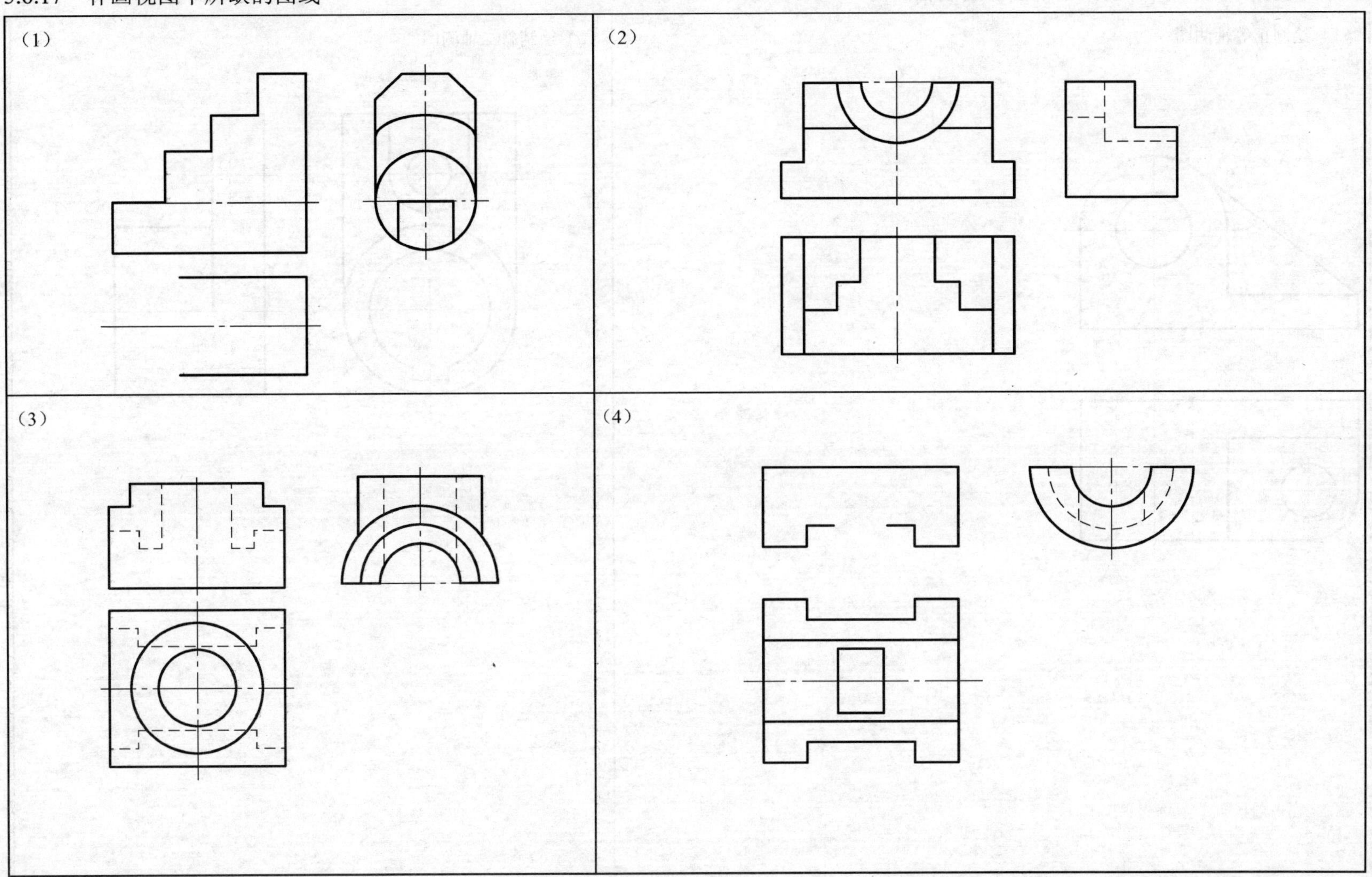

姓名：　　　　　　　　学号：

5.6.18 根据两视图，补画第三视图，绘制轴测图

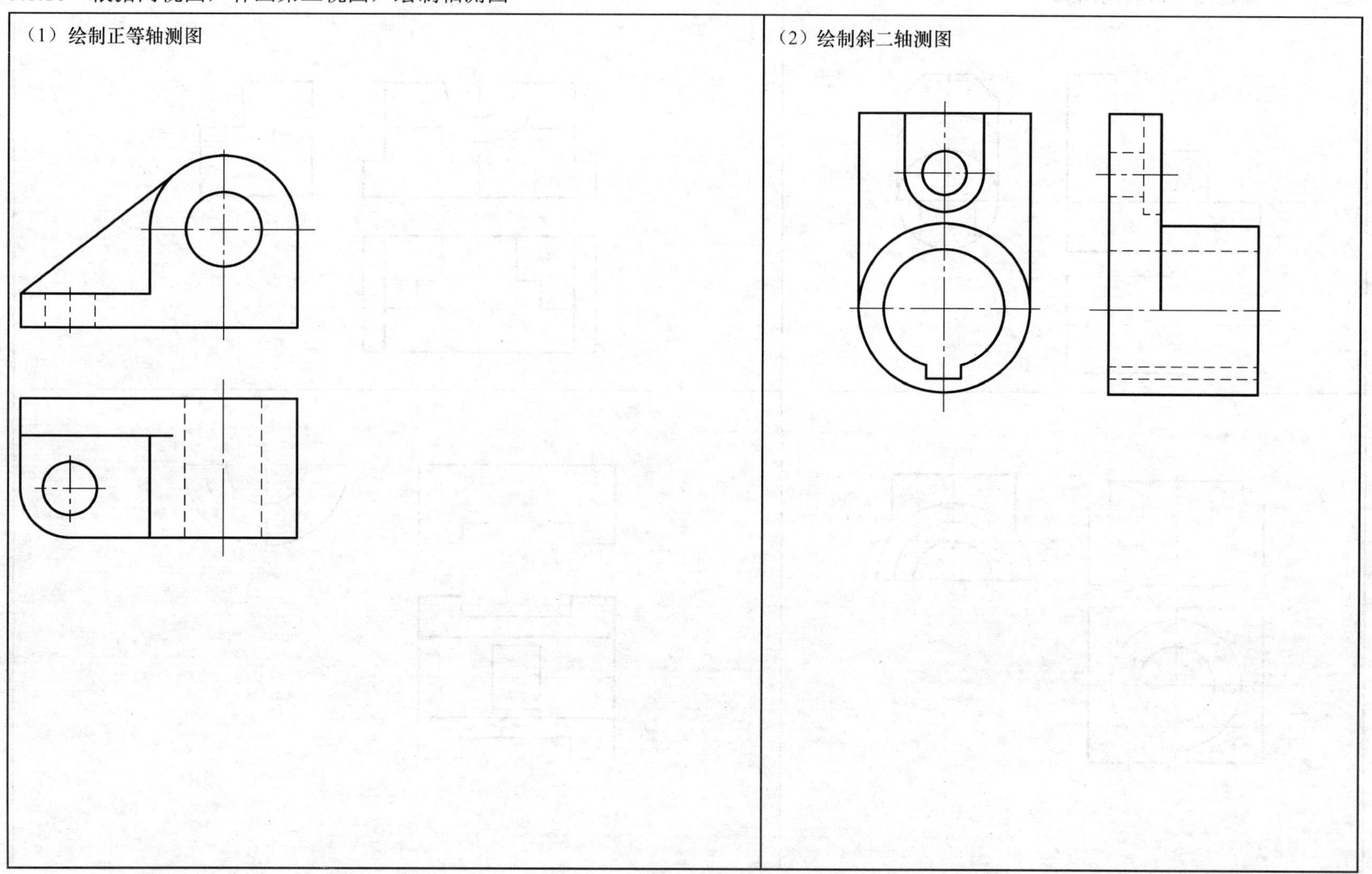

姓名：　　　　学号：

5.6.19　绘制组合体轴测图

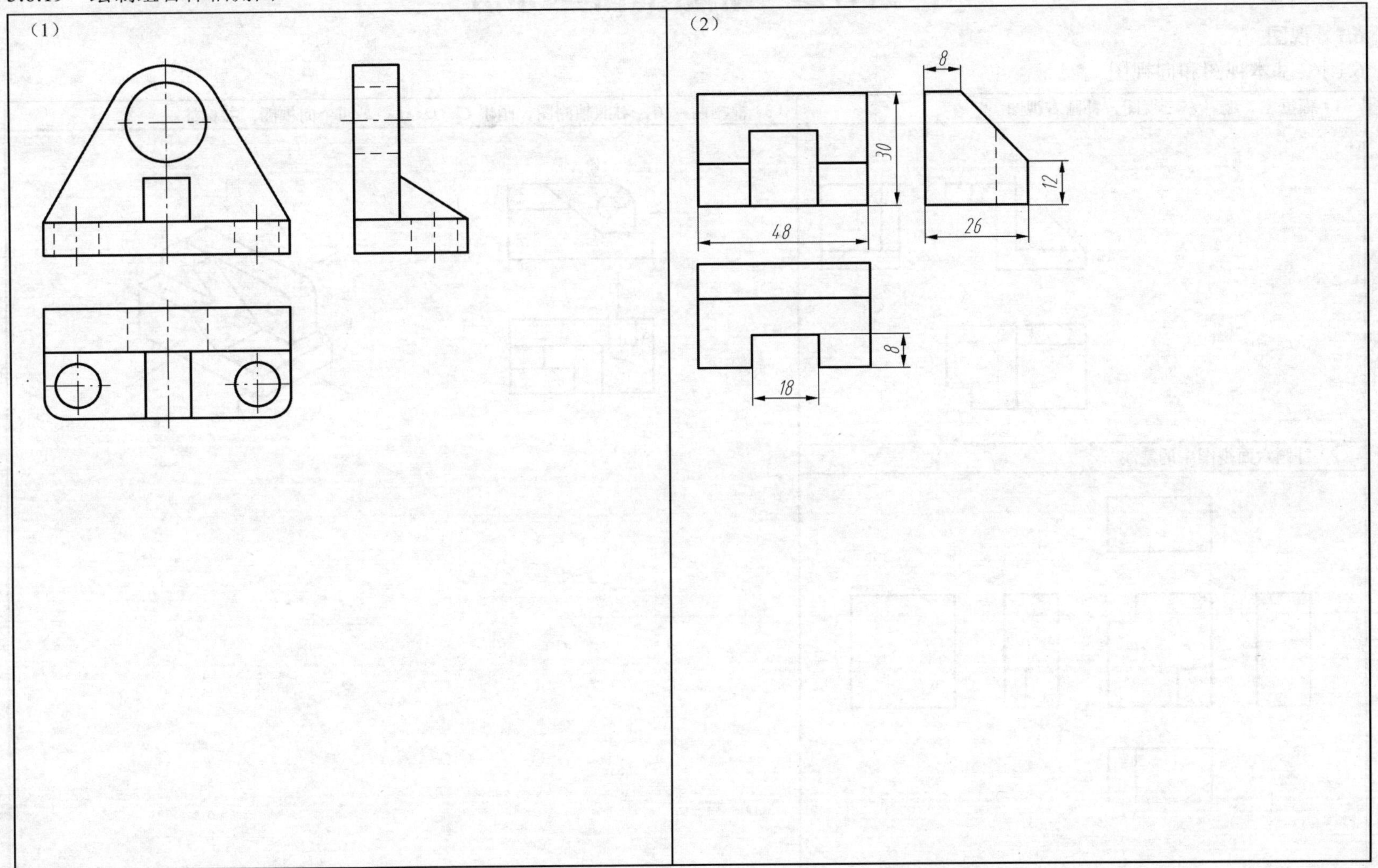

姓名：　　　　　　学号：

第 6 章　机械图样的表示法

6.1　视图

6.1.1　基本视图和向视图

（1）根据主、俯、左三视图，补画右视图

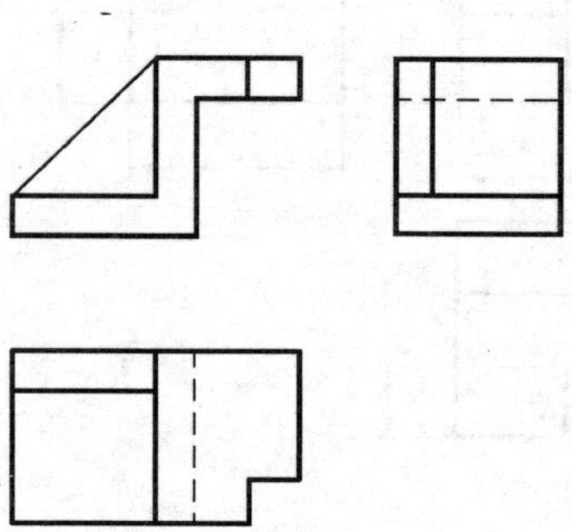

（2）补画六面视图中的缺线

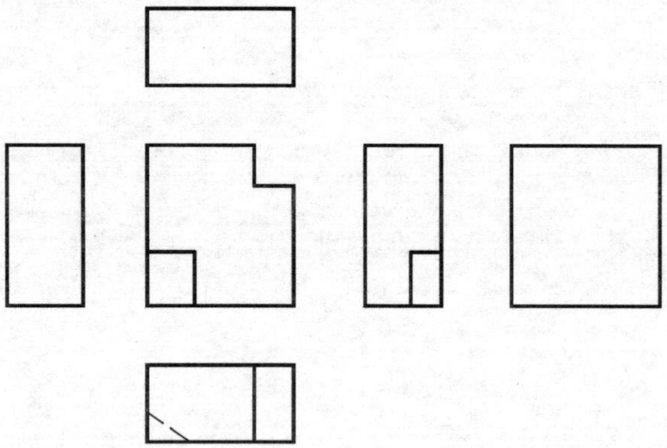

（3）根据两视图，对照轴测图，画出 C、D、E、F 四个向视图，并标注。

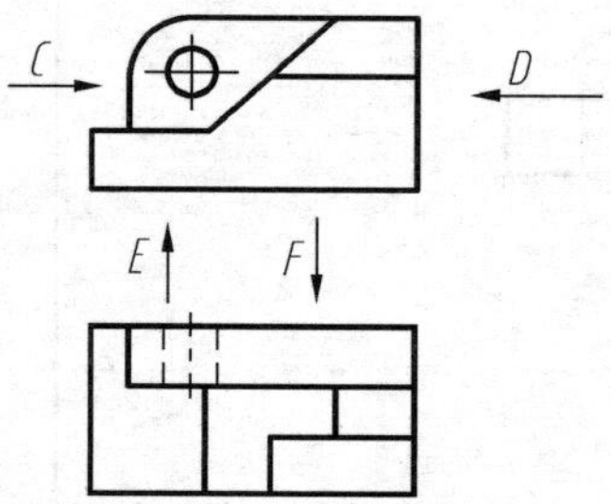

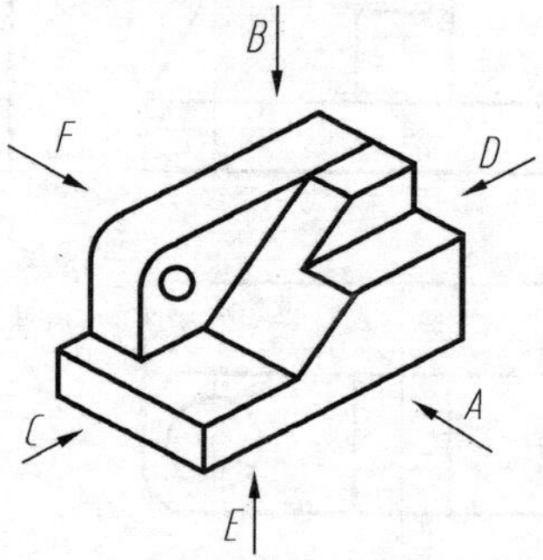

姓名：　　　　　　学号：

6.1.2 根据两视图，参照轴测图，画出局部视图

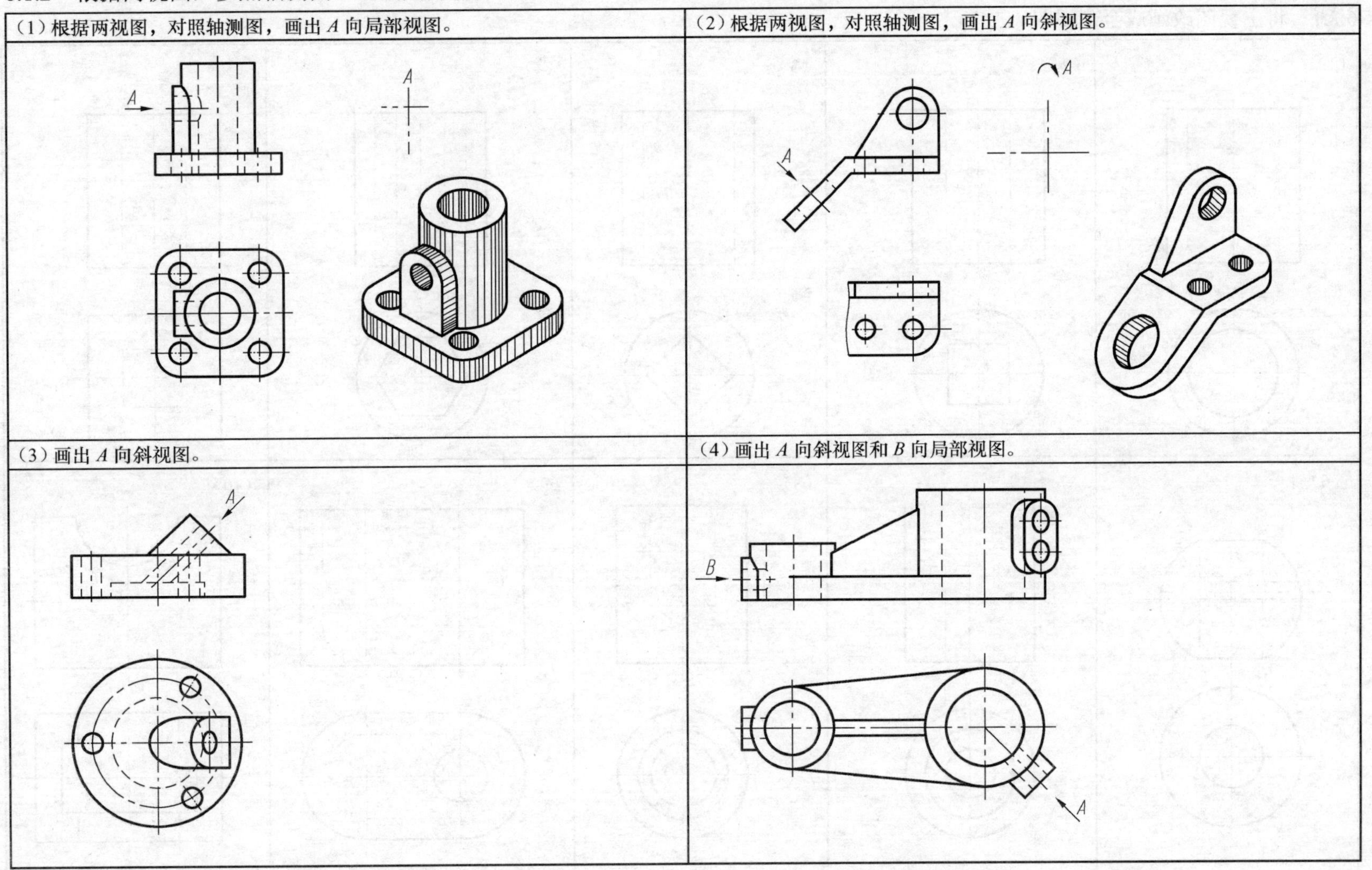

姓名：　　　　　　　　学号：

6.2 剖视图

6.2.1 将主视图改画成全剖视图

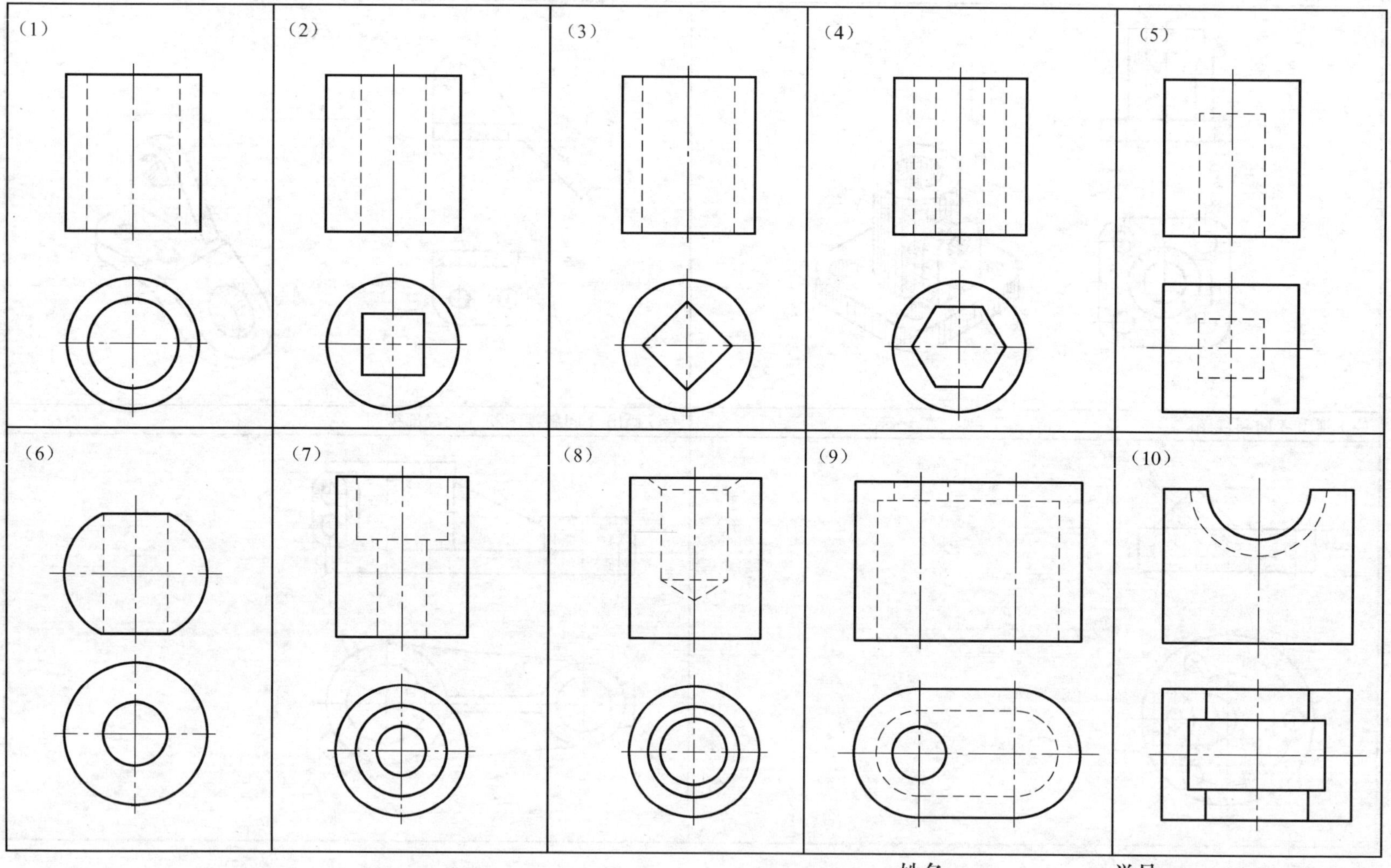

姓名：　　　　　　　　学号：

6.2.2　将主视图改画成全剖视图

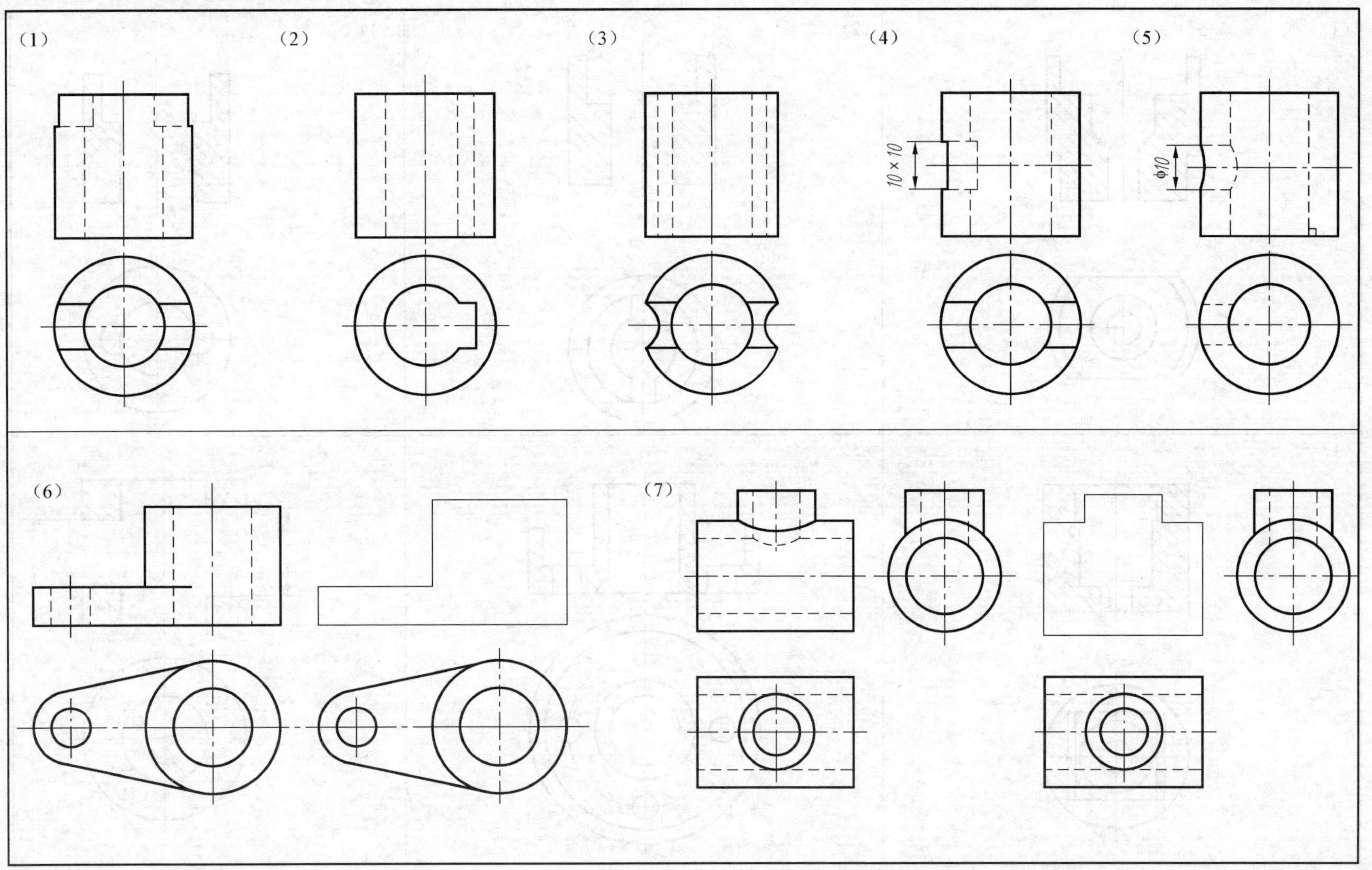

姓名：　　　　　　　　学号：

6.2.3 补画剖视图中的缺线

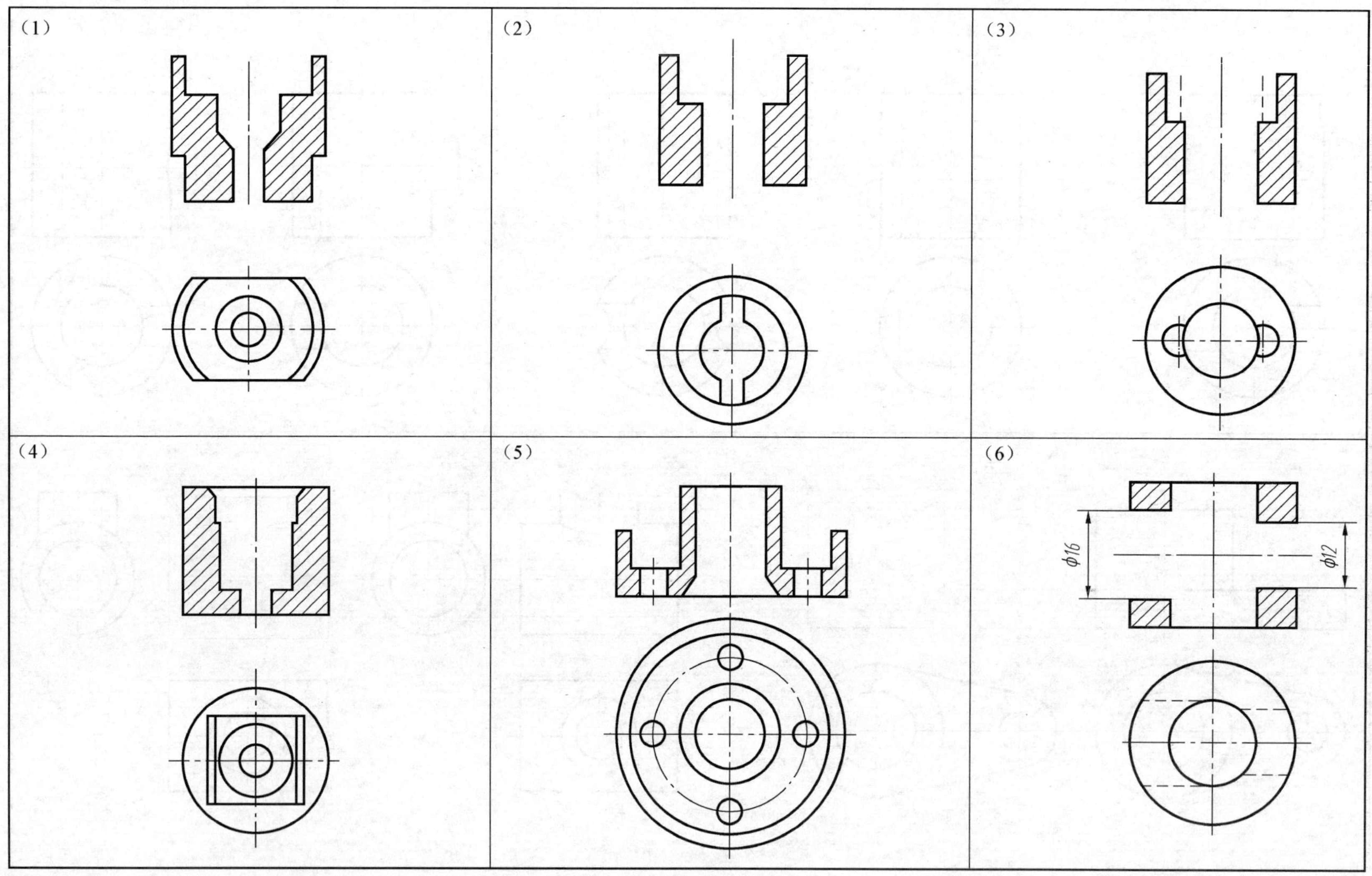

姓名:　　　　　　　　学号:

6.2.4　将主视图改画成全剖视图（一）

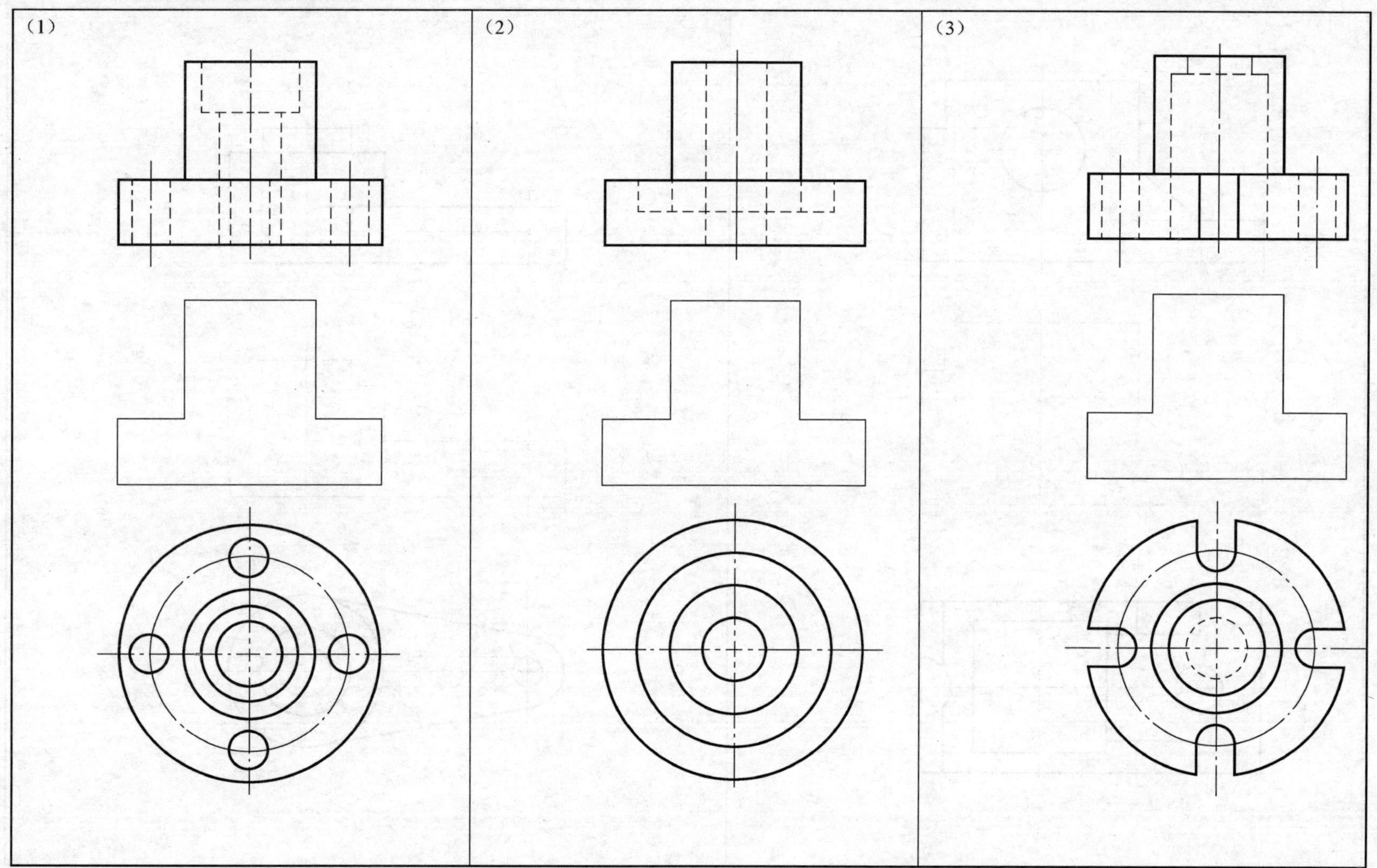

姓名：　　　　　　　　学号：

6.2.5　将主视图改画成全剖视图（二）

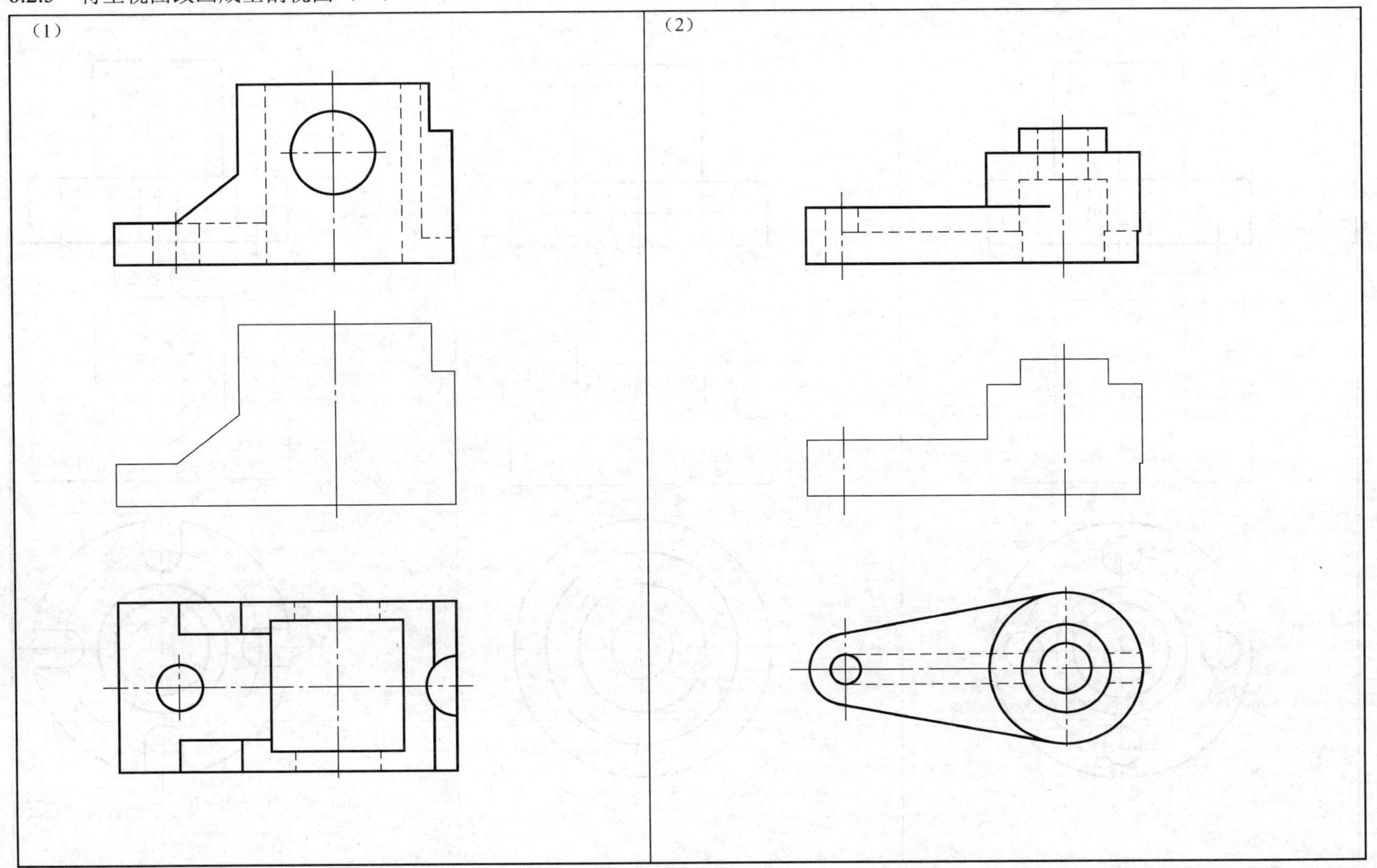

姓名：　　　　　　　学号：

6.2.6 将主视图改画成全剖视图（三）

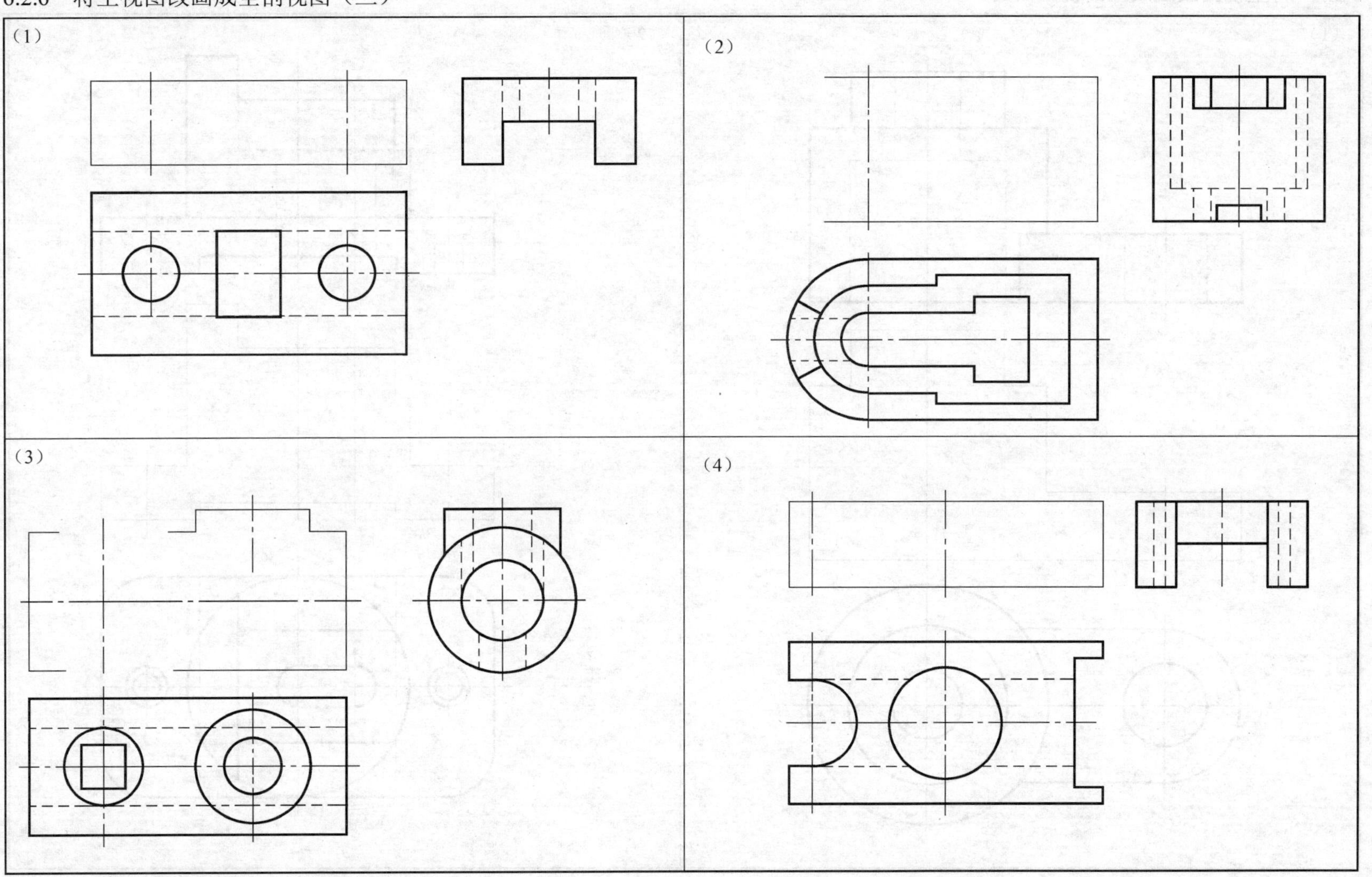

姓名：　　　　　　　学号：

6.2.7 将主视图改画成全剖视图（四）

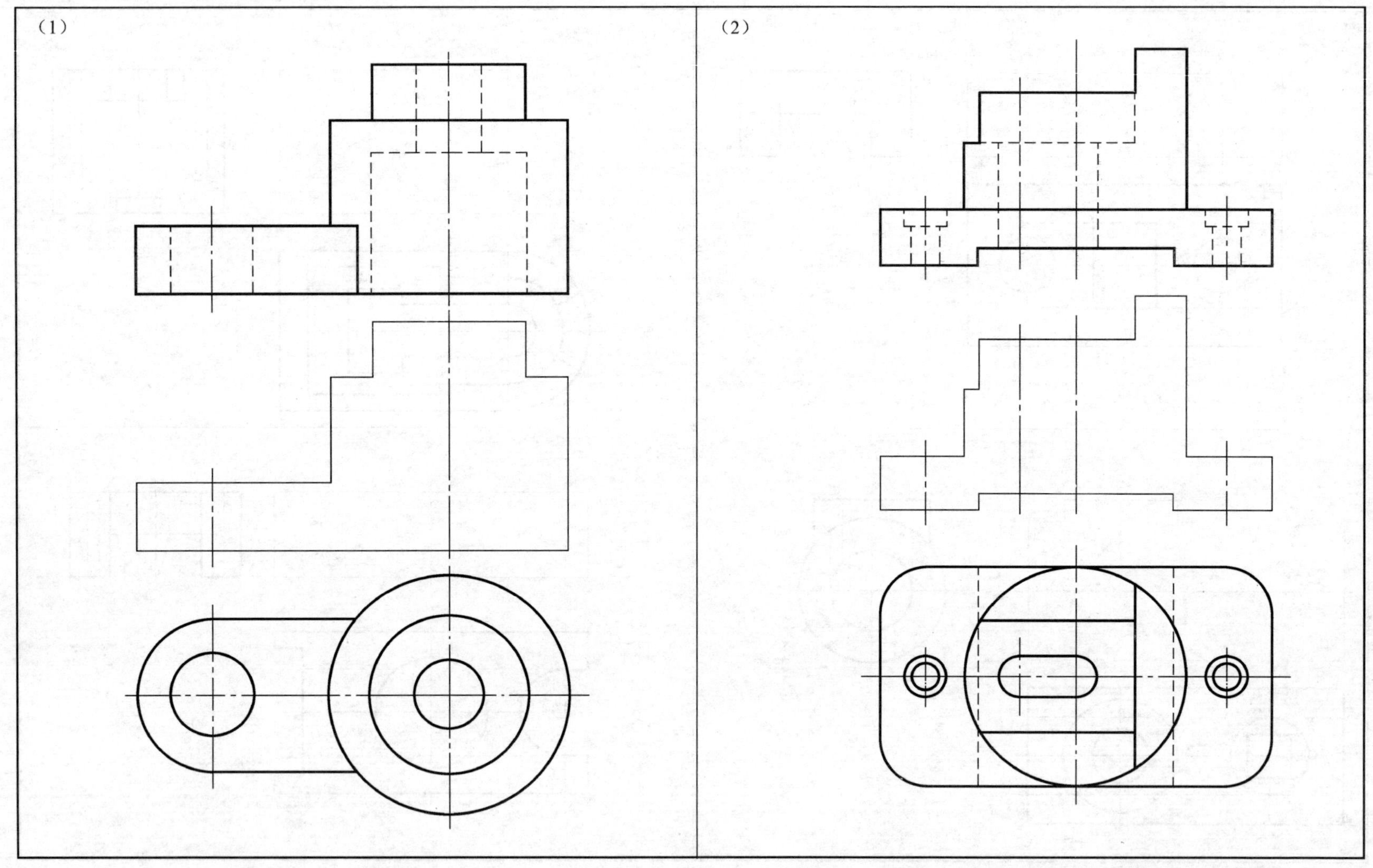

姓名：　　　　学号：

6.2.8　将主视图改画成半剖视图

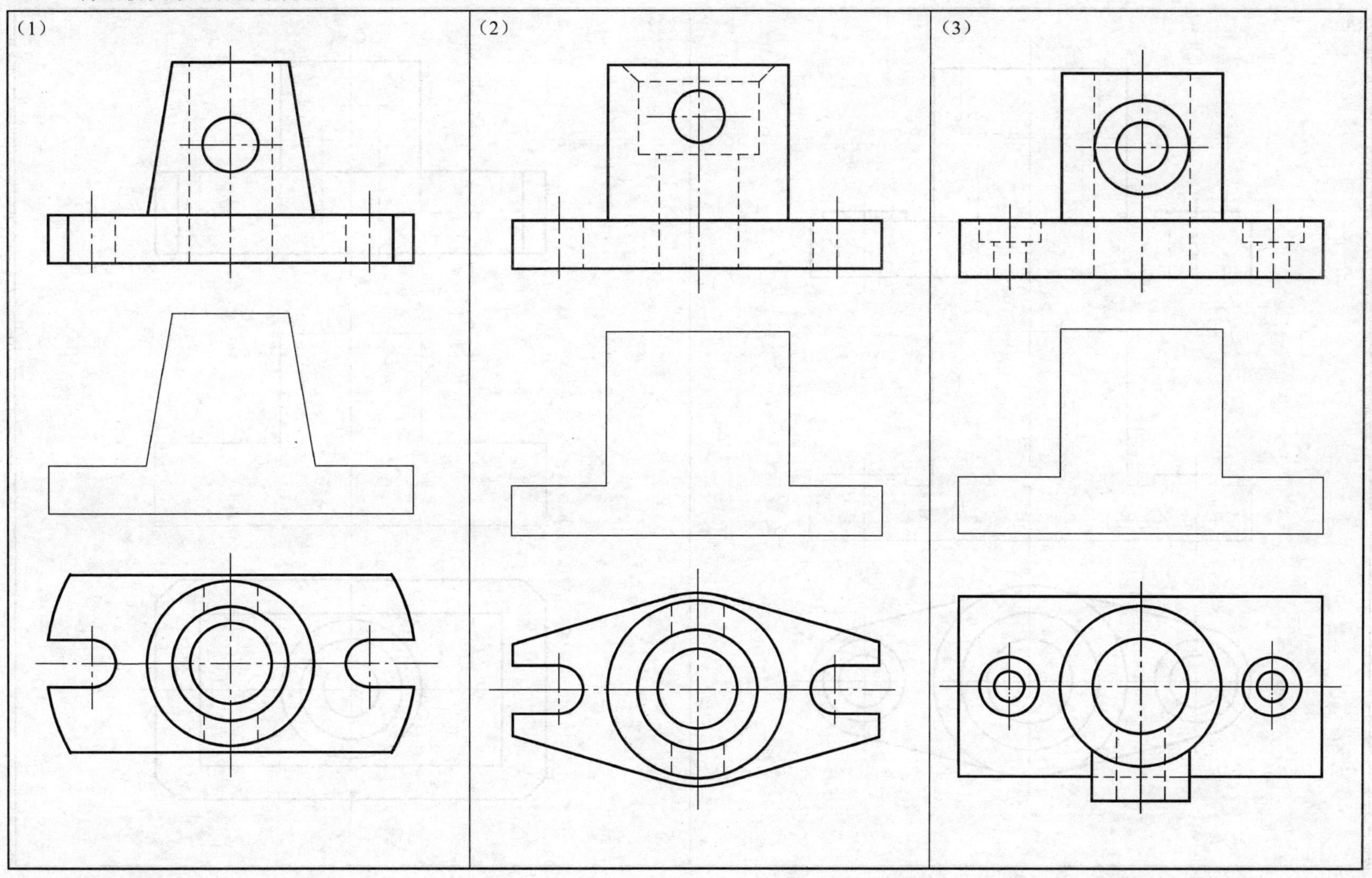

姓名：　　　　　　　学号：

6.2.9　将主视图改画成半剖视图

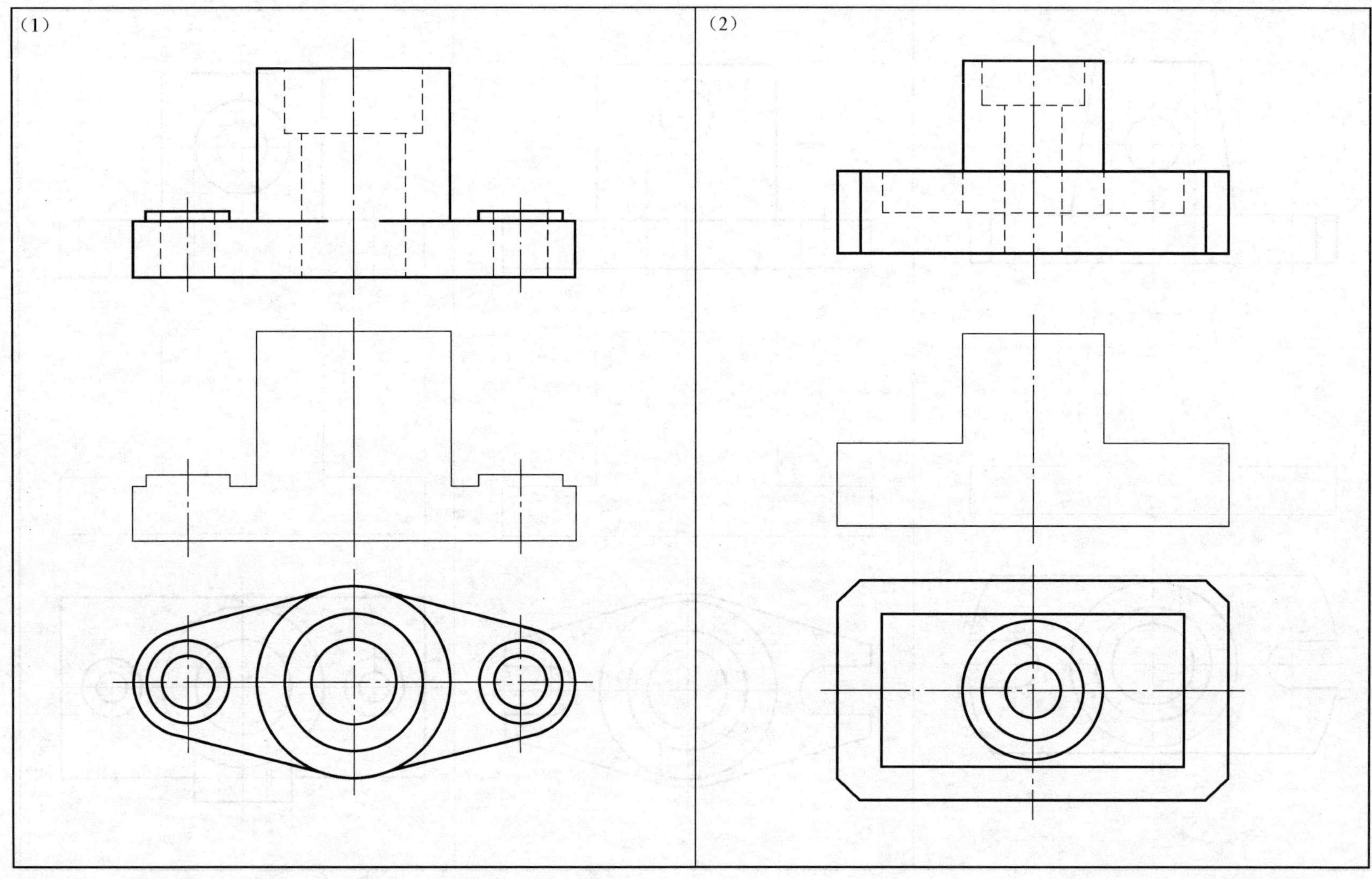

姓名：　　　　　　　学号：

6.2.10　将主视图（图中 *A* 向）画成半剖视图，画出半剖的左视图

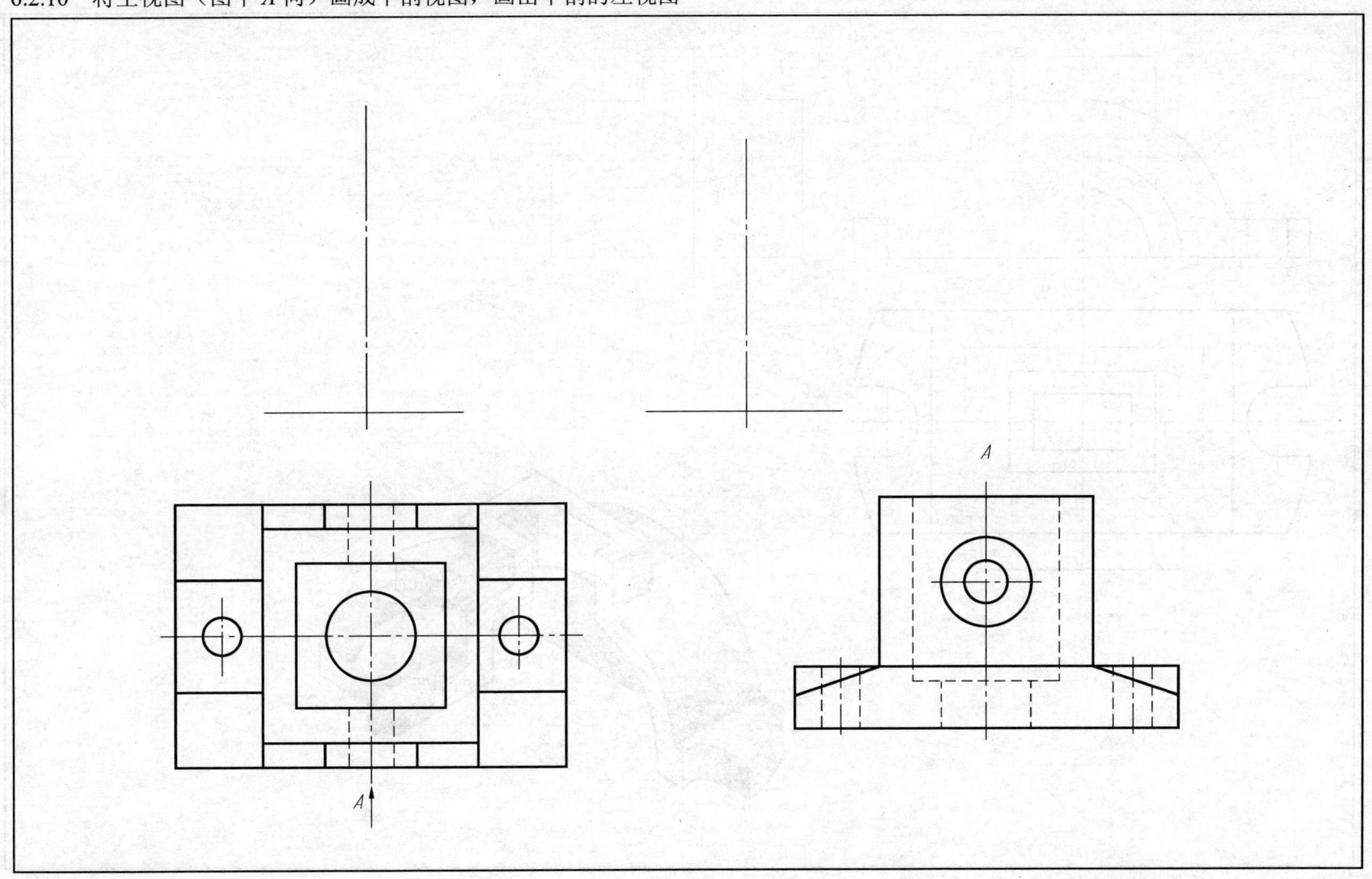

姓名:　　　　　　　　学号:

6.2.11　将主视图画成半剖视图，左视图画成全剖视图

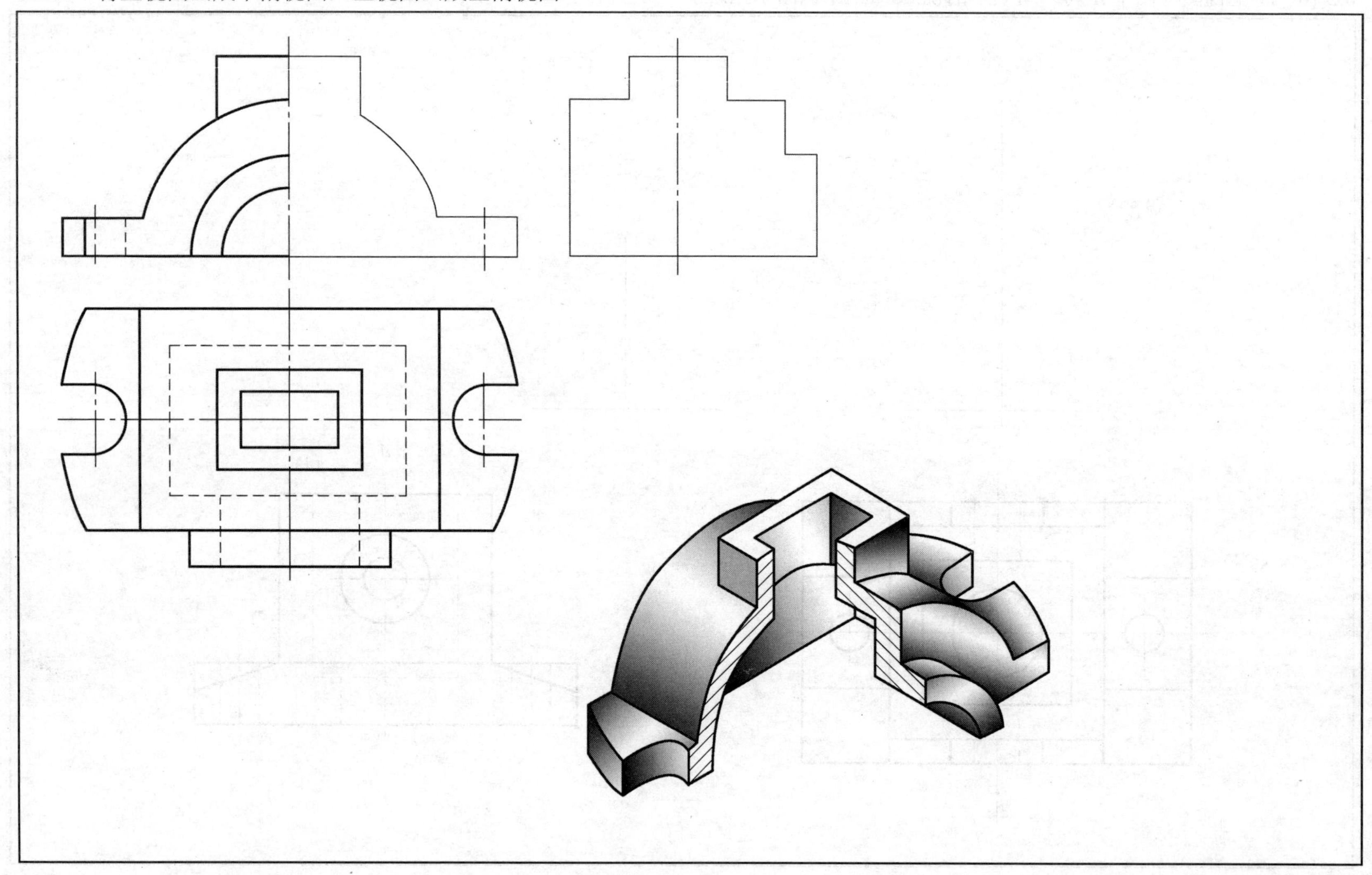

姓名：　　　　　　　　学号：

6.2.12　将视图改画成局部剖视图(不要的线打“×”号)

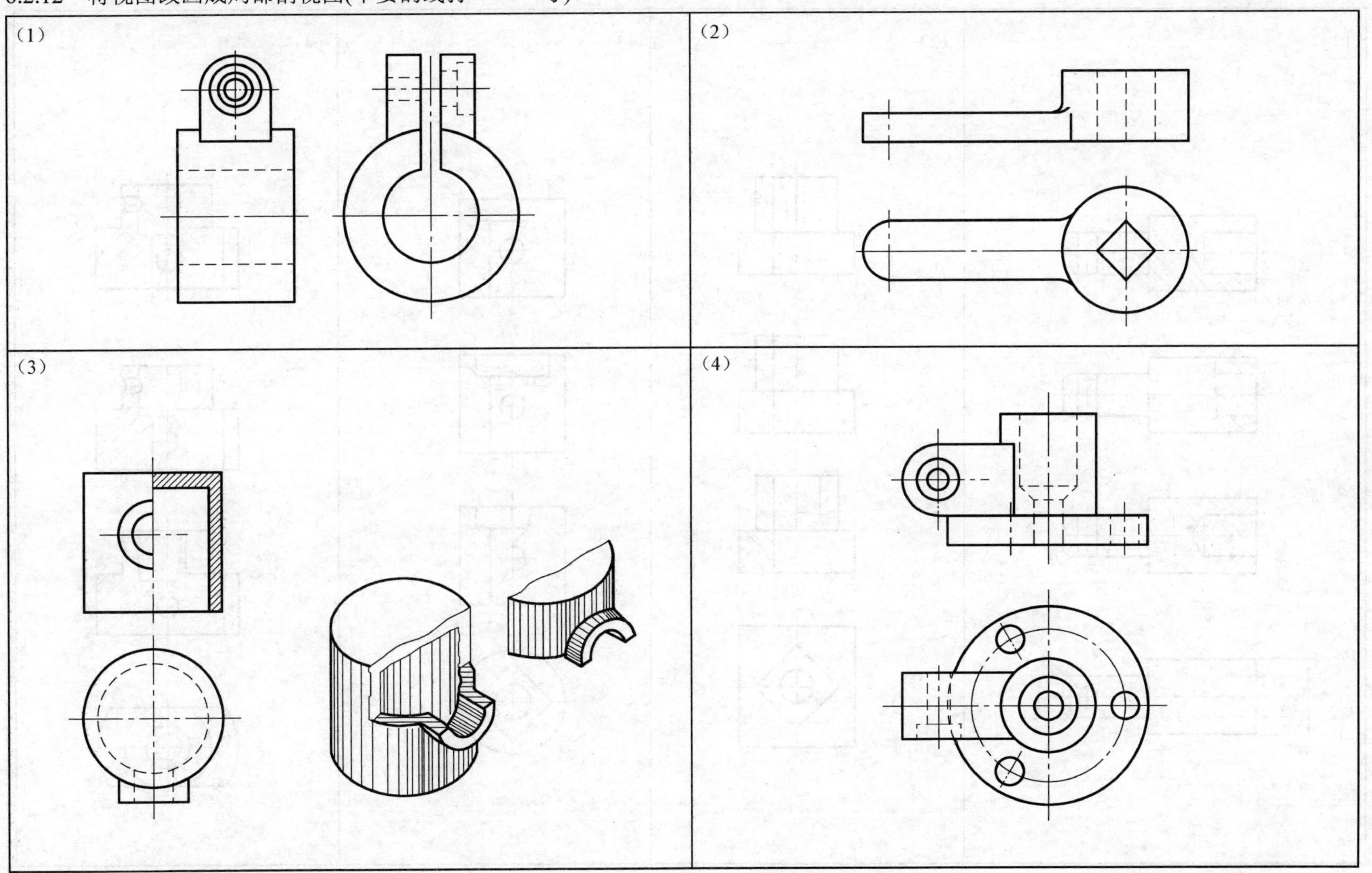

姓名:　　　　　　学号:

6.2.13　选择正确的局部剖视图

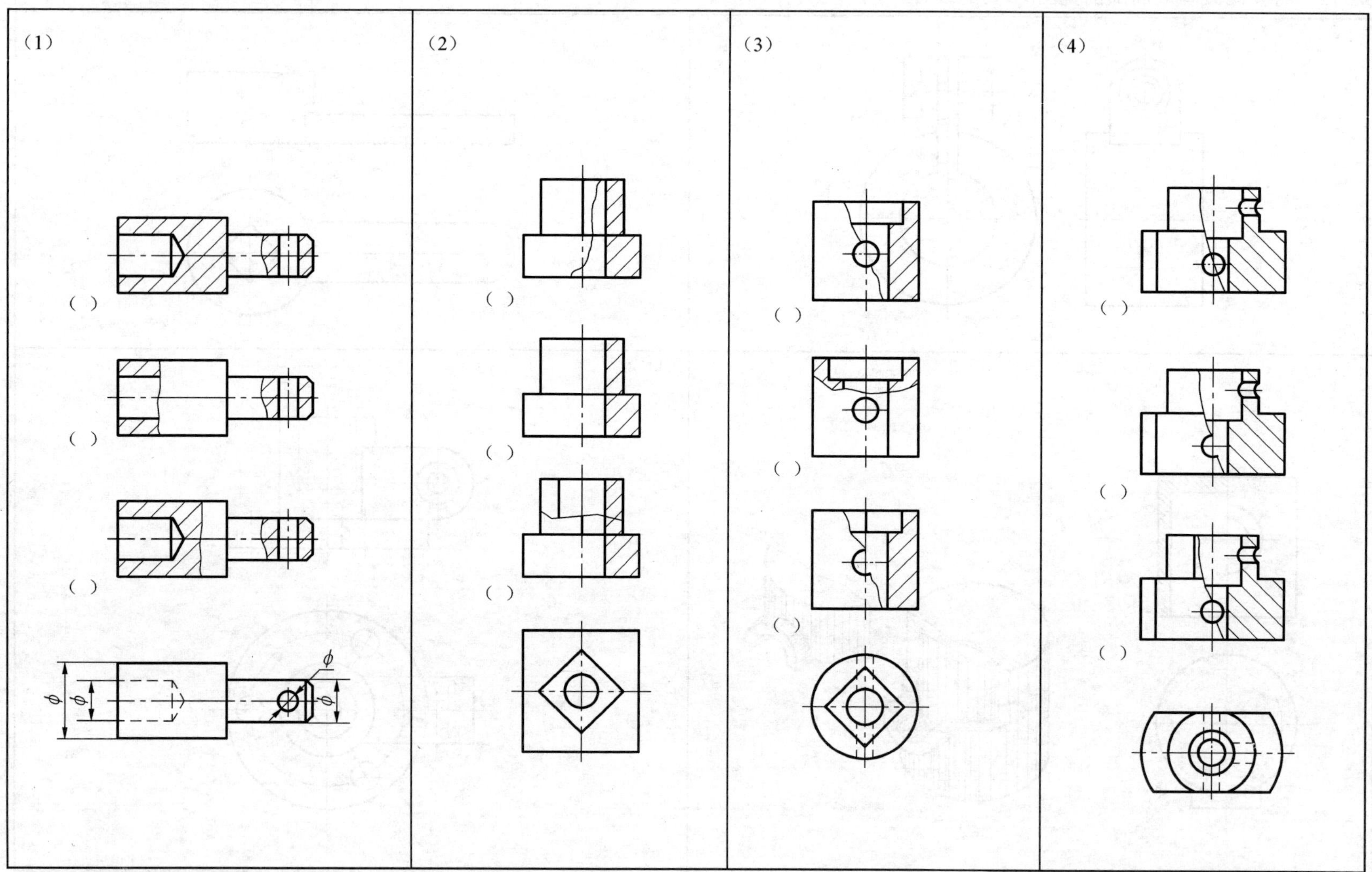

姓名:　　　　　　　学号:

6.2.14　看懂视图，绘制剖视图

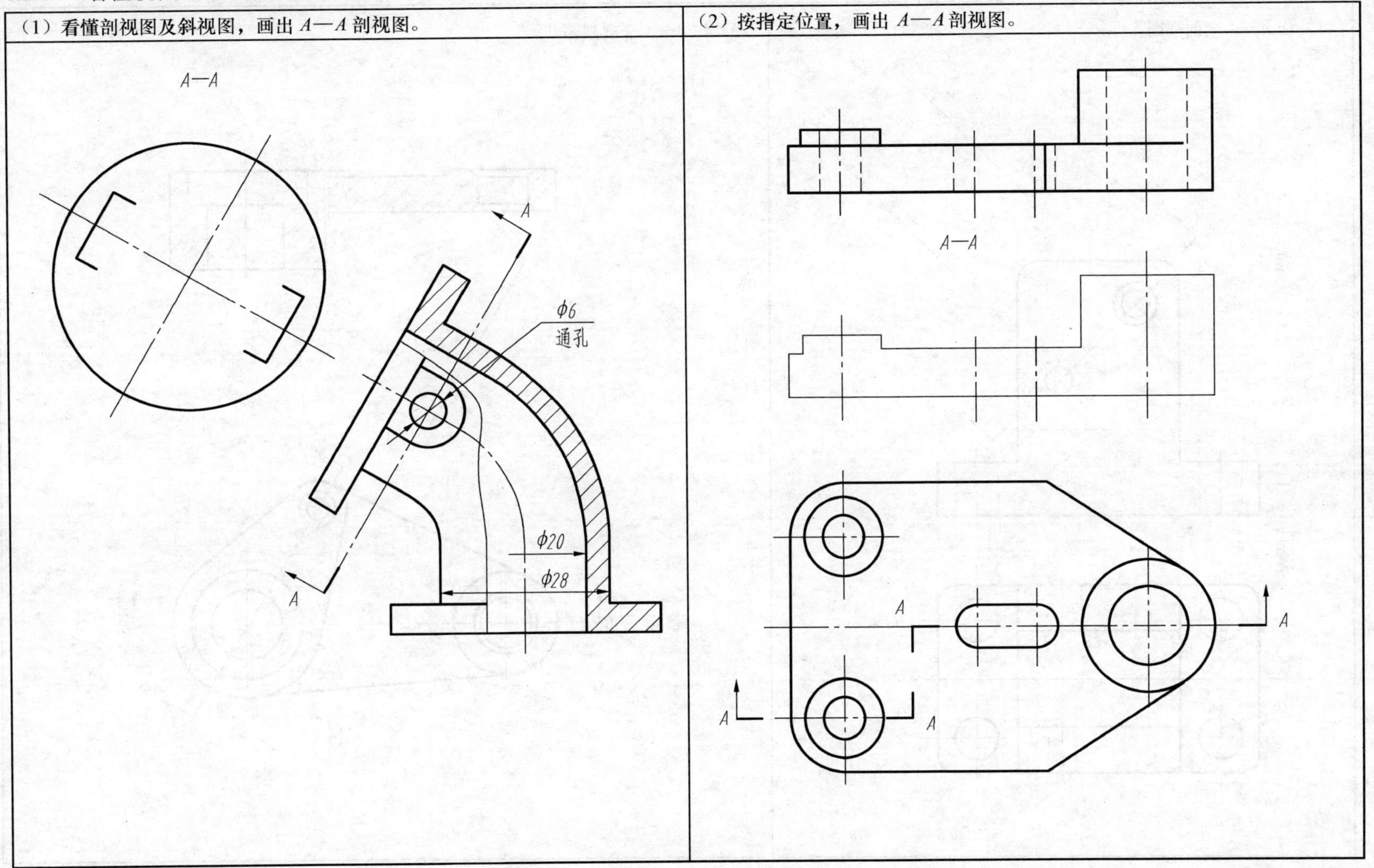

姓名：　　　　学号：

6.2.15　用不平行于基本投影面的剖切面绘制剖视图

(1) 作 *A*—*A* 全剖视图。

(2) 作 *A*—*A* 全剖视图。

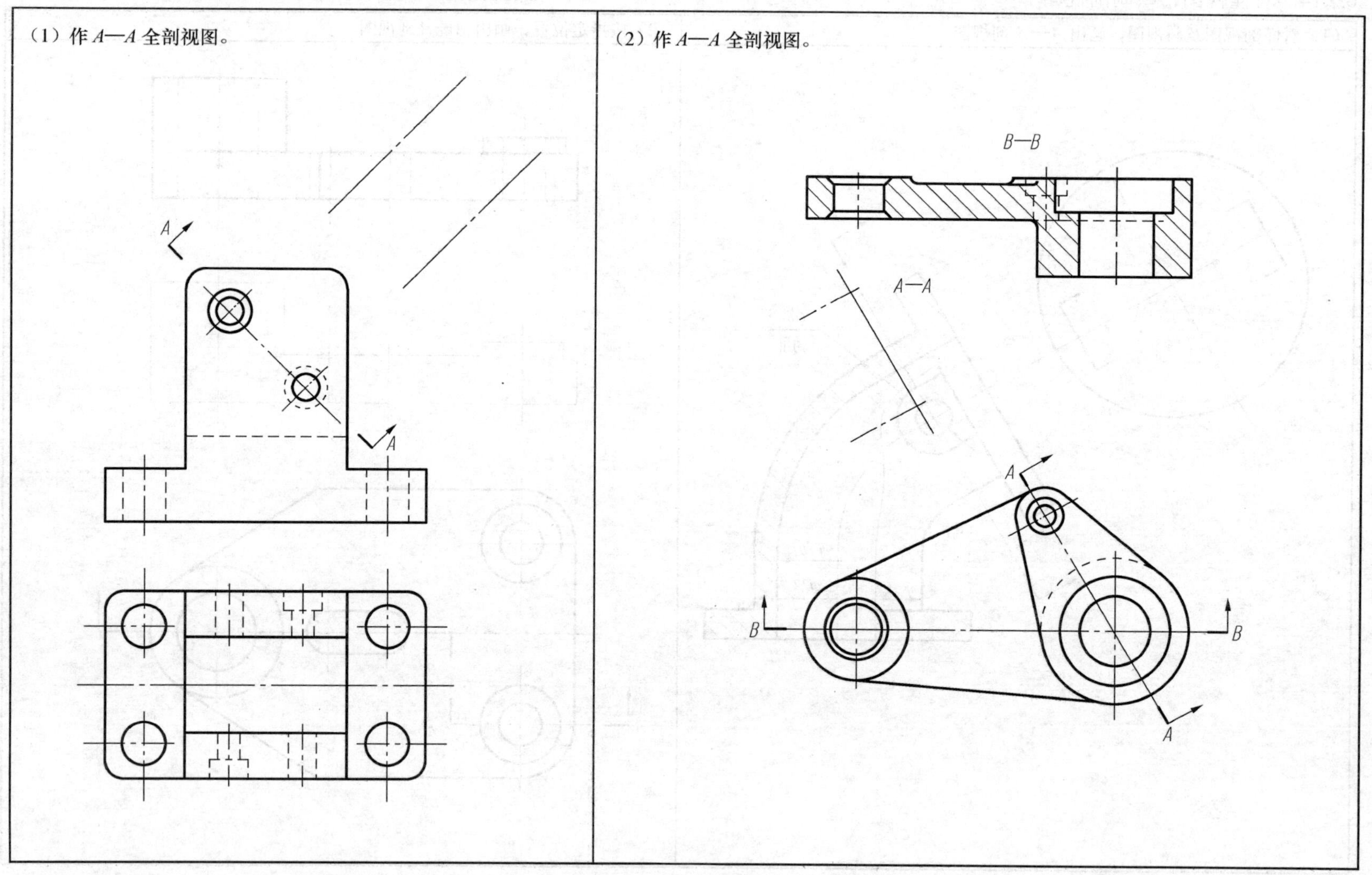

姓名：　　　　　　　学号：

6.2.16 选择适当位置，将主视图改画成几个平行剖切面的全剖视图

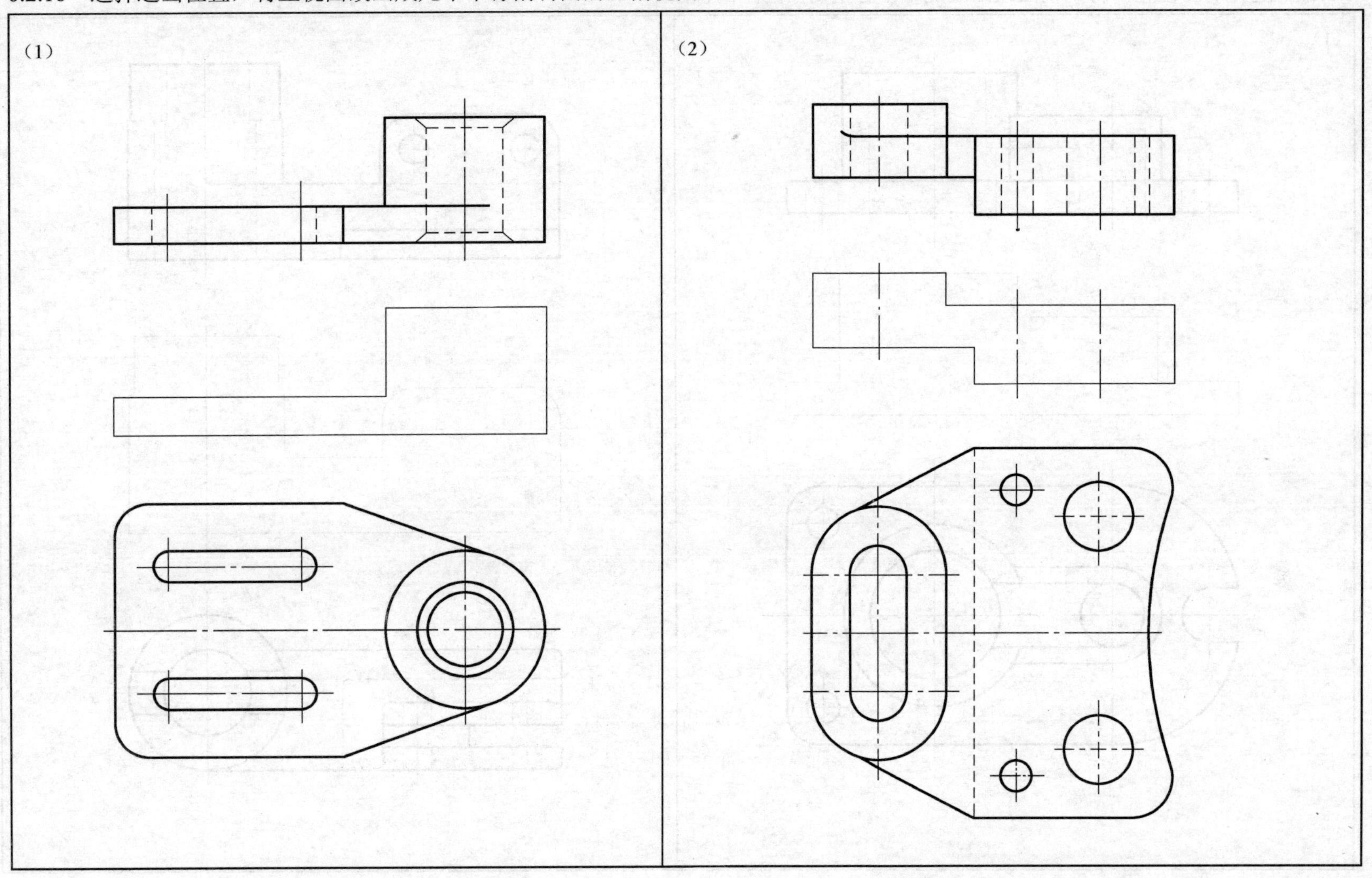

姓名:　　　　　　　　学号:

6.2.17　选择适当位置，将主视图改画成几个平行剖切面的全剖视图

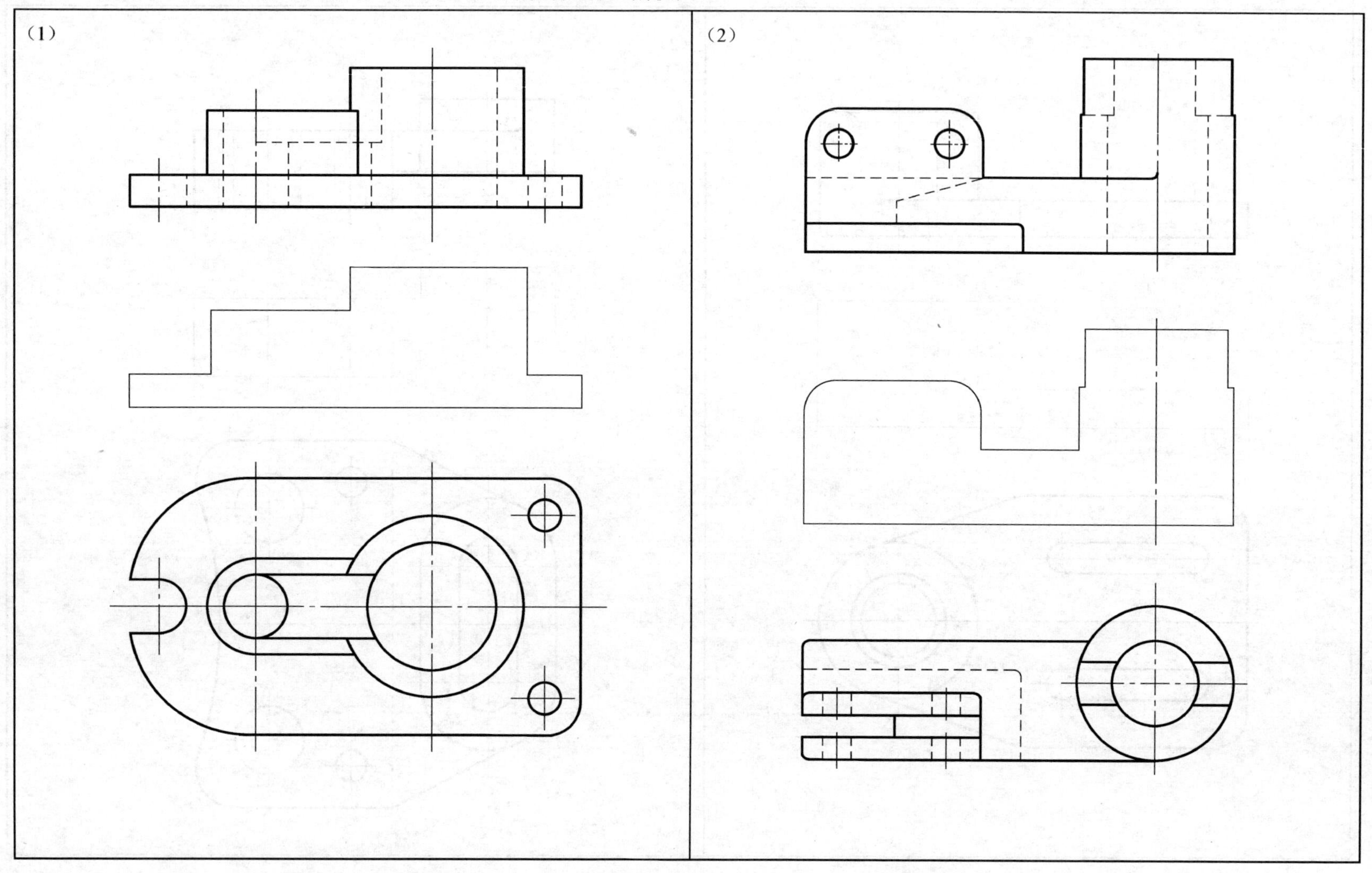

姓名：　　　　　　　　学号：

6.2.18　将主视图改画成两相交剖切面的全剖视图(不要的线打“×”号)

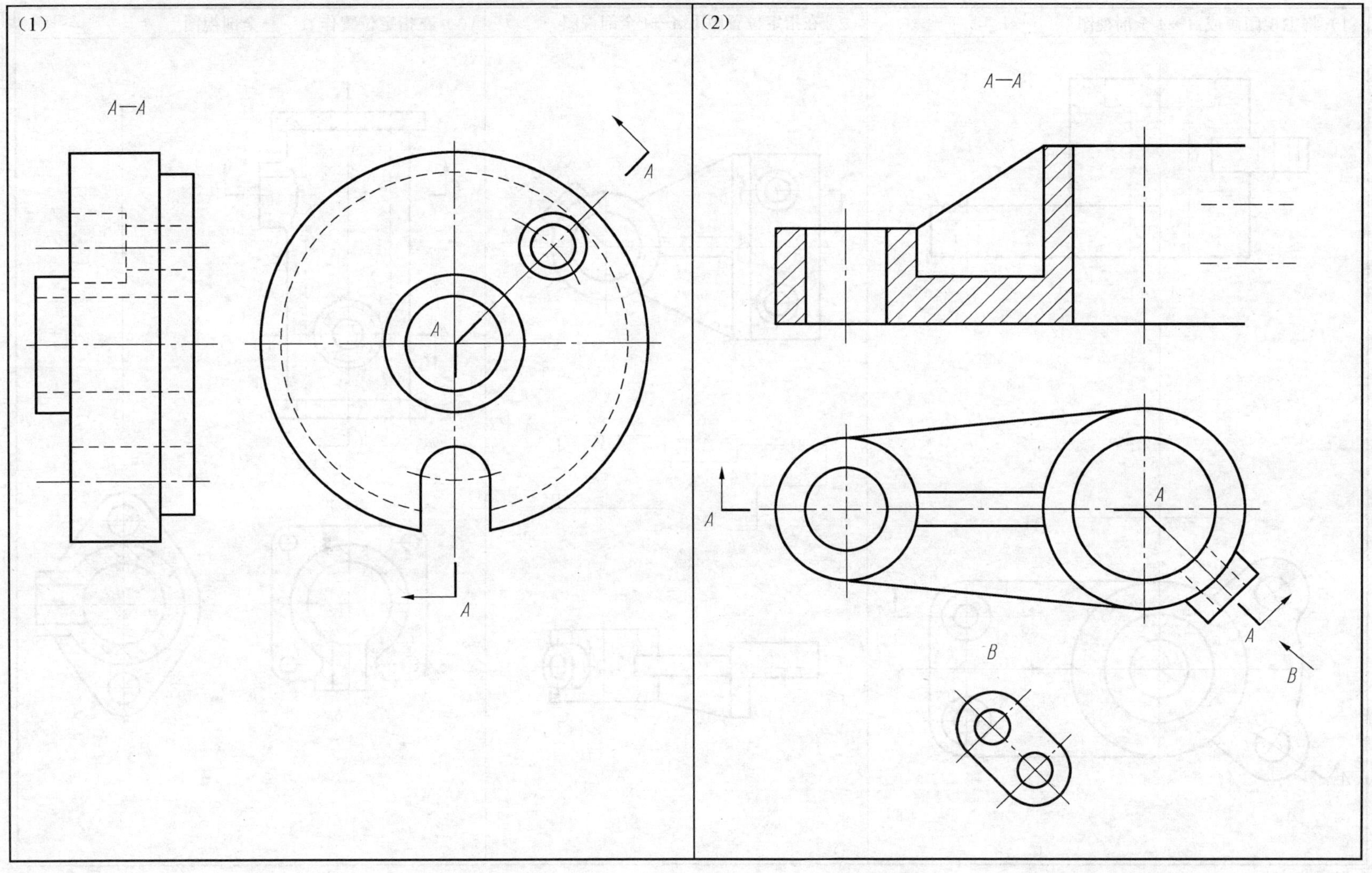

姓名：　　　　　　学号：

6.2.19 在指定位置画剖视图

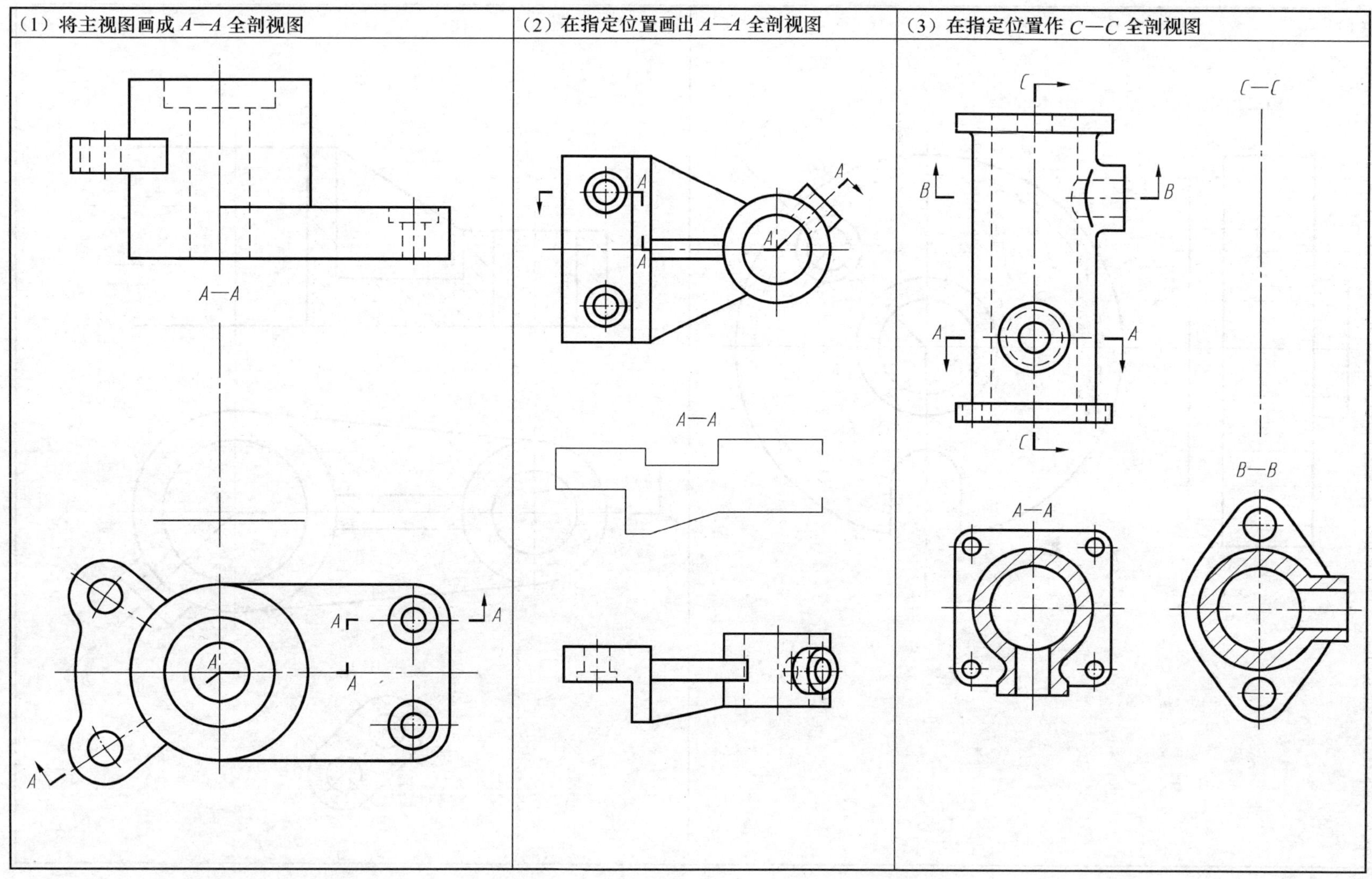

姓名： 学号：

6.2.20　看懂剖视图，将主视图改画成一般视图

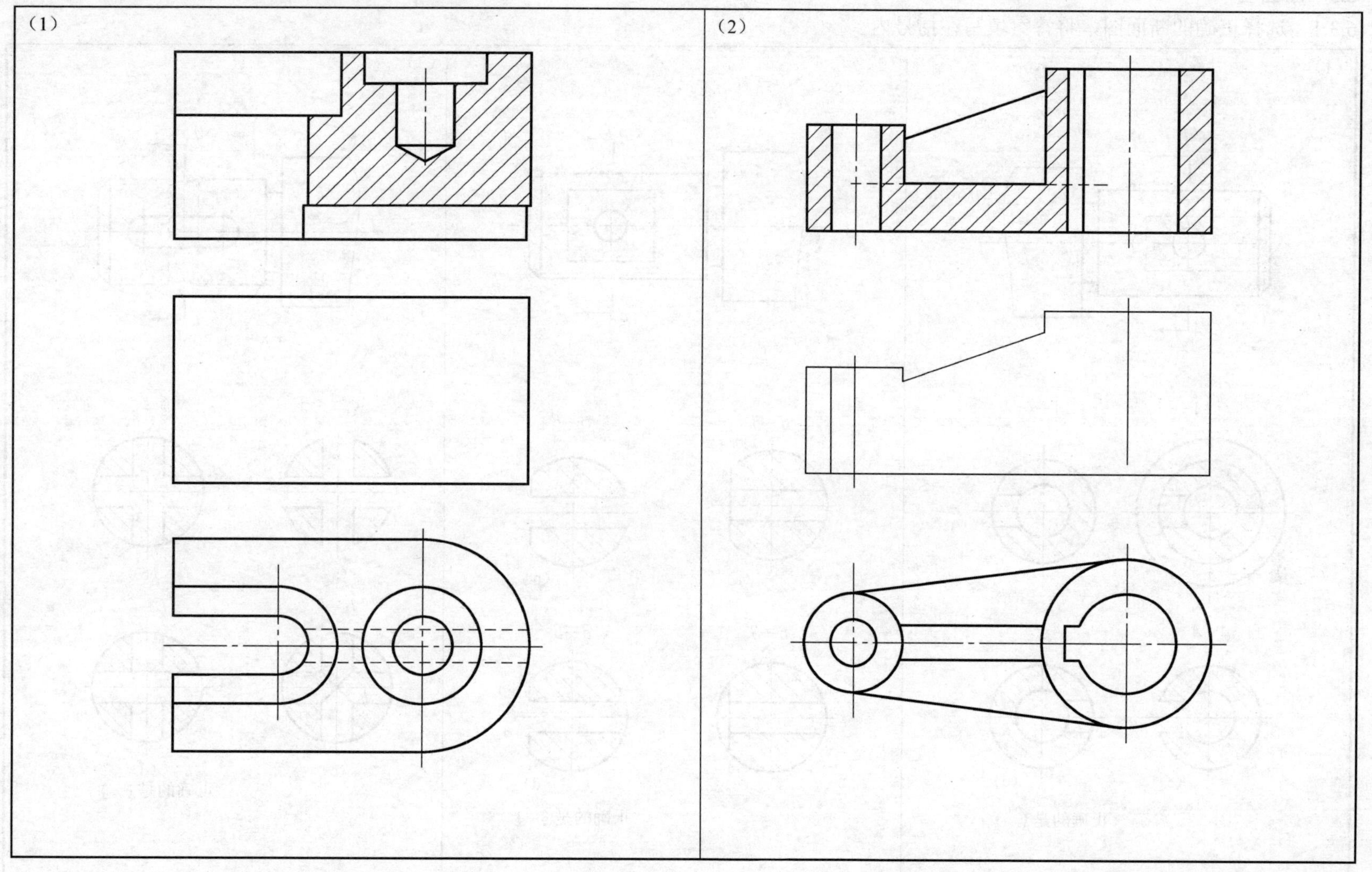

姓名：　　　　　　　学号：

6.3 断面图

6.3.1 选择正确的断面图，将答案填写在括号内

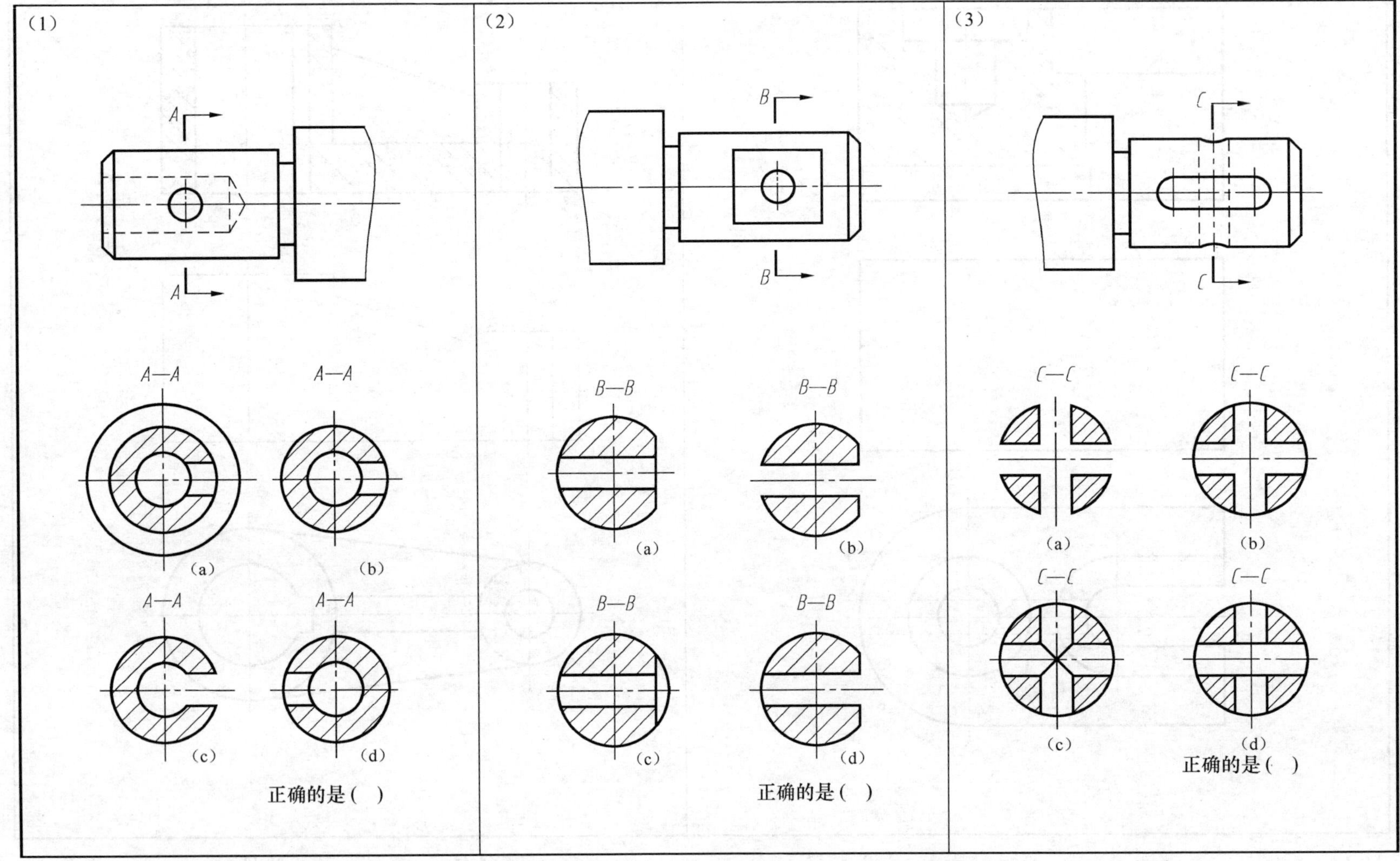

姓名: 学号:

6.3.2 绘制断面图

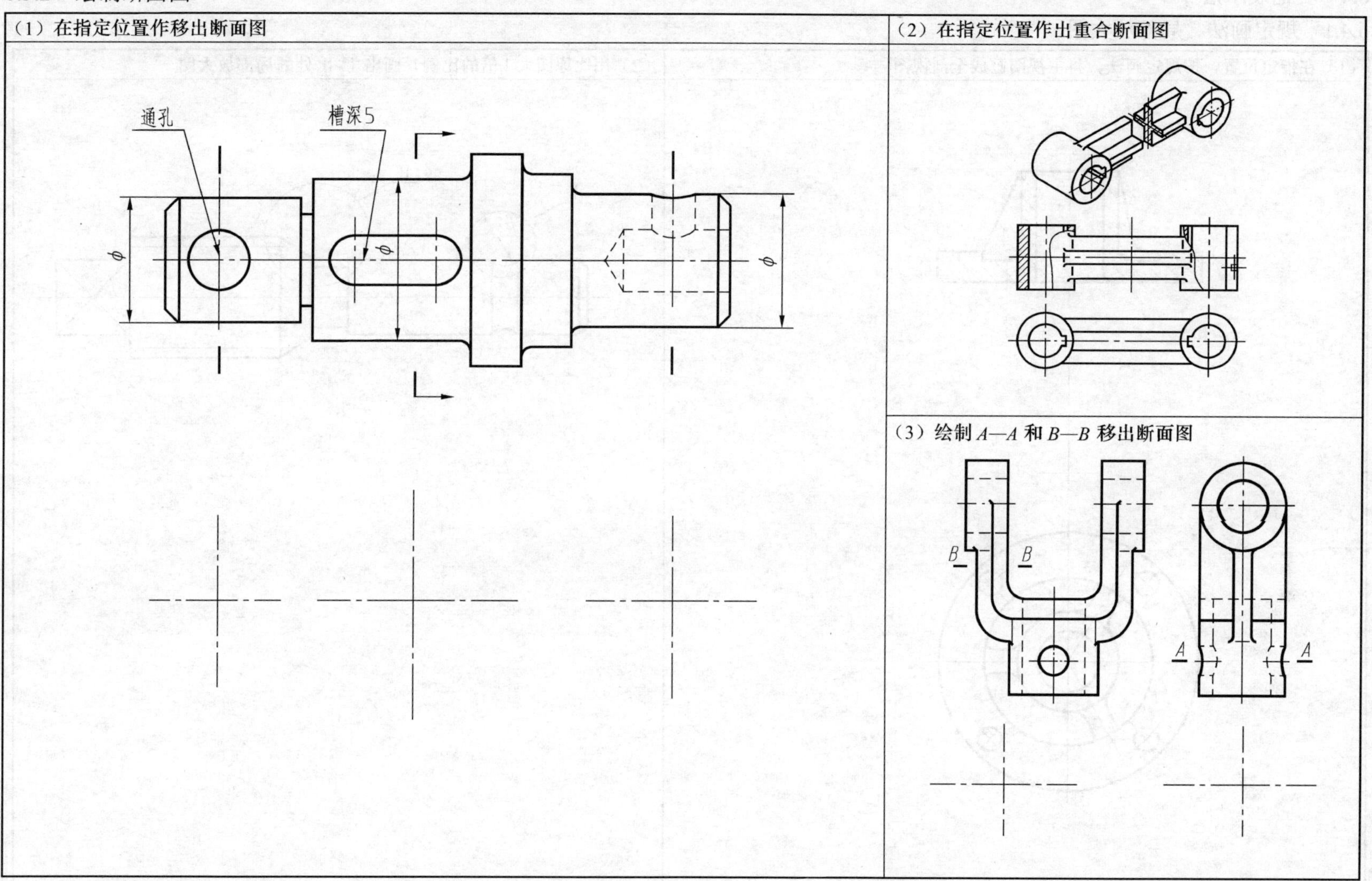

姓名: 学号:

6.4 其他表示法

6.4.1 规定画法、局部放大图

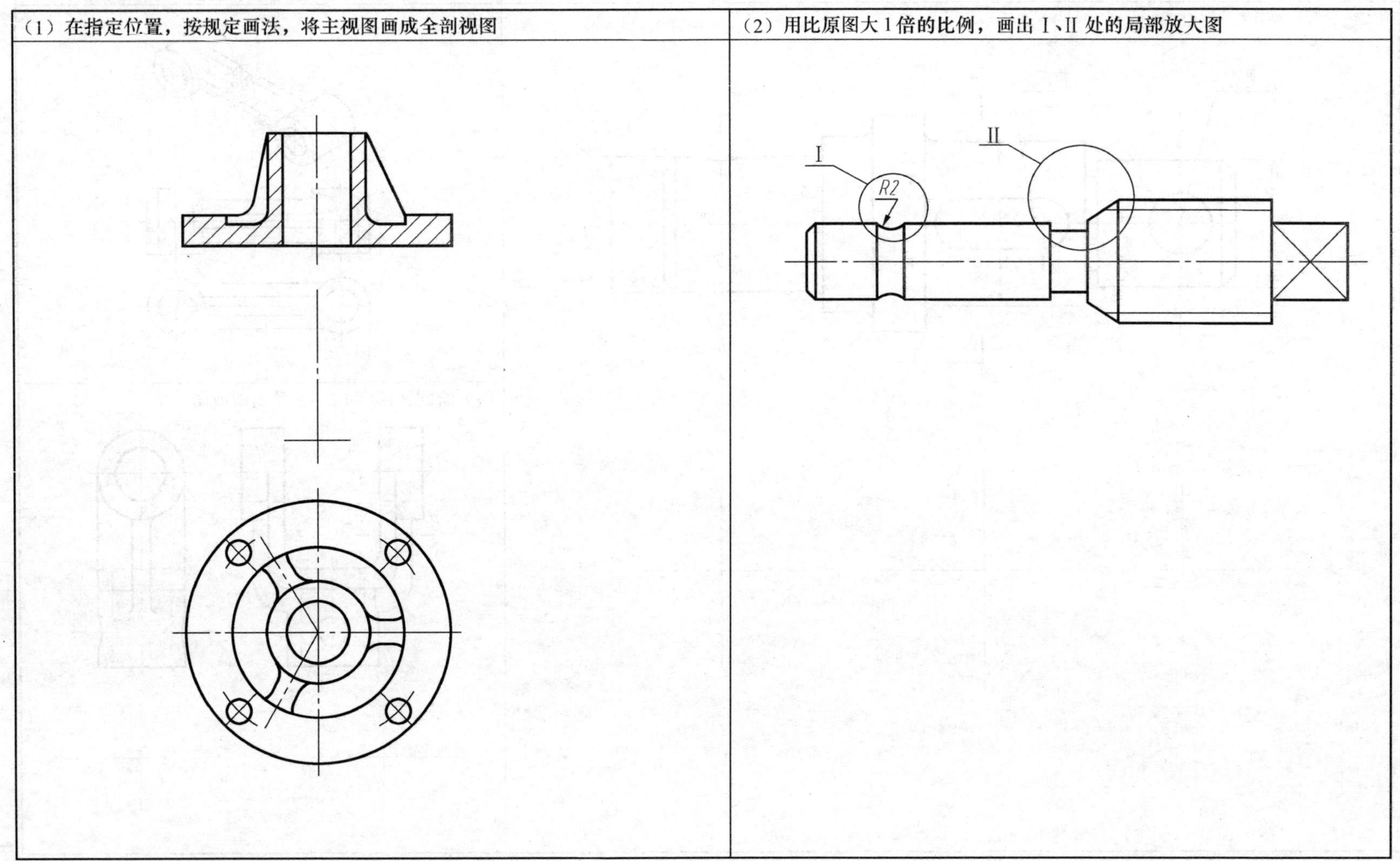

姓名：　　　　　学号：

6.4.2 用简化画法重新表达下面物体

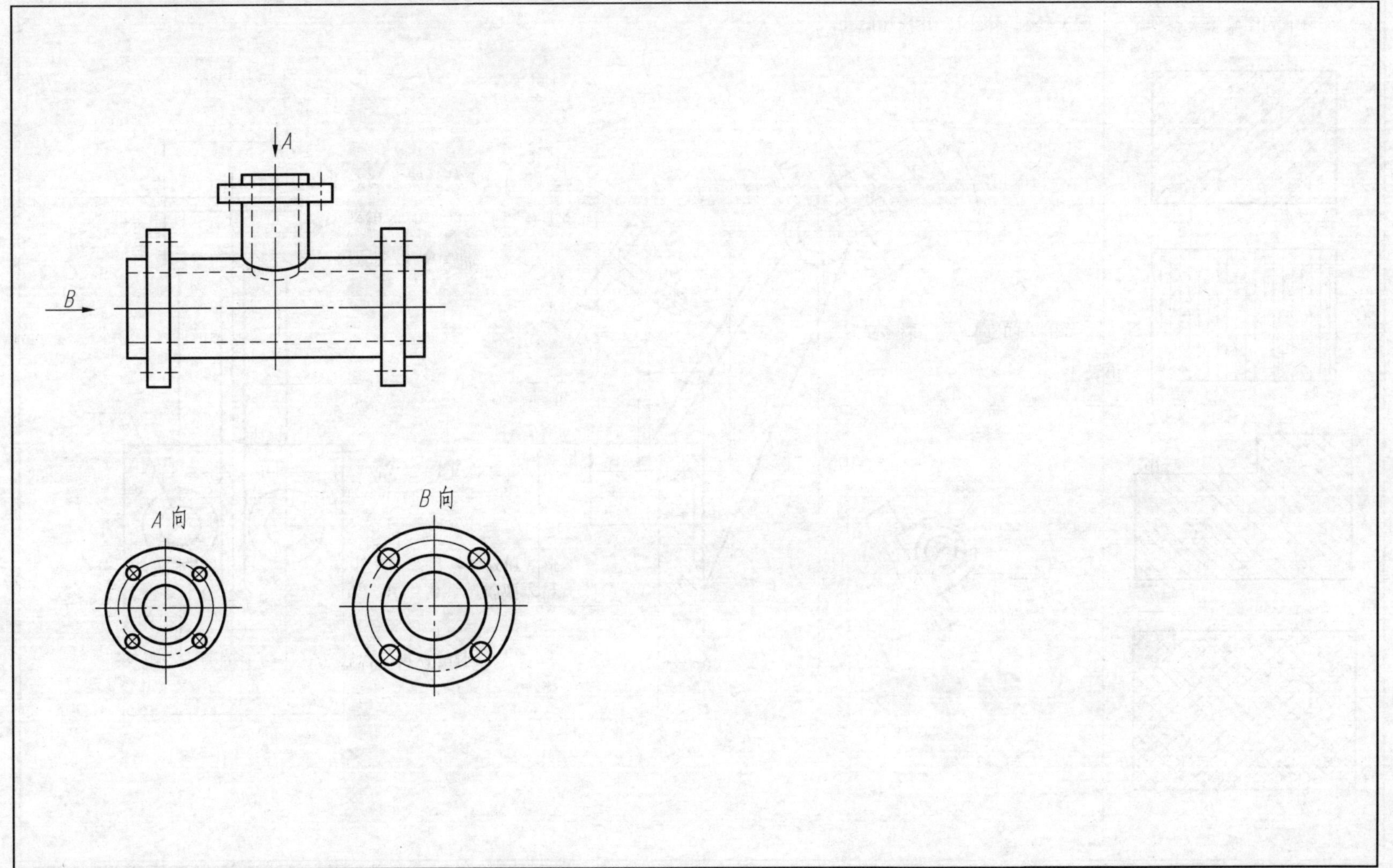

姓名:　　　　　　学号:

6.5　用 AutoCAD 绘制剖视图

（1）练习下列图案填充操作

（2）绘制剖视图，并标注尺寸

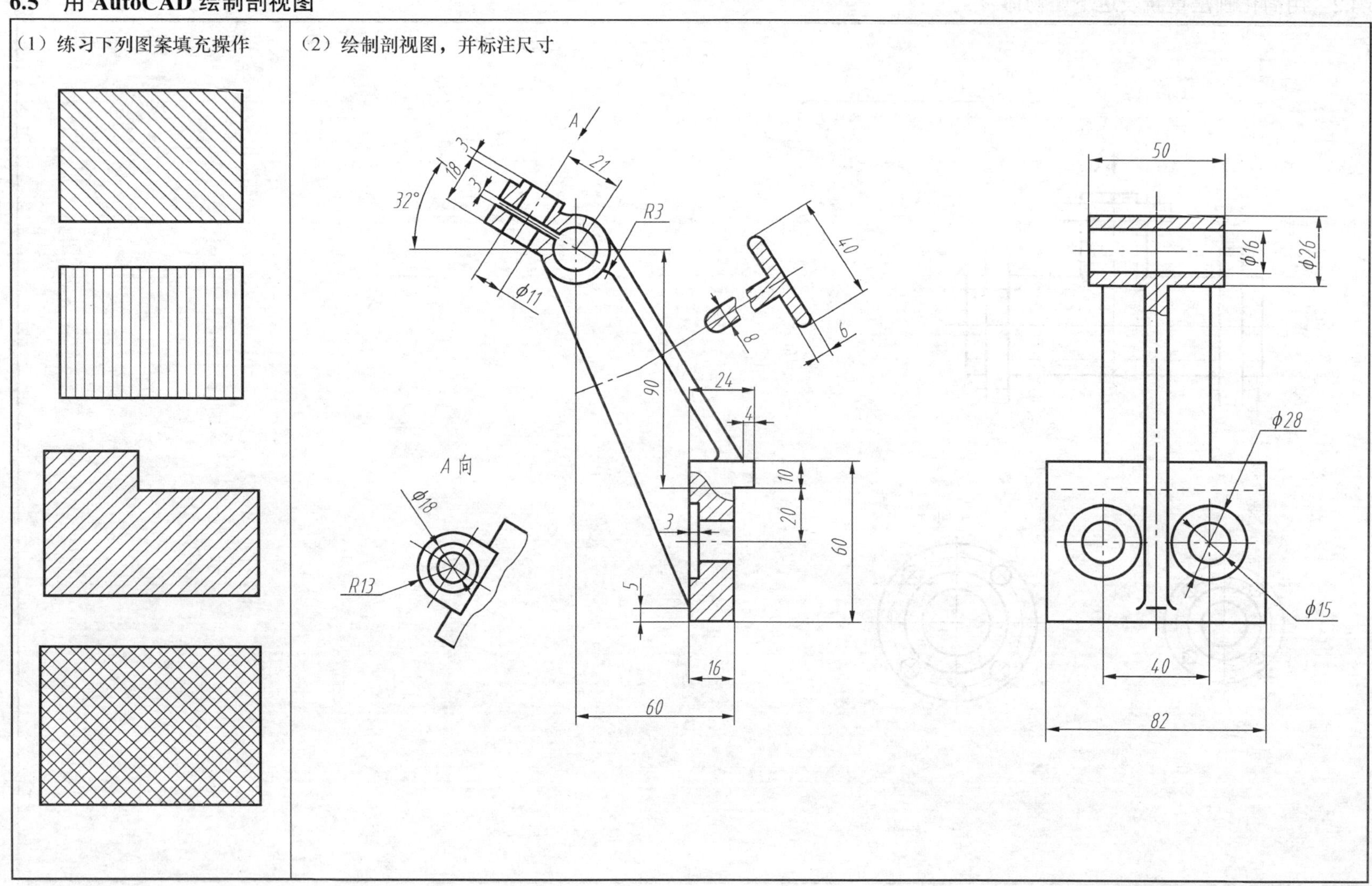

姓名：　　　　　　　　学号：

6.6 表示方法综合练习

6.6.1 已知主、俯视图，补画左视图。根据给定的尺寸，用 1:1 的比例，选择最优表达方案，用 AutoCAD 绘图，或在 A3 图纸上用仪器绘图。

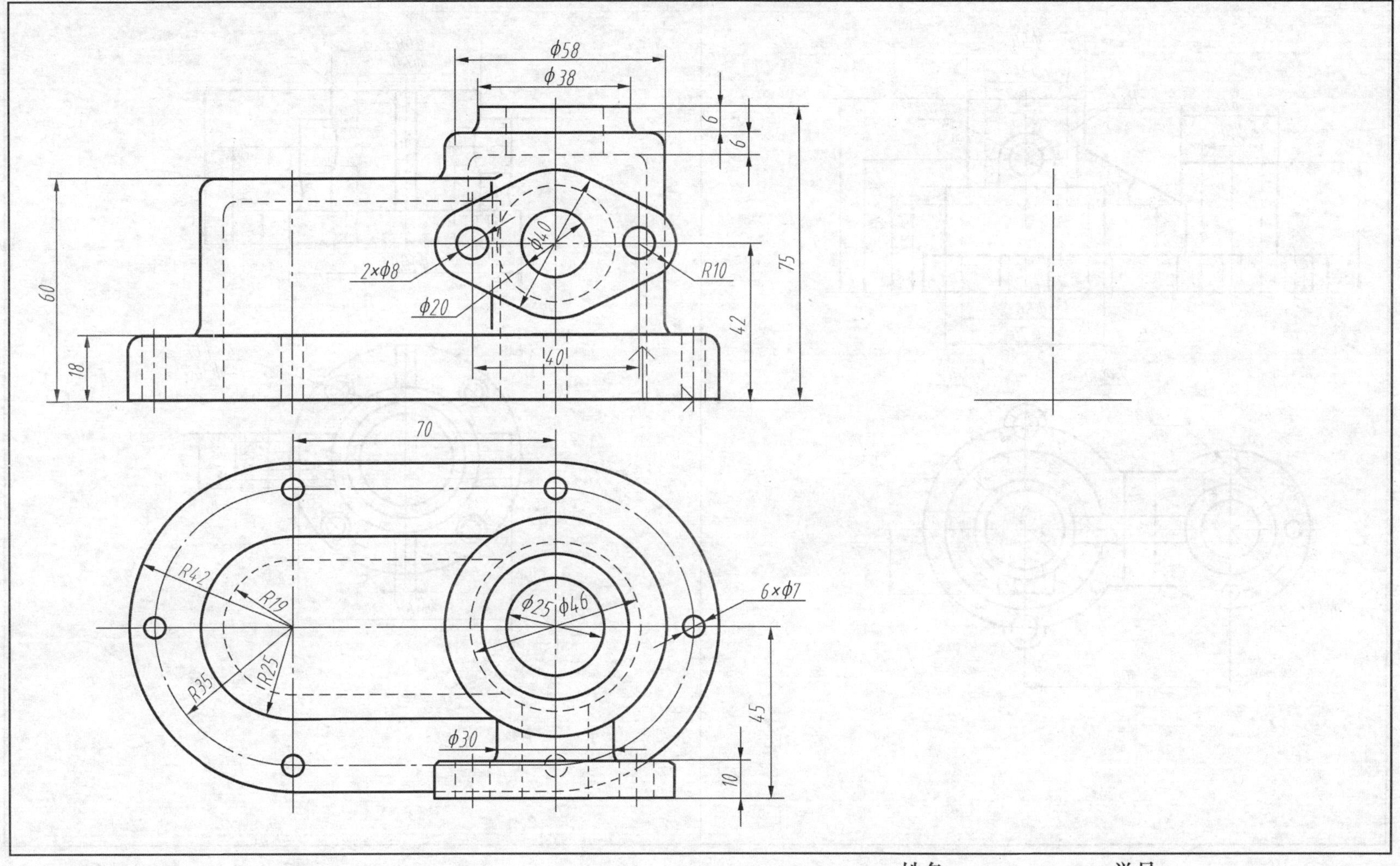

姓名：　　　　学号：

6.6.2 表达方法综合运用（根据两视图想象物体形状，选择最优方案表达机件）

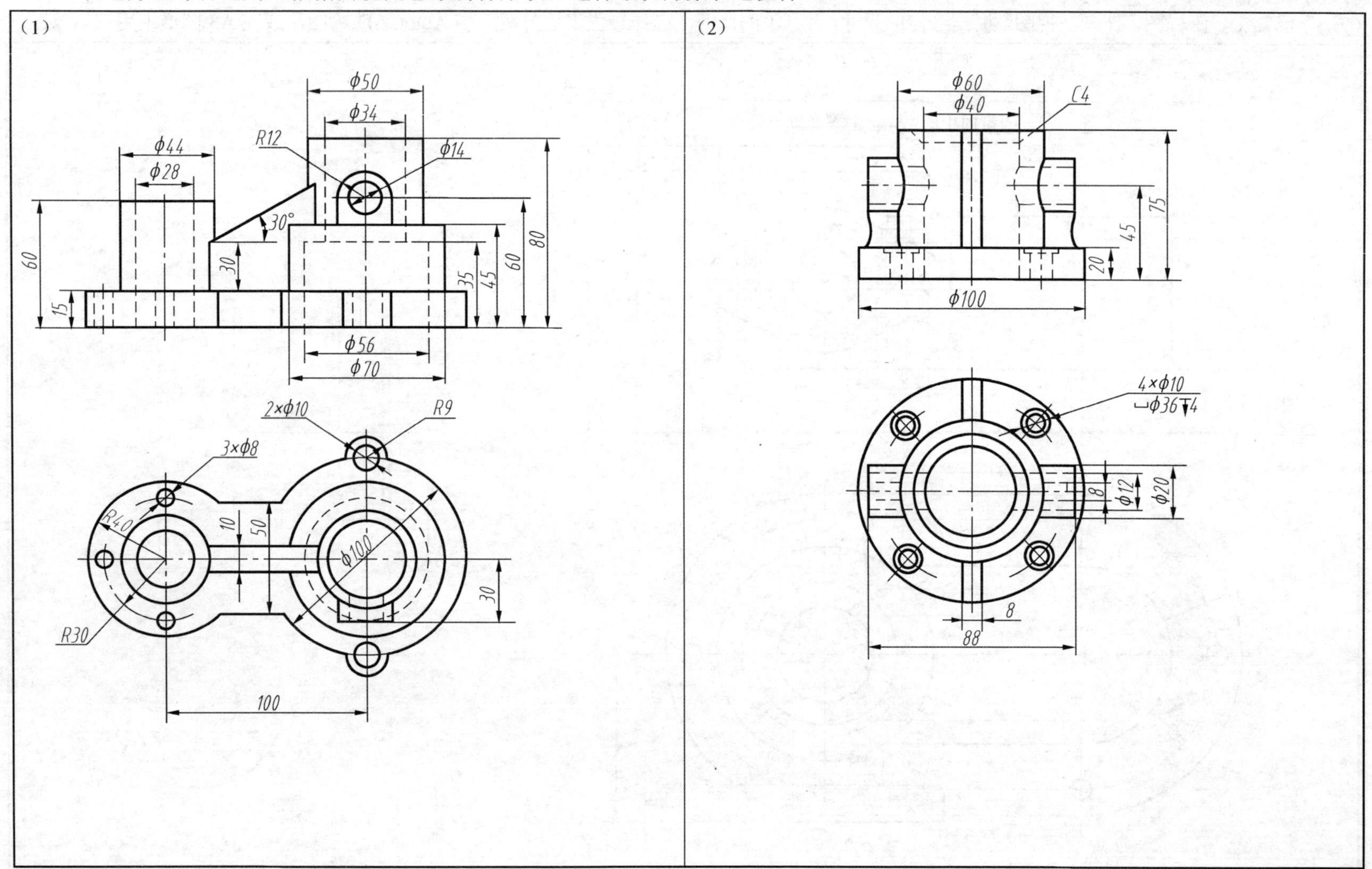

姓名：　　　　　　　学号：

6.6.3 读懂四通管的表达方法，然后填空

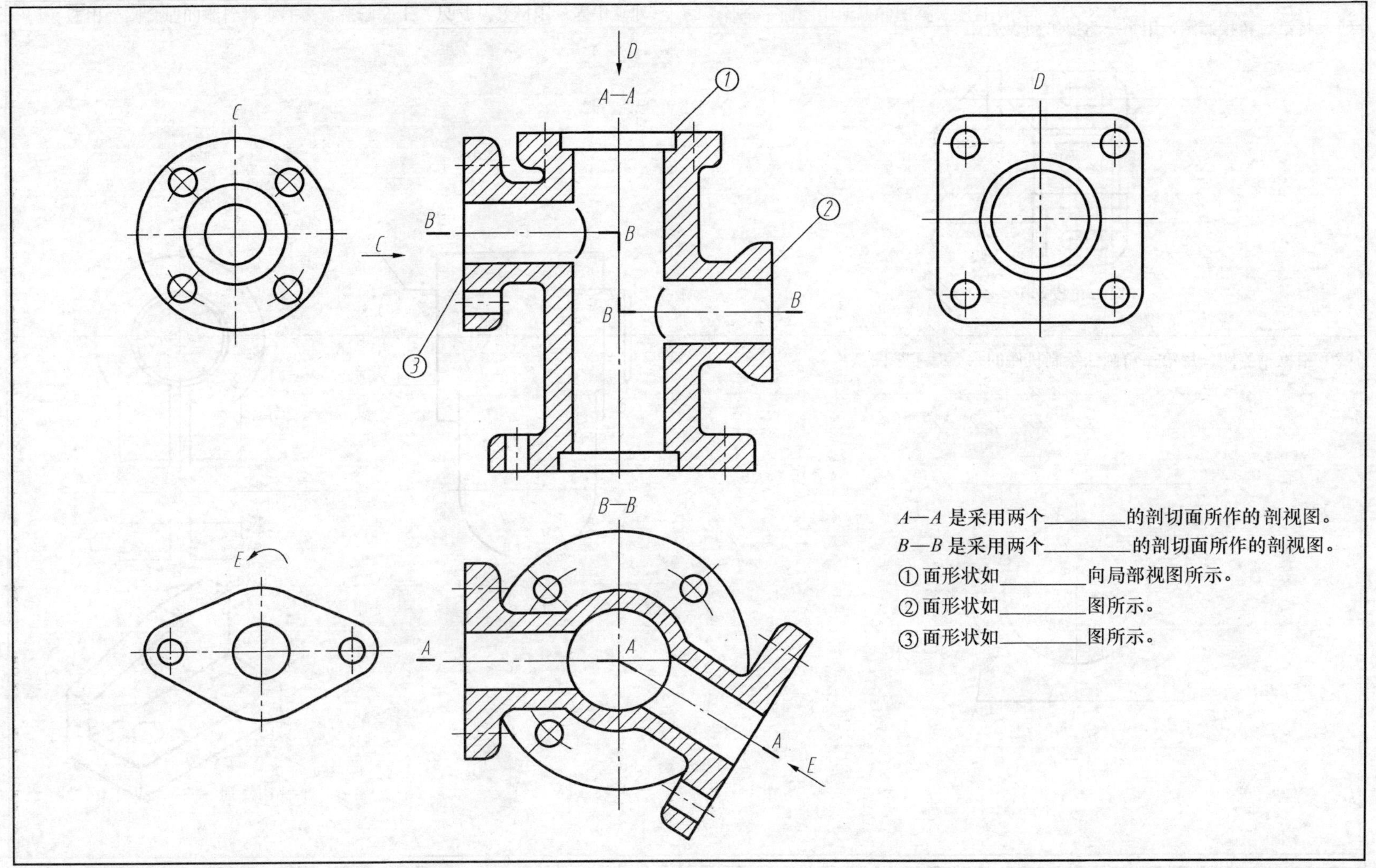

A—A 是采用两个________的剖切面所作的剖视图。

B—B 是采用两个________的剖切面所作的剖视图。

①面形状如________向局部视图所示。

②面形状如________图所示。

③面形状如________图所示。

姓名：　　　　　　　学号：

6.7 第三角画法

（1）将第一角投影图，用第三角投影图表达。

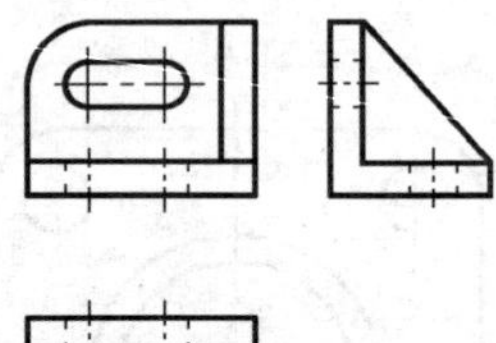

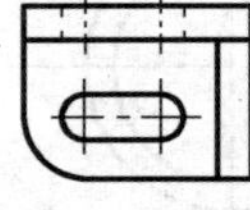

（第一角投影）

（2）根据轴测图，用第三角画法绘制机件的六面基本视图。

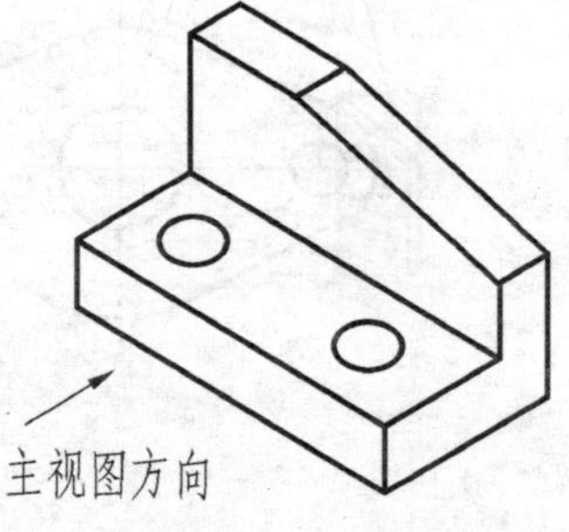

姓名：　　　　学号：

第7章 零 件 图

7.1 标准件与常用件

7.1.1 找出下列螺纹及螺纹旋合画法中的错误，并在其下方画出正确的视图

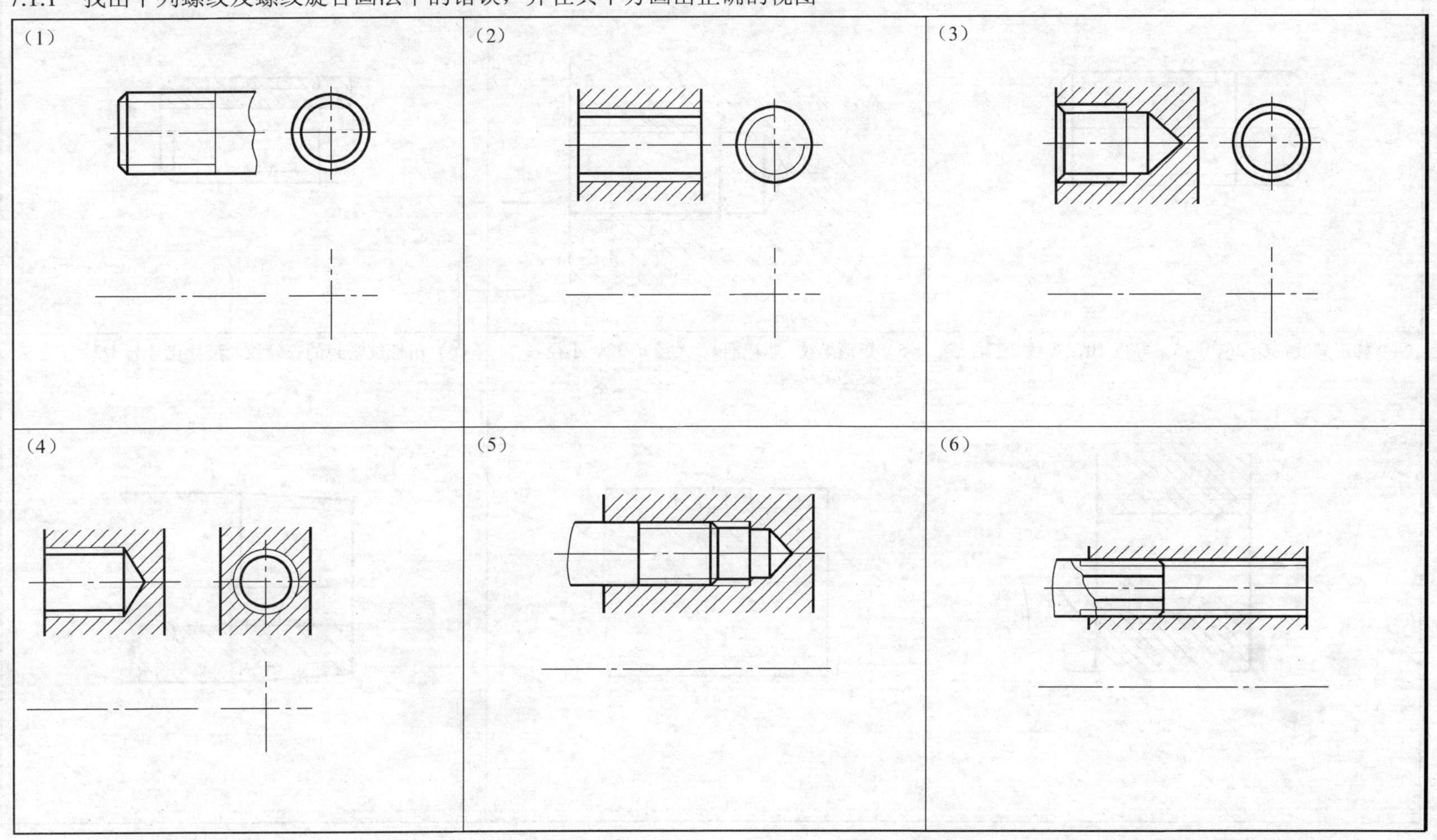

姓名： 学号：

7.1.2　在图上注出螺纹的标记

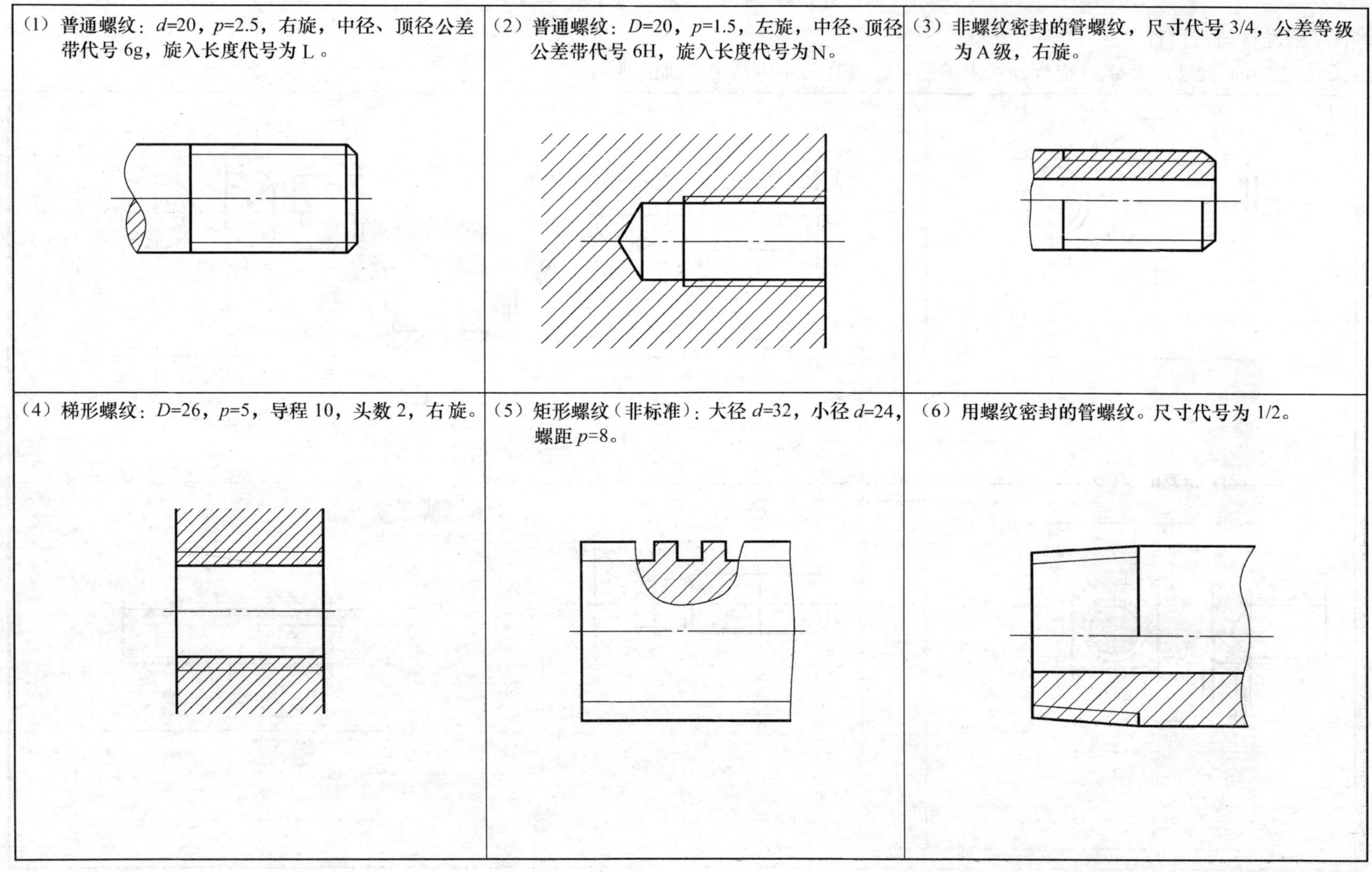

（1）普通螺纹：*d*=20，*p*=2.5，右旋，中径、顶径公差带代号 6g，旋入长度代号为 L 。	（2）普通螺纹：*D*=20，*p*=1.5，左旋，中径、顶径公差带代号 6H，旋入长度代号为 N。	（3）非螺纹密封的管螺纹，尺寸代号 3/4，公差等级为 A 级，右旋。
（4）梯形螺纹：*D*=26，*p*=5，导程 10，头数 2，右旋。	（5）矩形螺纹（非标准）：大径 *d*=32，小径 *d*=24，螺距 *p*=8。	（6）用螺纹密封的管螺纹。尺寸代号为 1/2。

姓名：　　　　　　　　学号：

7.1.3 查标准，注尺寸，并写出螺纹紧固件的标记

（1）六角螺栓：d=12，L=45。

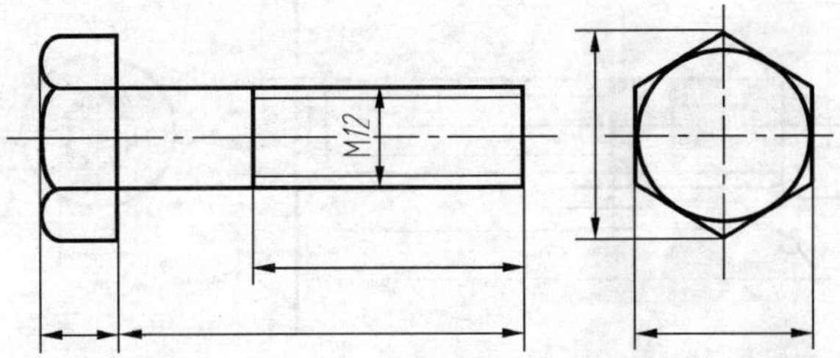

M12

标记：________________

（2）六角螺母：d=16。

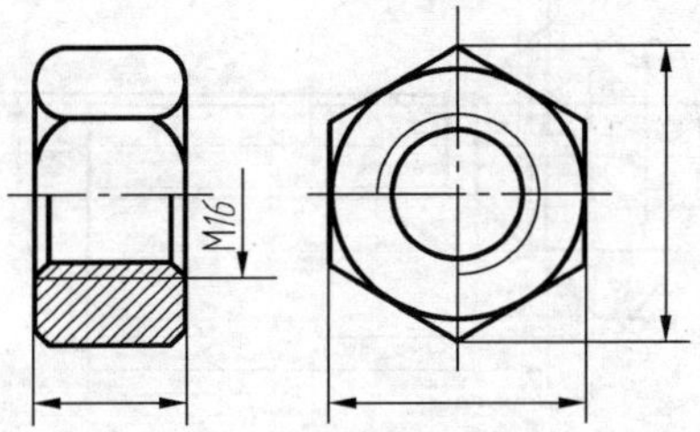

M16

标记：________________

（3）双头螺柱：d=20，$L1$=d，L=40（B 型，b_m=1.25d）。

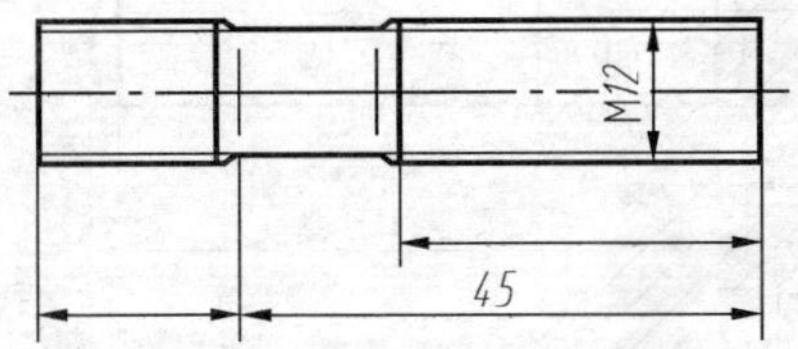

M12

45

标记：________________

（4）垫圈 -A 级

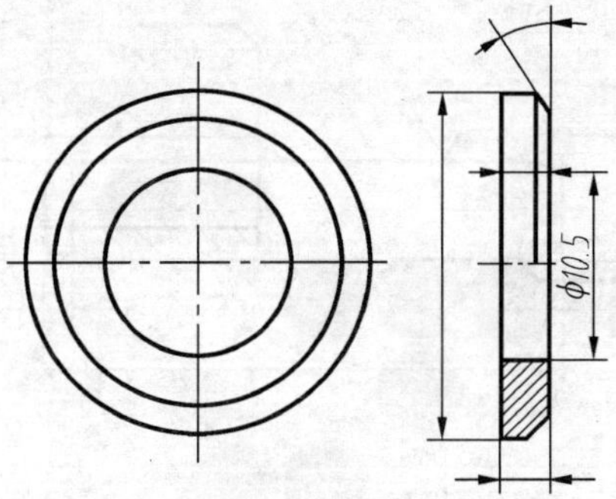

ϕ10.5

标记：________________

姓名：　　　　　学号：

7.1.4 查标准，注尺寸，并写出螺纹紧固件的标记

<table>
<tr>
<td>（1）开槽沉头螺钉。
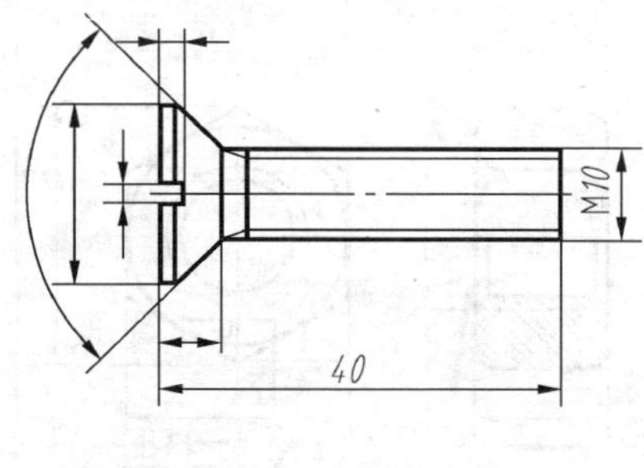

规定标记________________</td>
<td>（2）内六角圆柱头螺钉（光滑头部）。
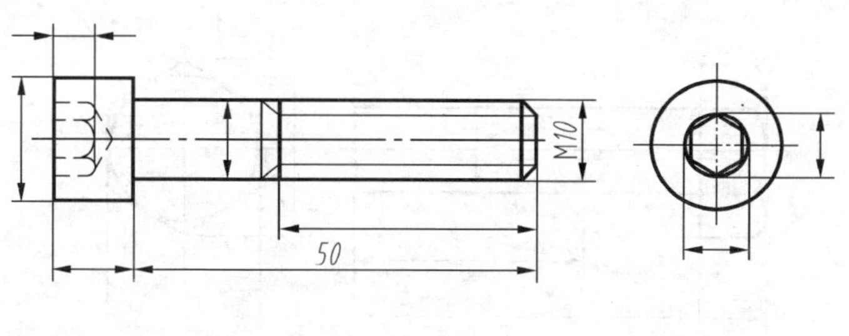

规定标记________________</td>
</tr>
<tr>
<td>（3）普通圆柱销（公称直径为 8mm，长度为 40mm，$d_{公差}$ 为 h8）。
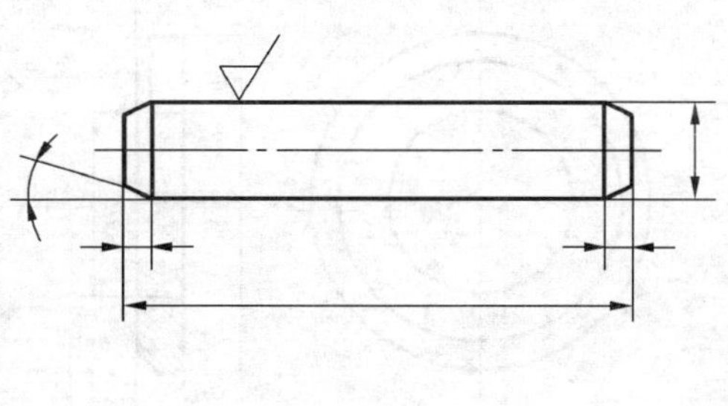
规定标记________________</td>
<td>（4）圆锥销（A 型，公称直径为 8mm，长度为 40mm）。
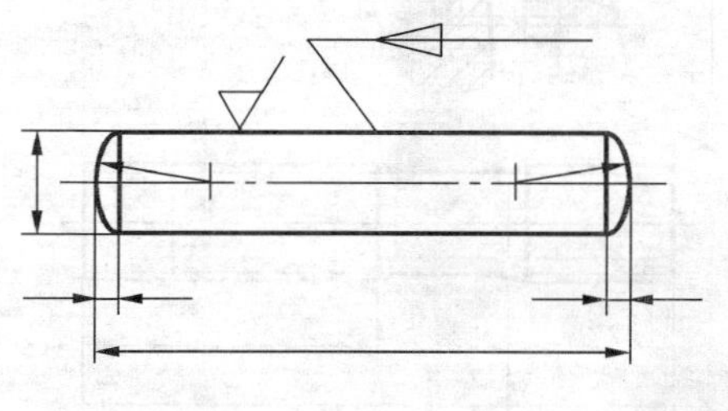
规定标记________________</td>
</tr>
</table>

姓名：　　　　　　学号：

7.1.5 根据键的标记，查阅国家标准，确定键、轴及孔上键槽的主要结构尺寸，并在图上标注

（1）键10×28 GB/T1096－2003

键的尺寸：b=________，h=________，L=________。

轴、孔键槽尺寸：

轴、孔直径：D=

b=

t=

t_1=

（2）键 8×28 GB/T 1099－2003

键的尺寸：b=________，h=________，d_1=________，L________。

轴、孔键槽尺寸：

轴、孔直径：D=

b=

t=

t_1=

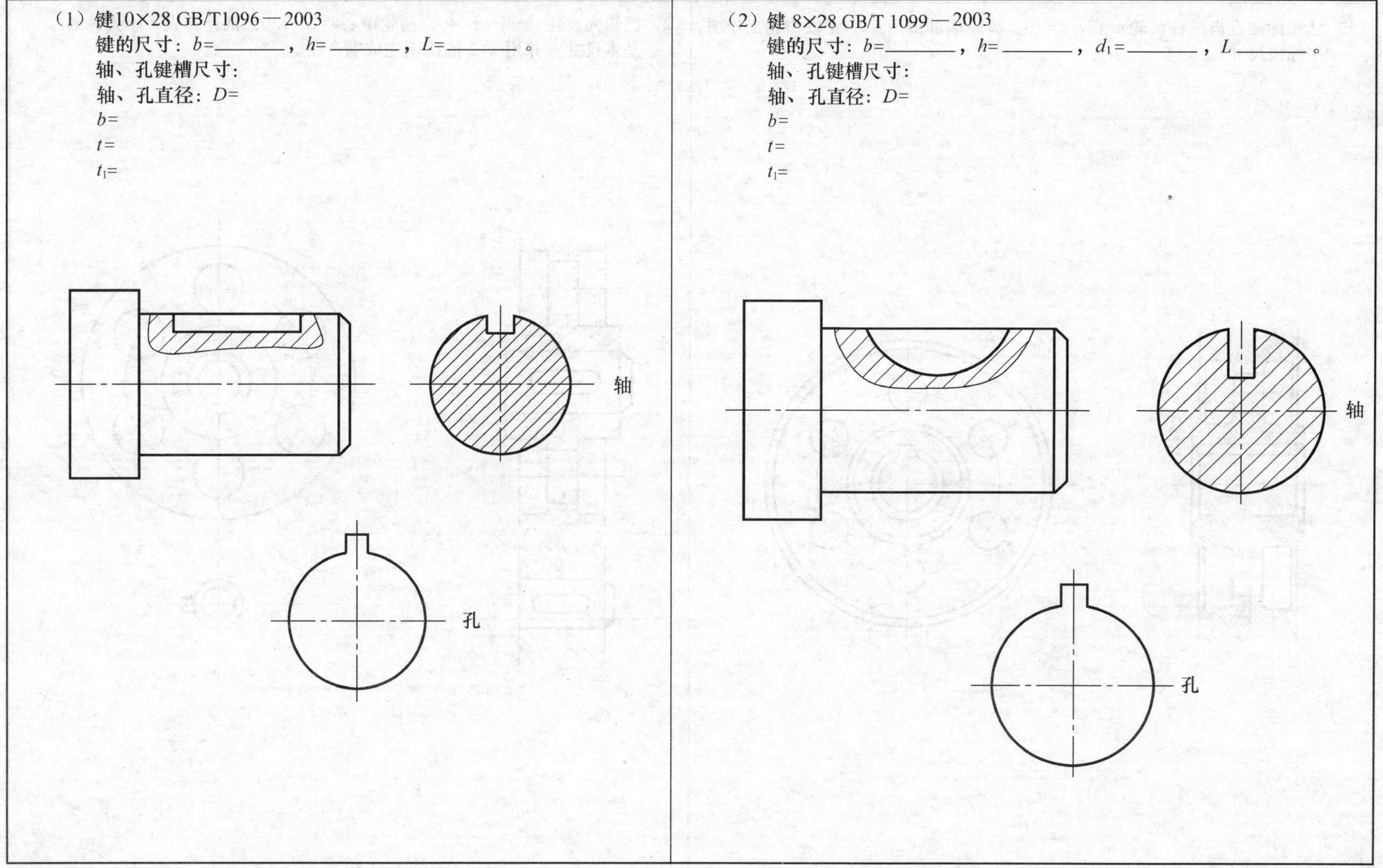

姓名：　　　　　　学号：

7.1.6 绘制齿轮零件图

（1）已知标准直齿圆柱齿轮 m=5、z=40，齿轮端部倒角 $C2$，完成齿轮工作图，并标注尺寸。

（2）已知大齿轮 m=4、z=40，两轮中心距 a=120，试计算大、小齿轮的基本尺寸，并用 1:2 的比例完成啮合图。

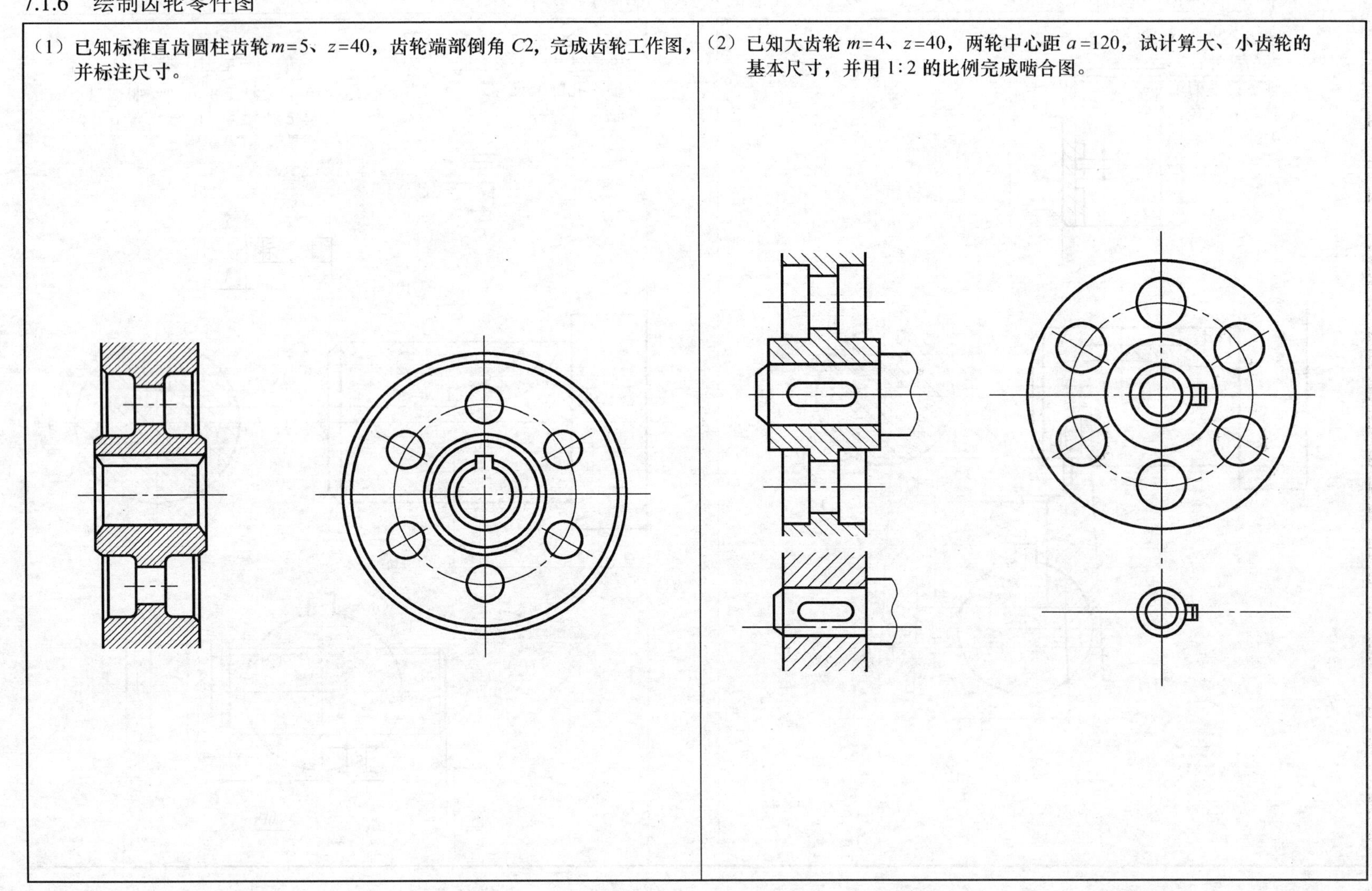

姓名：　　　　学号：

7.1.7 已知锥齿轮的模数 m=4，齿数 z =25，分度圆锥角 δ=45°，计算齿轮节圆、顶圆、根圆的尺寸，完成两面视图

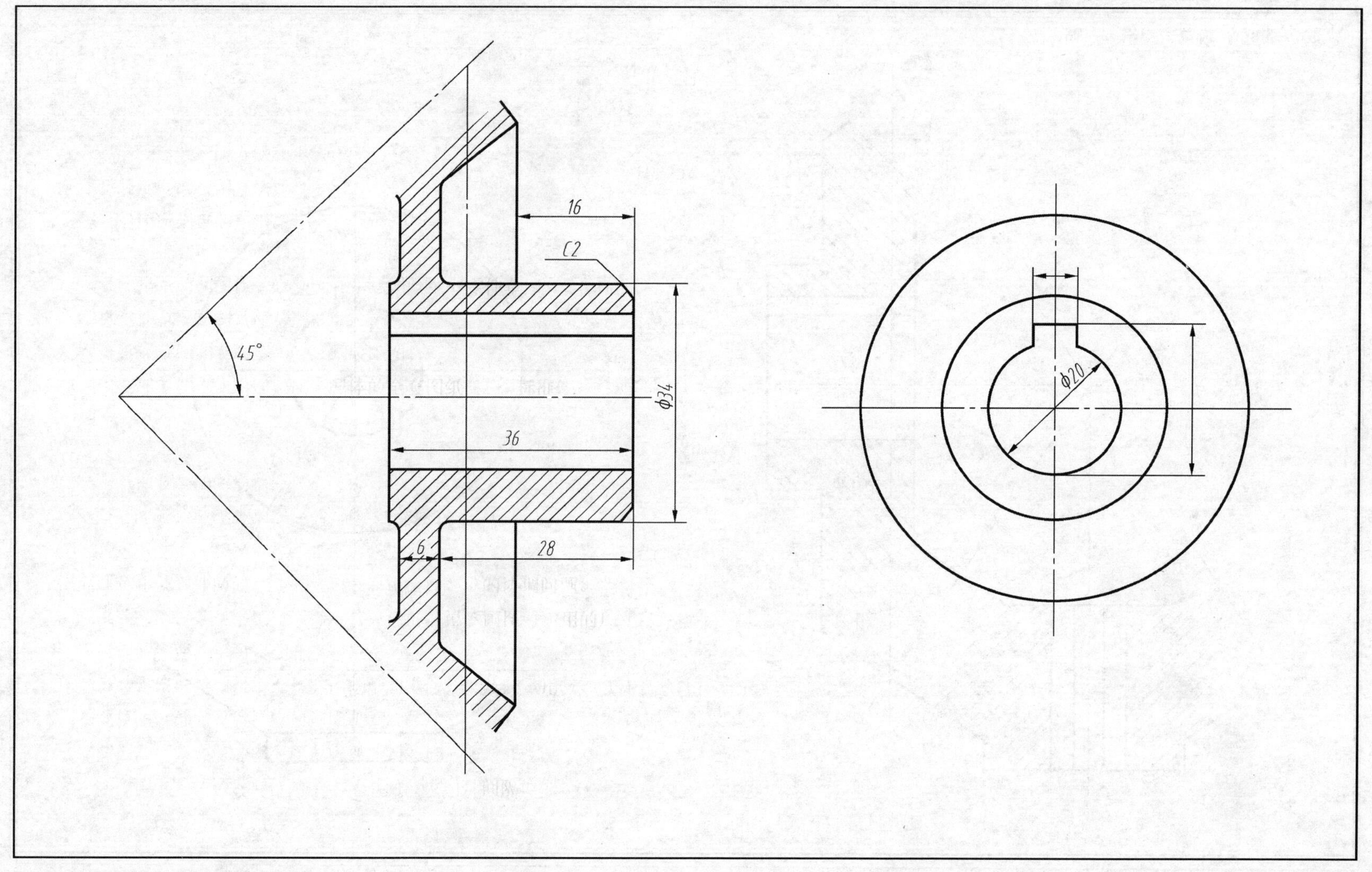

姓名：　　　　　　学号：

7.1.8 完成一对直齿锥齿轮啮合图

模数 m=3mm，齿数 z_1=18，z_2=28。

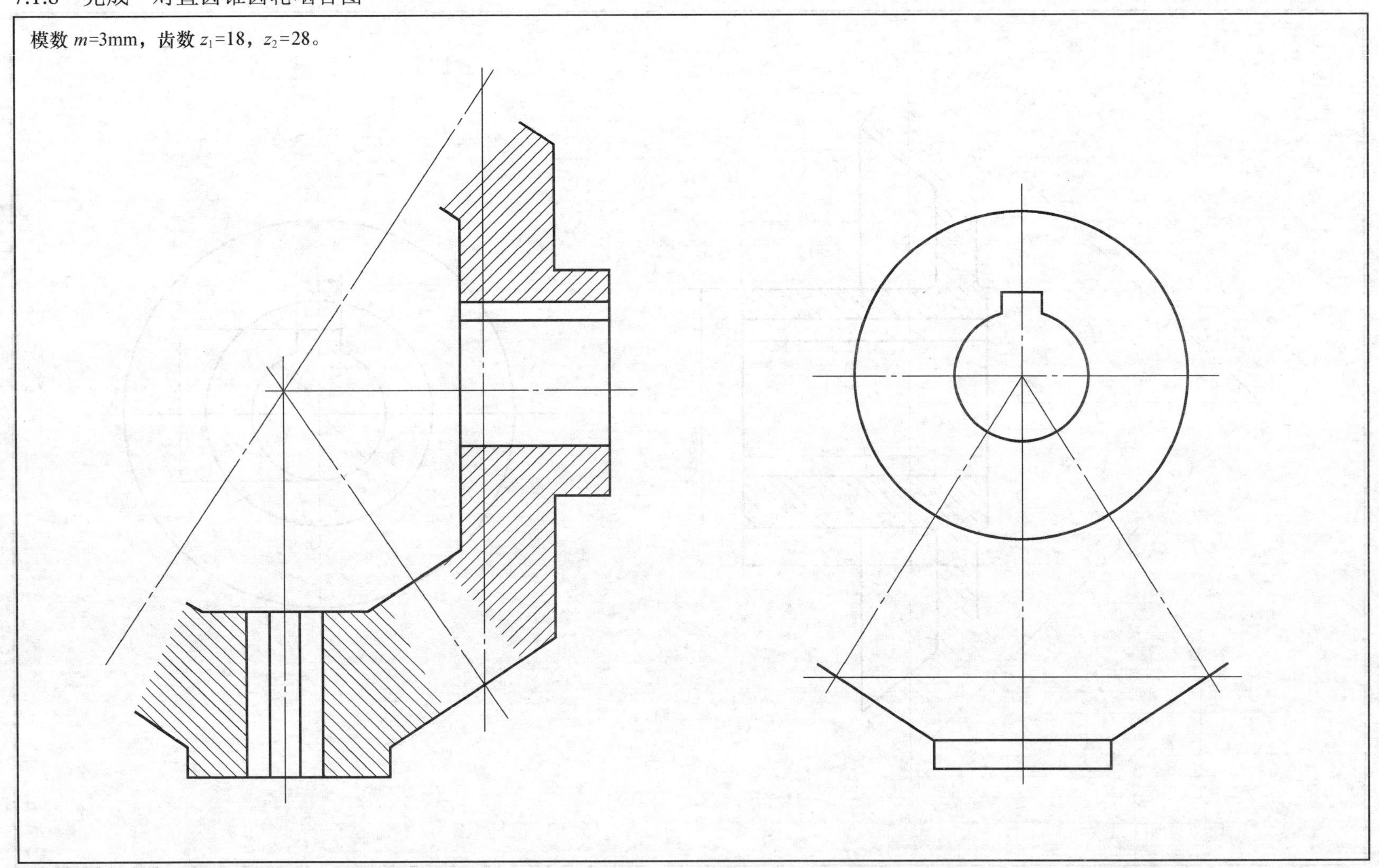

姓名：　　　　学号：

7.1.9 绘制圆柱螺旋弹簧零件图

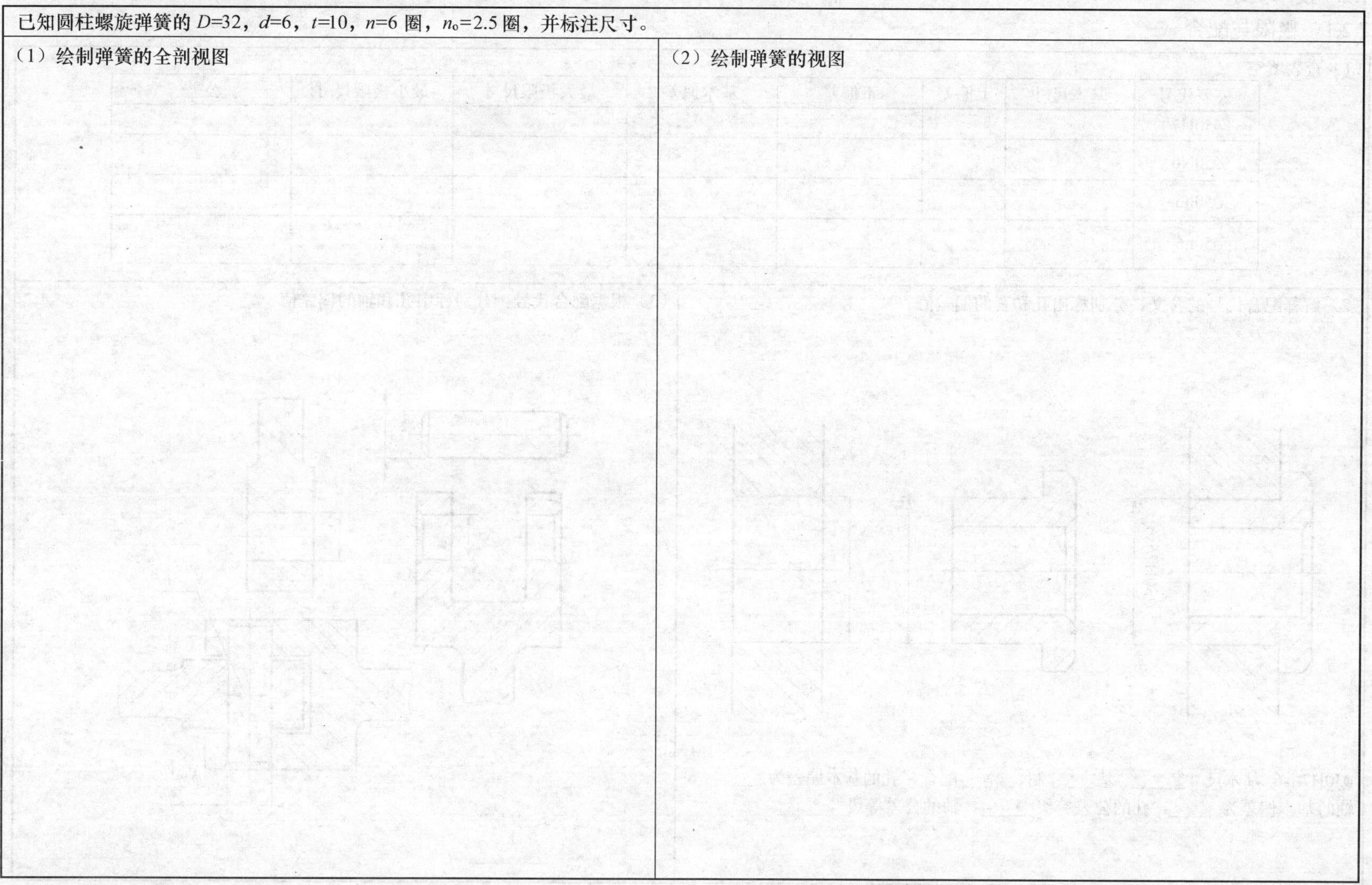

已知圆柱螺旋弹簧的 D=32，d=6，t=10，n=6 圈，n_0=2.5 圈，并标注尺寸。	
（1）绘制弹簧的全剖视图	（2）绘制弹簧的视图

姓名： 学号：

7.2 技术要求

7.2.1 极限与配合

(1) 查表填空

公差代号	基本尺寸	上偏差	下偏差	基本偏差	最大极限尺寸	最小极限尺寸	公差
ϕ50H7							
ϕ50N6							
ϕ50h6							
ϕ50n6							

(2) 解释配合代号的含义，分别标出孔和套的偏差值

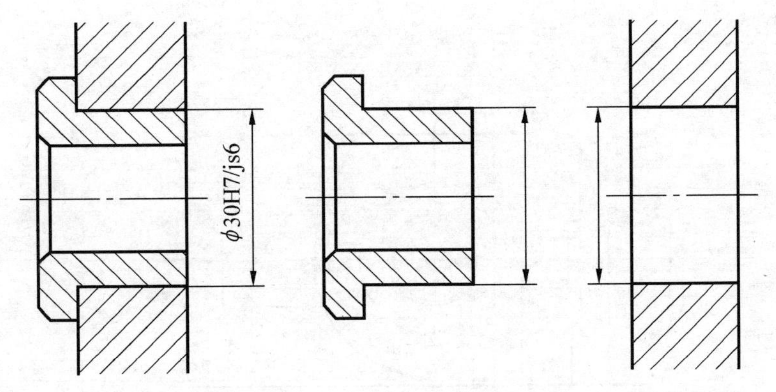

ϕ30H7/js6: 基本尺寸______，基_____制、______配合、孔的基本偏差为_______、轴的基本偏差为_____、孔的公差等级______、轴的公差等级_______。

(3) 根据配合代号，分别标出孔和轴的偏差值

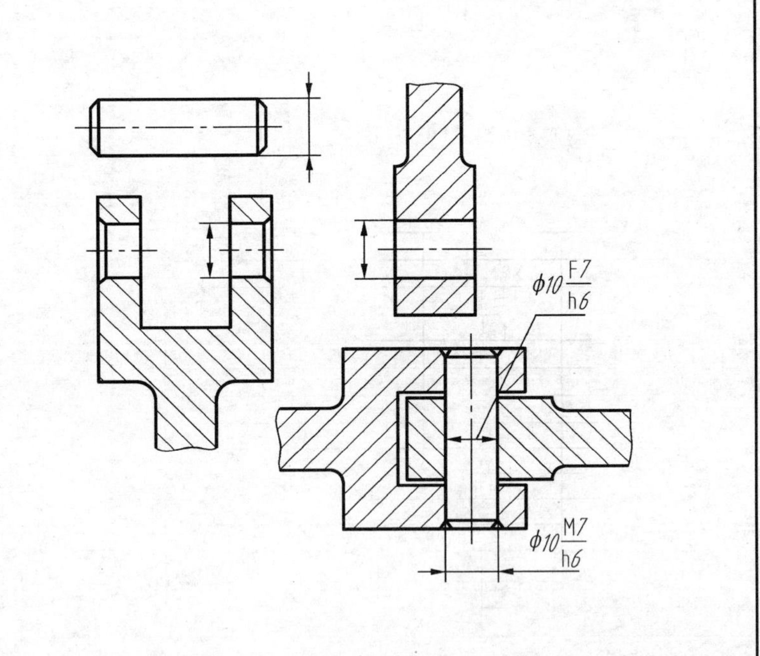

姓名：　　　　学号：

7.2.2　读图中的形位公差代号，并填空

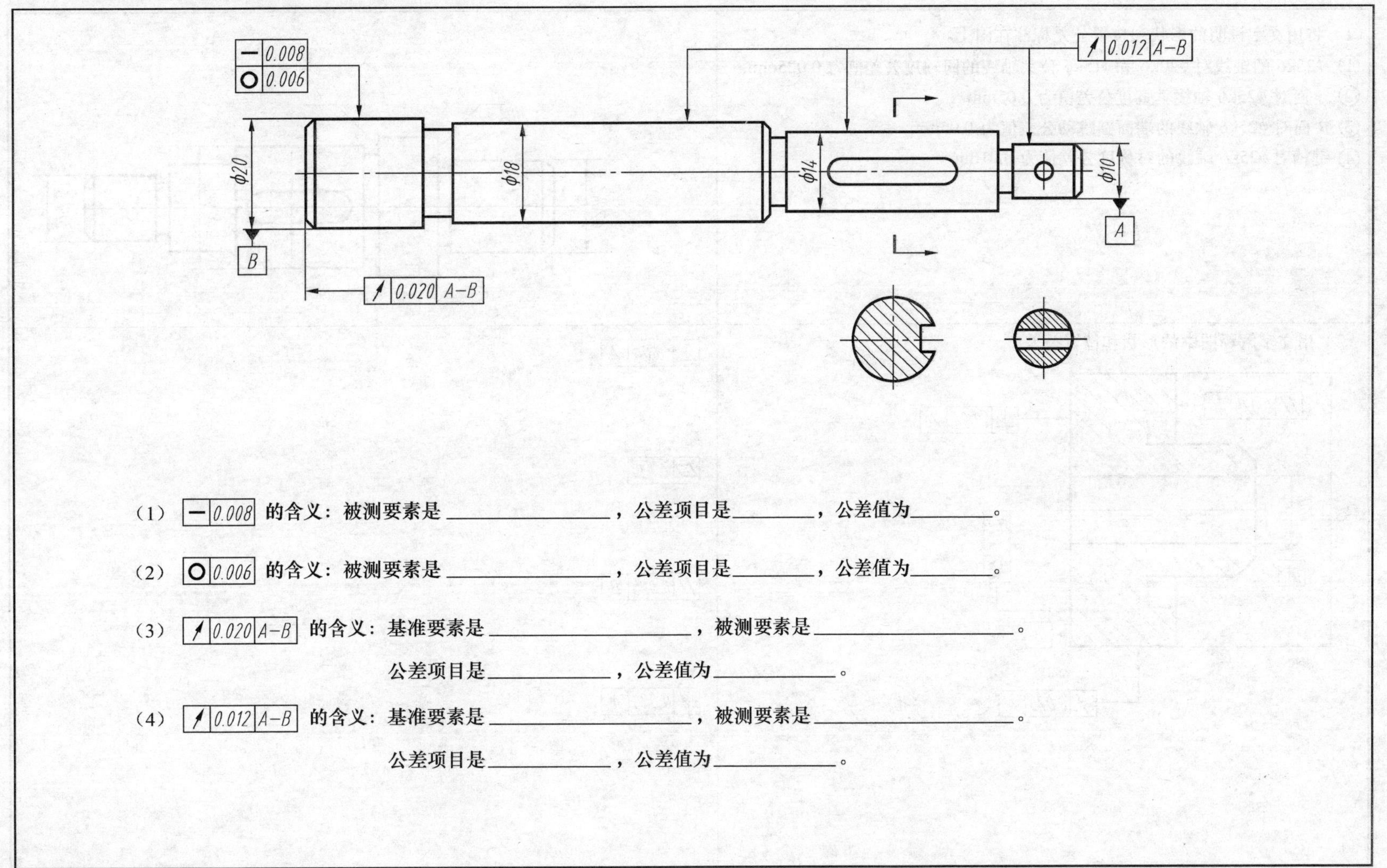

（1）［— 0.008］的含义：被测要素是____________，公差项目是________，公差值为________。

（2）［○ 0.006］的含义：被测要素是____________，公差项目是________，公差值为________。

（3）［↗ 0.020 A−B］的含义：基准要素是______________，被测要素是______________。

公差项目是__________，公差值为__________。

（4）［↗ 0.012 A−B］的含义：基准要素是______________，被测要素是______________。

公差项目是__________，公差值为__________。

姓名：　　　　　　　学号：

7.2.3 解读和标注形位公差

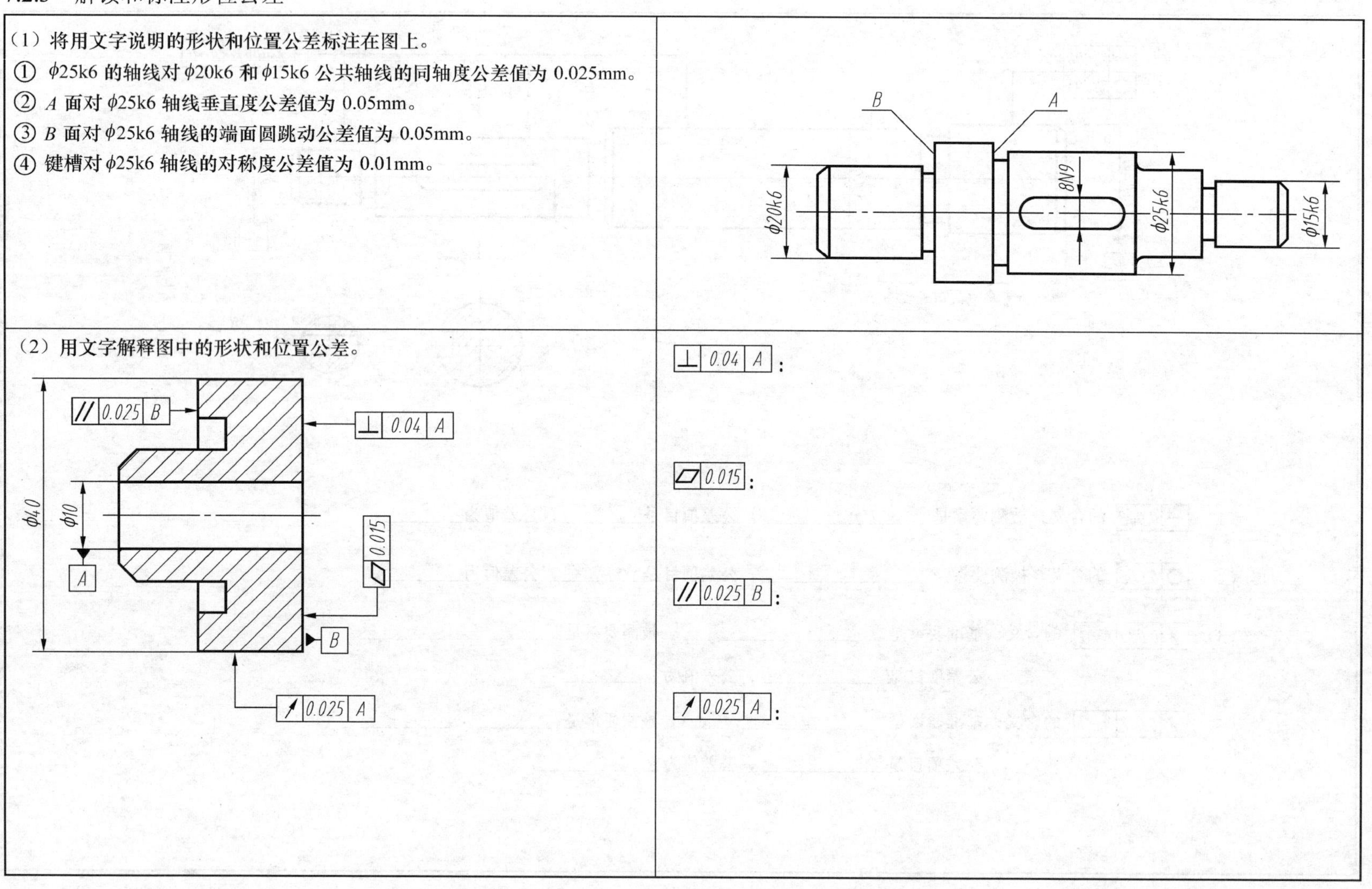

（1）将用文字说明的形状和位置公差标注在图上。

① ϕ25k6 的轴线对 ϕ20k6 和 ϕ15k6 公共轴线的同轴度公差值为 0.025mm。

② *A* 面对 ϕ25k6 轴线垂直度公差值为 0.05mm。

③ *B* 面对 ϕ25k6 轴线的端面圆跳动公差值为 0.05mm。

④ 键槽对 ϕ25k6 轴线的对称度公差值为 0.01mm。

（2）用文字解释图中的形状和位置公差。

姓名：　　　　学号：

7.2.4 将给定的表面结构 R_a 值用表面结构符号标注在图上

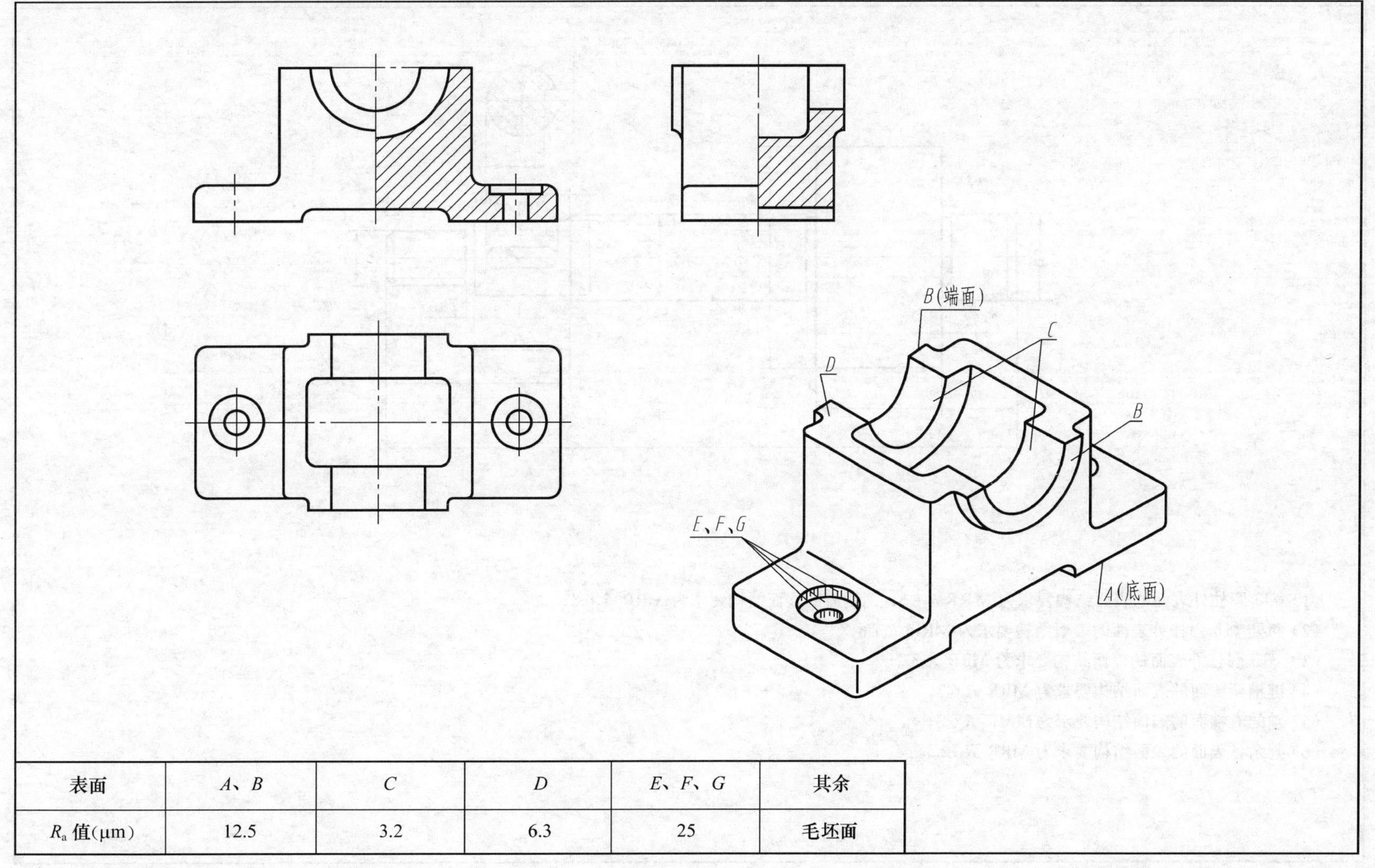

表面	A、B	C	D	E、F、G	其余
R_a 值(μm)	12.5	3.2	6.3	25	毛坯面

姓名:　　　　　　学号:

7.2.5 在轴零件图上标注表面结构要求

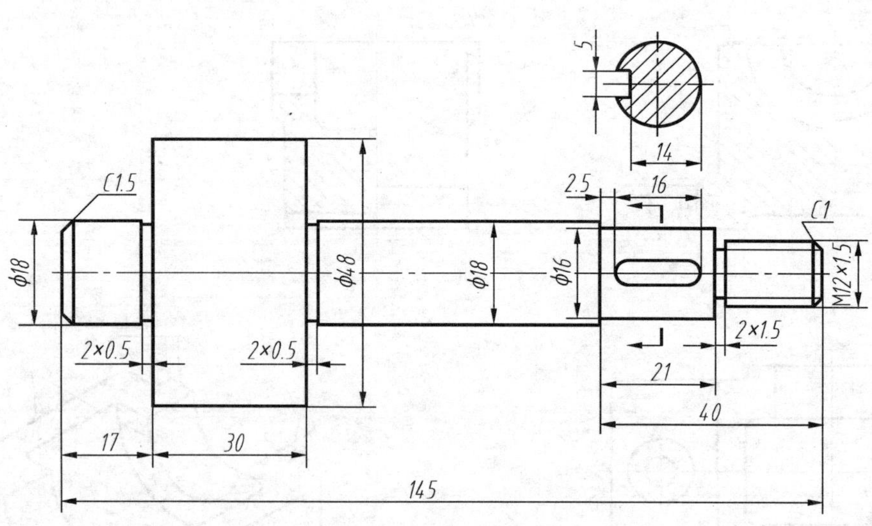

(1) ϕ48 圆柱外表面的表面结构要求为 MRR R_a1.6，两侧面的表面结构要求为 MRR R_a0.8；

(2) 两处 ϕ18 圆柱外表面的表面结构要求为 MRR R_a1.6；

(3) ϕ16 圆柱外表面的表面结构要求为 MRR R_a3.2；

(4) 键槽两侧面的表面结构要求为 MRR R_a6.3；

(5) 轴的右端面的表面结构要求为MMR R_a6.3；

(6) 其余各表面的表面结构要求为 MRR R_a12.5。

姓名：　　　　学号：

7.3 绘制零件图

7.3.1 根据零件轴测图，用 AutoCAD（或用绘图仪器）绘制零件工作图

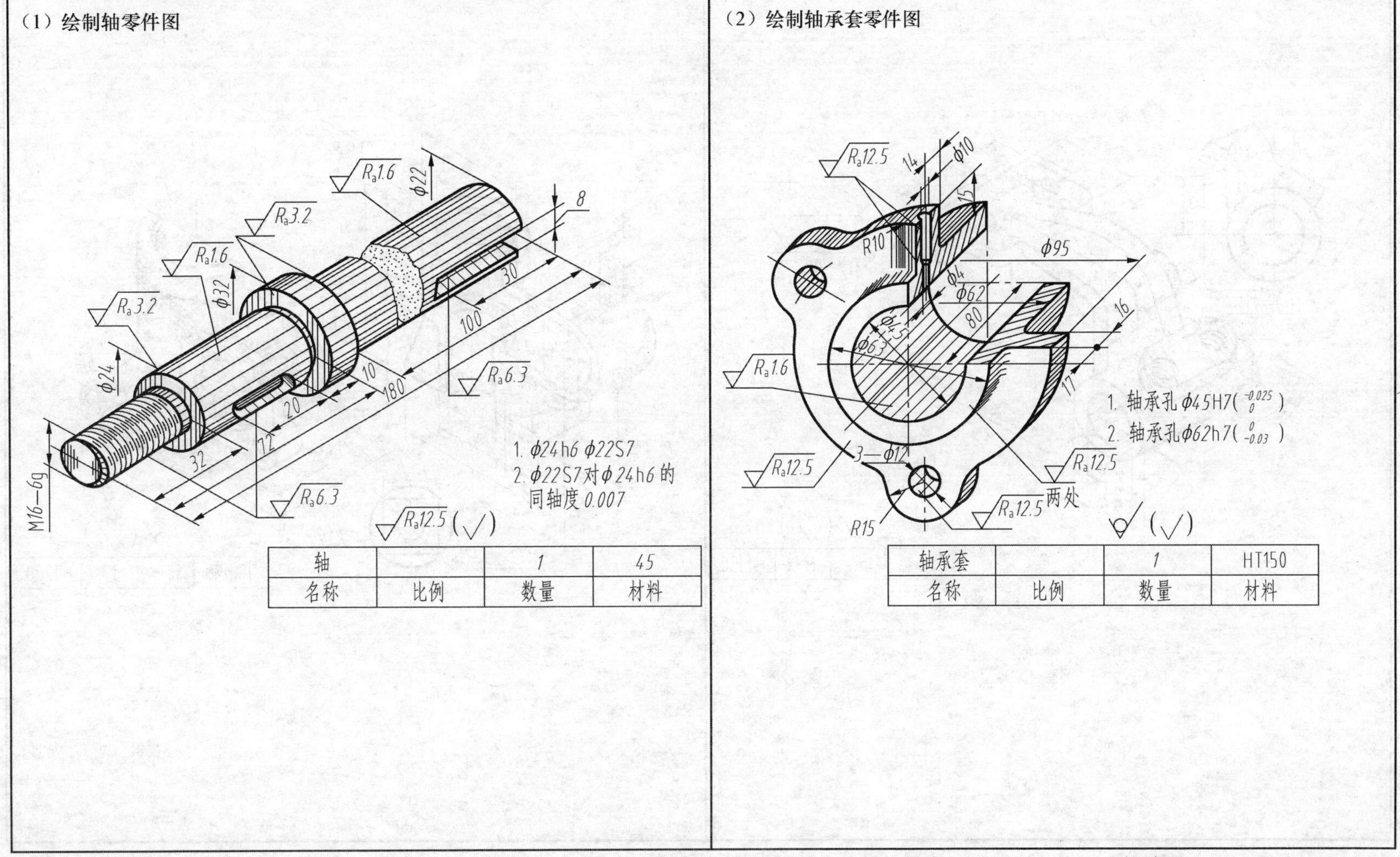

轴		1	45
名称	比例	数量	材料

轴承套		1	HT150
名称	比例	数量	材料

姓名:　　　　　　　　学号:

7.3.2 根据零件轴测图，绘制零件工作图（续）

（3）绘制踏架零件图

（4）绘制阀体零件图

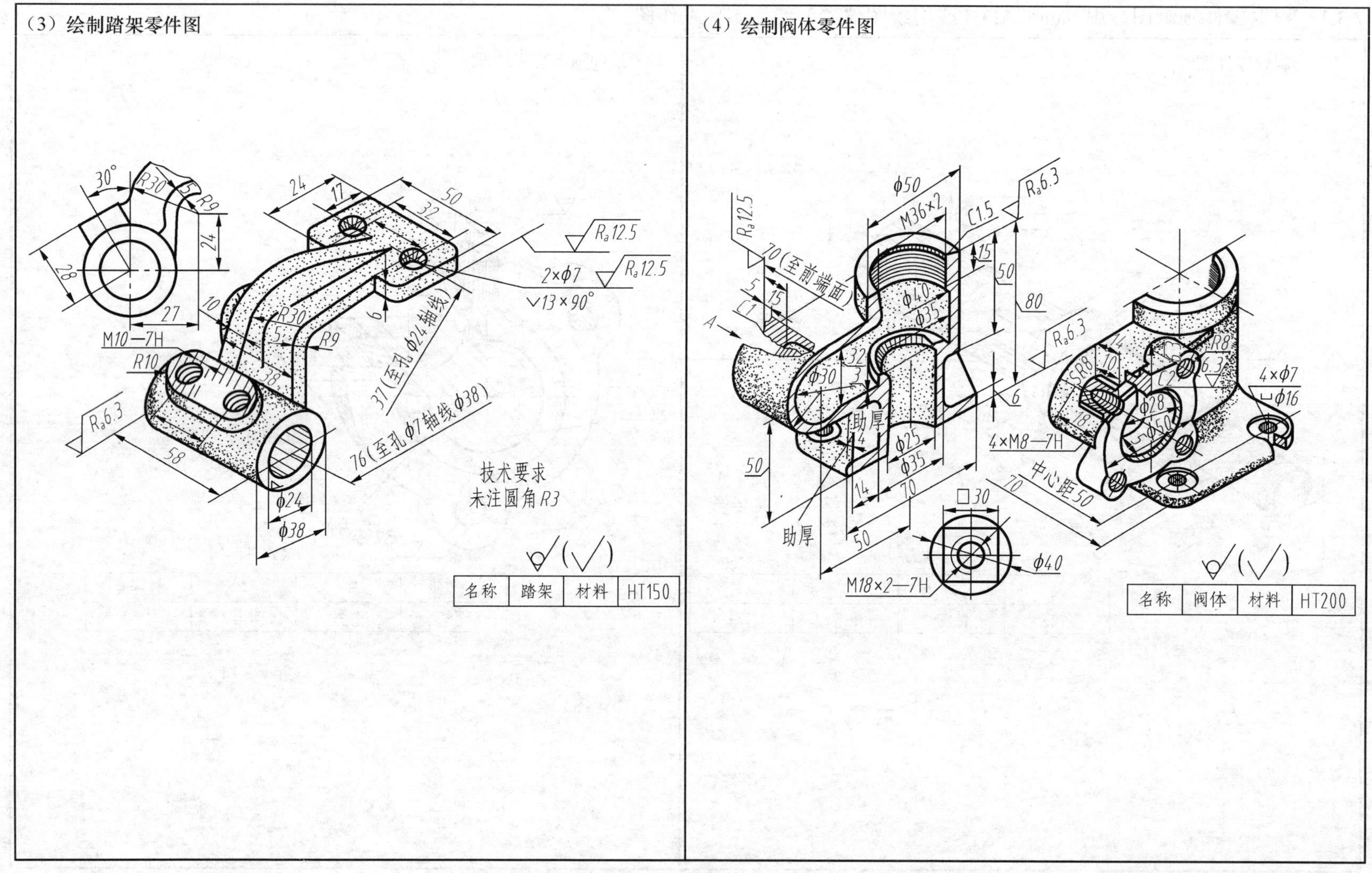

姓名： 学号：

7.4 识读零件图

7.4.1 识读从动轴的零件图

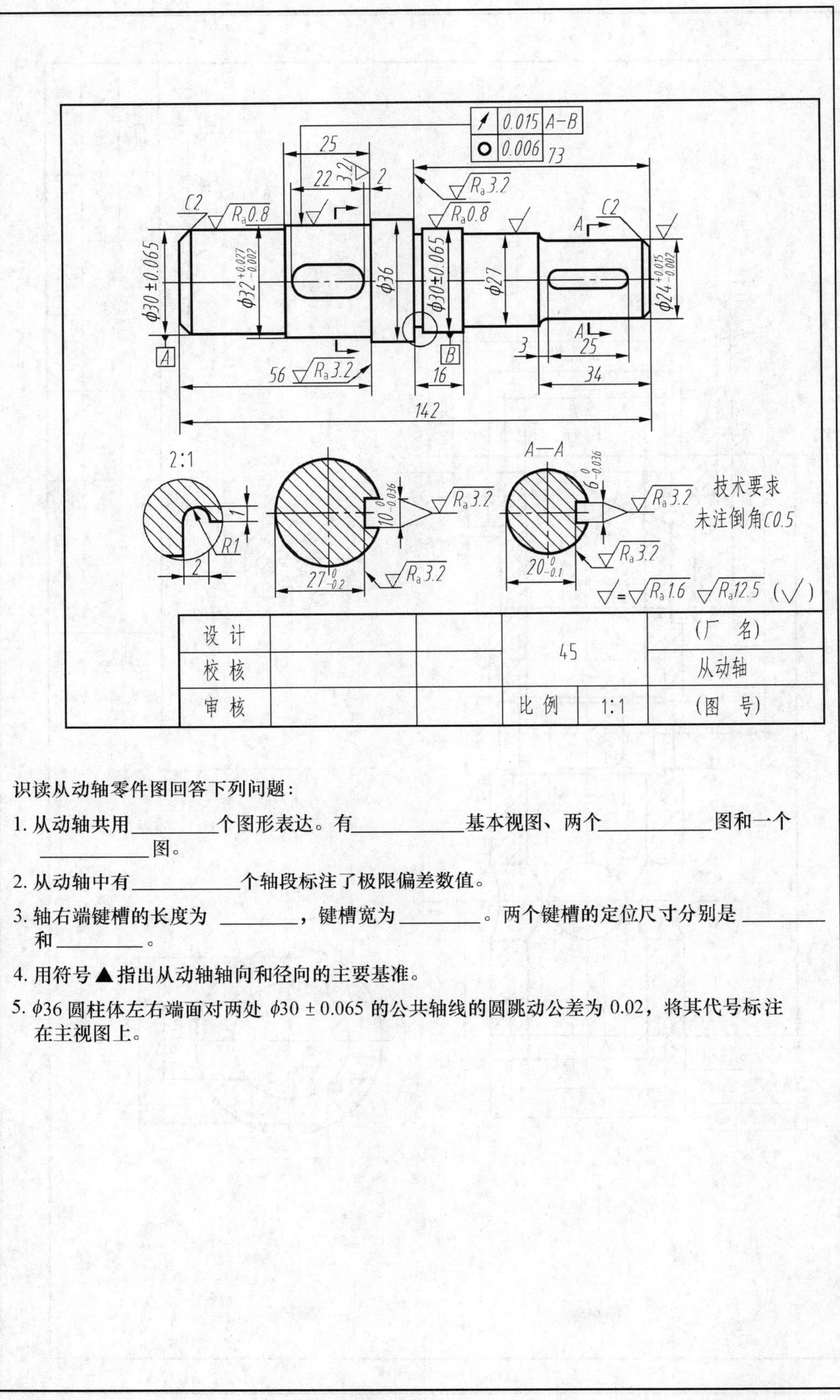

识读从动轴零件图回答下列问题：

1. 从动轴共用____个图形表达。有____基本视图、两个____图和一个____图。

2. 从动轴中有____个轴段标注了极限偏差数值。

3. 轴右端键槽的长度为____，键槽宽为____。两个键槽的定位尺寸分别是____和____。

4. 用符号▲指出从动轴轴向和径向的主要基准。

5. φ36 圆柱体左右端面对两处 φ30 ± 0.065 的公共轴线的圆跳动公差为 0.02，将其代号标注在主视图上。

姓名：　　　　　　学号：

7.4.2 读套筒零件图（一）

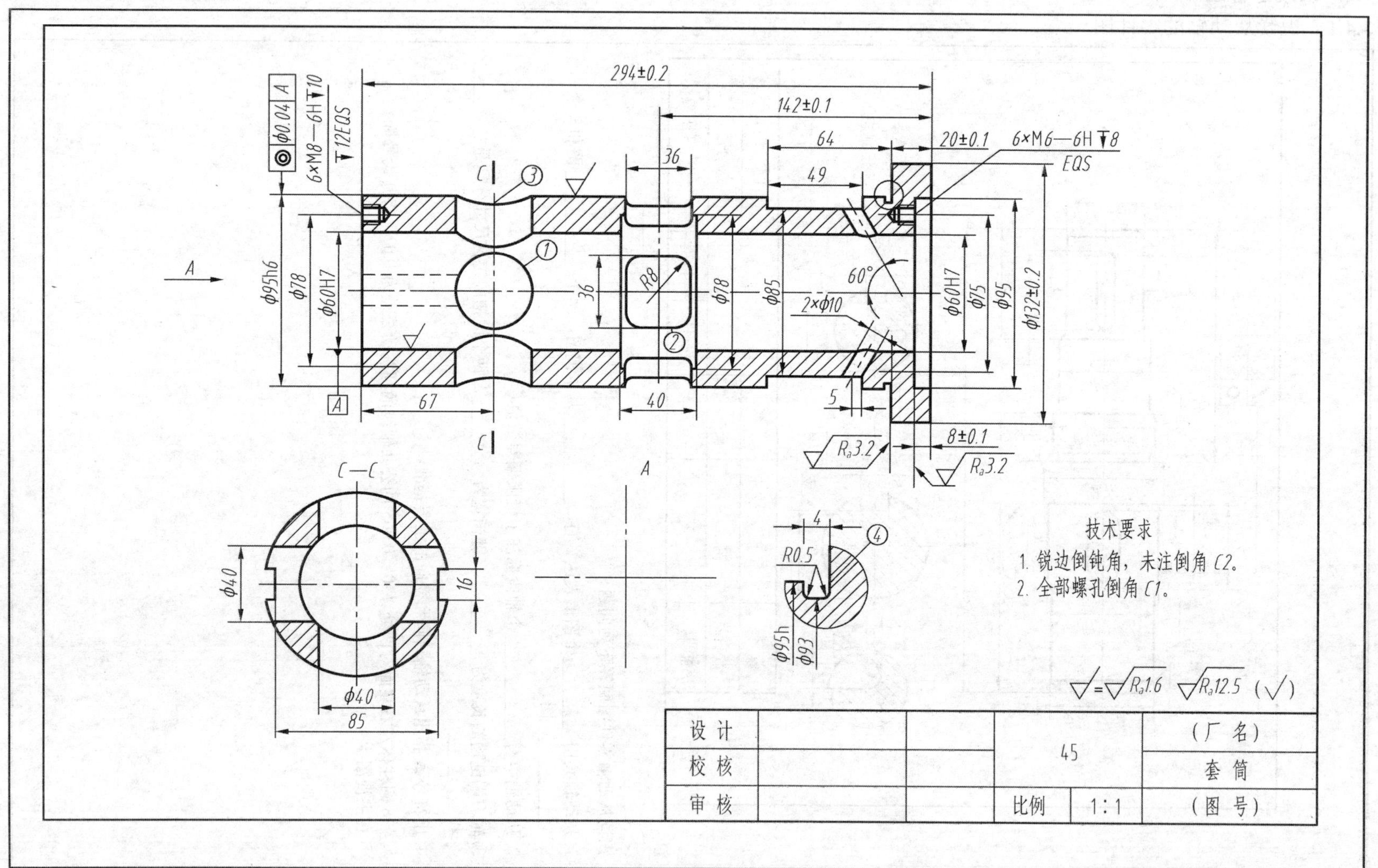

姓名：　　　　　　　　学号：

7.4.2 读套筒零件图（二）

识读套筒零件图，回答下列问题：

1. 用符号▲指出径向与轴向主要尺寸基准。
2. 套筒左端两条虚线之间的距离为______。
3. 图中标有①的直径为________。
4. 图中标有②的线框，其定形尺寸为______，定位尺寸为______。
5. 图中标有③的曲线是由________和__________相交而成的________。
6. 外圆面 $\phi132\pm0.2$ 最大可加工成________，最小可加工成________，公差为_______。
7. 说明符号 | ◎ | $\phi0.04$ | A | 的含义，◎表示_______，$\phi0.04$表示_____，A 是_____。
8. 局部放大图中④所指位置的表面结构要求为________。
9. 靠近右端的 $2\times\phi10$ 孔的定位尺寸为________。
10. 绘出 A 向视图。

7.4.3 读减速箱盖零件图（一）

识读减速箱盖零件图，回答问题：

1. 箱盖零件图共用____个图形表达，主视图和俯视图主要表达外形，左视图是采用两个________的剖切平面剖开后画出的。主视图上共有______处局部剖视，B 向局部视图表达箱盖上部的______。
2. 箱盖零件图上的锥销孔 $2\times\phi3$ 的定位尺寸是______，______；$\dfrac{6\times\phi9}{\sqcup\phi17}$ 中的符号“⊔”含义是_______，该孔的定位尺寸是______，______。
3. 主视图上的尺寸 70 ± 0.08 是箱盖两个半圆孔之间的______尺寸，该尺寸是减速器的规格尺寸（主动轴与从动轴），$\phi47^{+0.007}_{-0.018}$ 和 $\phi62^{+0.019}_{-0.021}$ 圆柱内表面（与滚动轴承外圈相配合）的表面结构要求分别为________、________。
4. 用符号▲指出箱体盖长、宽、高各方向主要尺寸基准，主视图中有_____个定位尺寸，俯视图中有_____个定位尺寸。
5. 代号 | // | $\phi0.05$ | C | 是指 ϕ_____ 的轴线对孔 ϕ_____ 的轴线的_____公差为_____ mm。

姓名：　　　　　　学号：

7.4.3 读减速箱盖零件图（二）

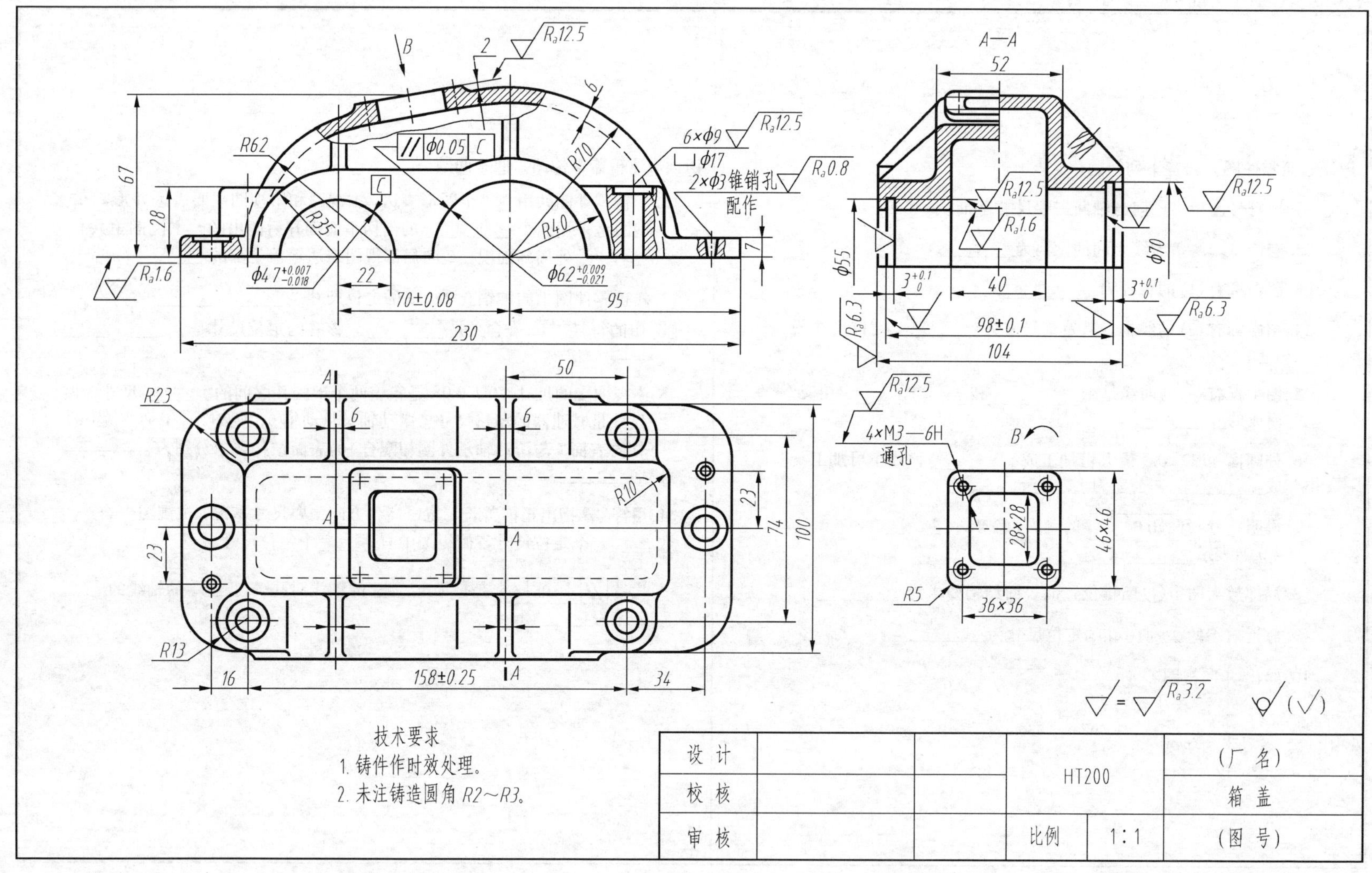

姓名：　　　　学号：

7.4.4 识读泵盖零件图

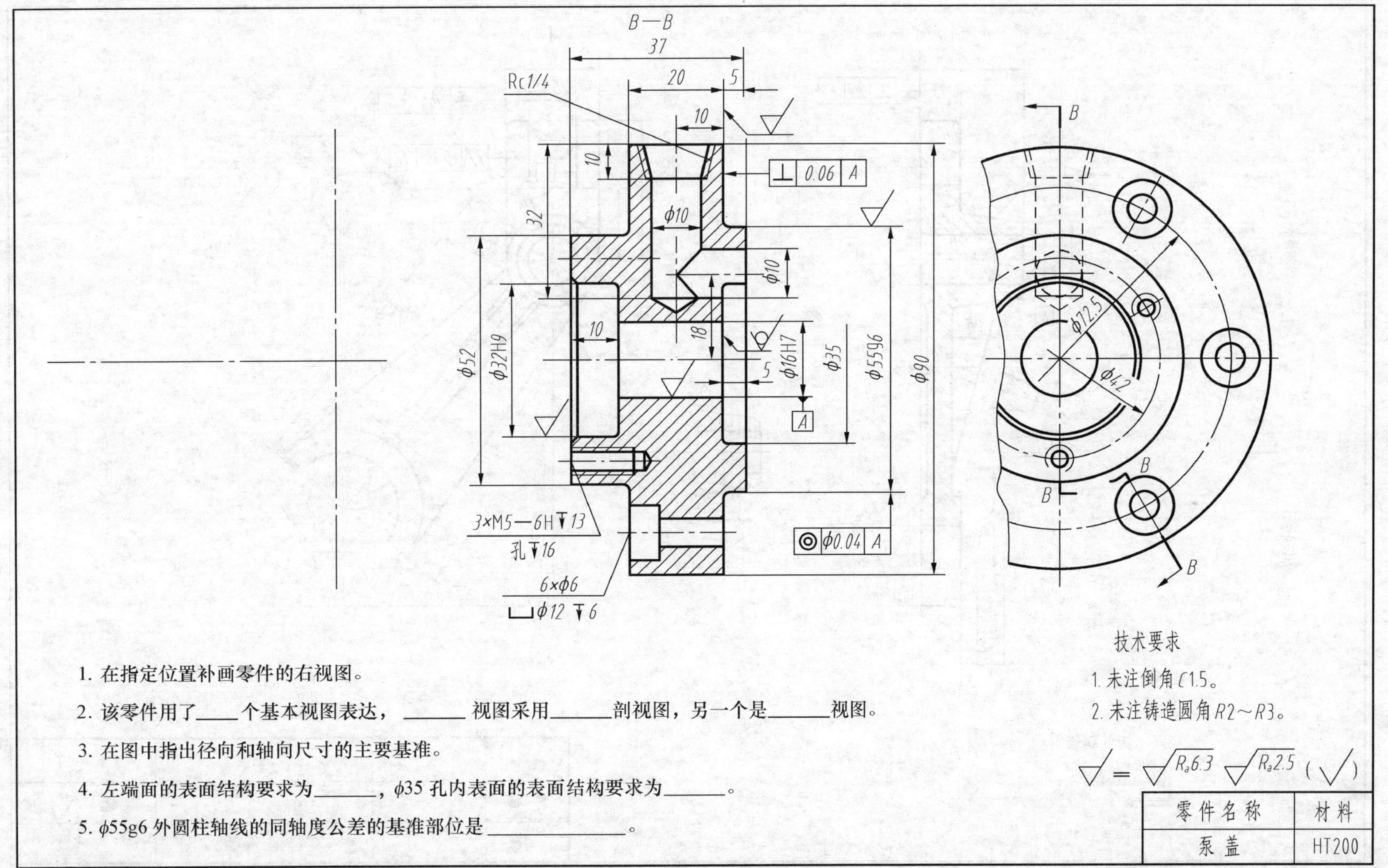

1. 在指定位置补画零件的右视图。

2. 该零件用了____个基本视图表达，______ 视图采用______剖视图，另一个是______视图。

3. 在图中指出径向和轴向尺寸的主要基准。

4. 左端面的表面结构要求为______，φ35 孔内表面的表面结构要求为______。

5. φ55g6 外圆柱轴线的同轴度公差的基准部位是 ____________。

技术要求

1. 未注倒角 C1.5。

2. 未注铸造圆角 R2～R3。

√ = √Ra6.3 √Ra2.5 (√)

零件名称	材料
泵盖	HT200

7.4.5 读拨叉零件图（一）

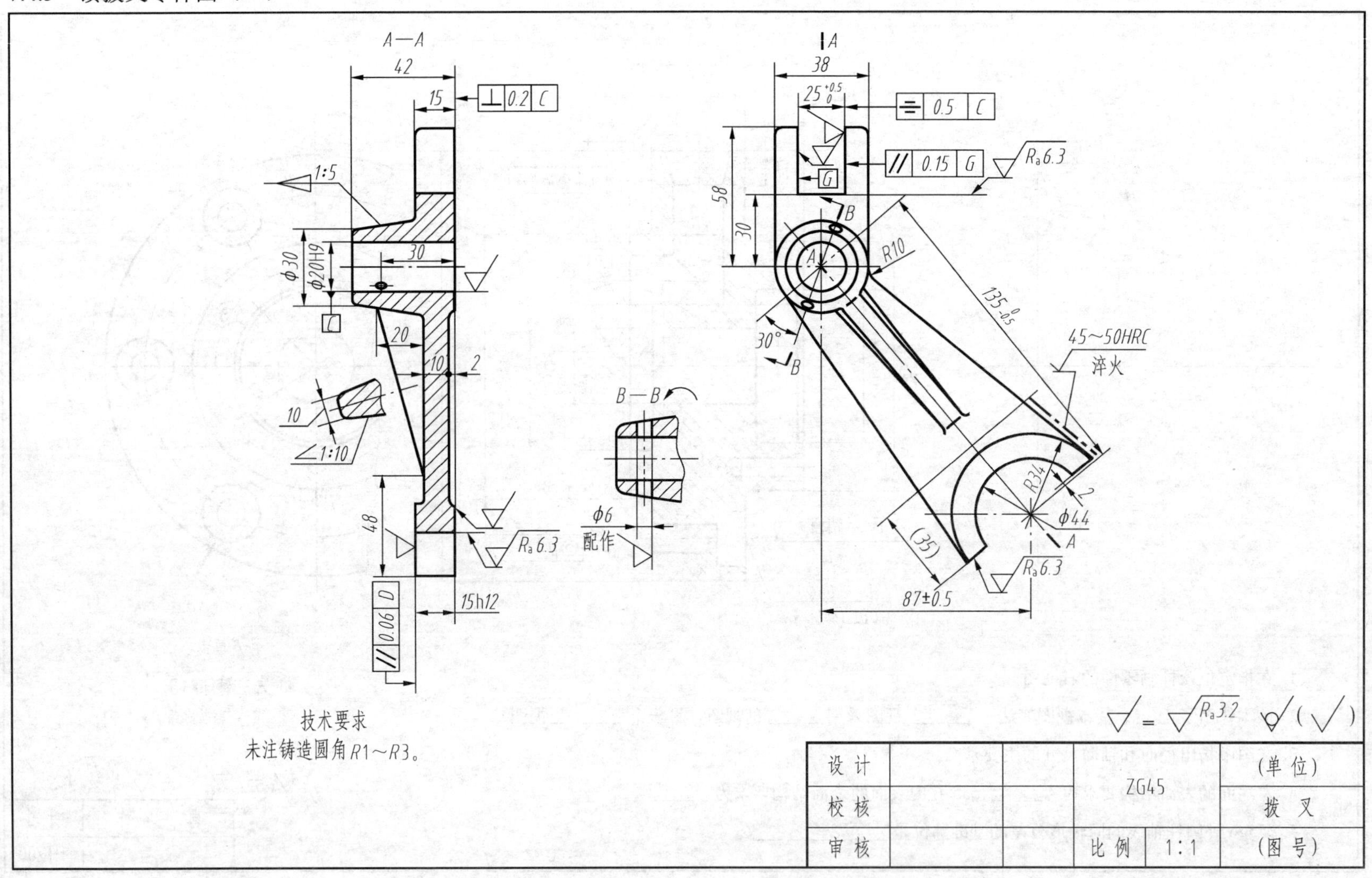

姓名：　　　　学号：

7.4.5 读拨叉零件图（二）

读拨叉零件图回答下列问题：

1. 该零件图共用了______图形表达，图中 *A—A* 是 __________ 剖视图，*B—B* 旋转是__________ 剖视图，肋板断面采用_________图。
2. 用符号▲指出长、宽、高方向的尺寸基准。
3. *B—B* 旋转图中销孔 $\phi6$ 配作的定位尺寸是_________，$\phi44$ 孔的定位尺寸是_________。
4. 尺寸（35）有什么特殊要求：________________________ 。
5. 解释图中 | ⊥ | 0.2 | *C* | 的含义：基准要素是________，被测要素是_________，公差项目是 _________，公差值是________。
6. 孔 ϕ20H9 和半圆孔 $\phi44$ 的表面结构要求代号分别为________、________。
7. ϕ20H9 的最大极限尺寸为 _______，最小极限尺寸为________，H9 是 ______代号，H 是 ______代号，9 是 ______ 代号。

7.4.6 读支架零件图（一）

读支架零件图回答下列问题：

1. 主视图采用了___________ 剖视，表达 ___________，左视图采用了_________ 剖视，表达 _________ 和_________。
2. 零件上有三个沉孔，其大圆直径为__________，小圆直径为___________，三个沉孔的定位尺寸是 _____________。
3. 零件上有 _________个螺孔，其标记为 _________________，定位尺寸是 _____________。
4. 用符号▲指出长、宽、高方向的尺寸基准。
5. 2×M10—7H 的含义：_________个螺纹孔，M 是 _________代号，表示________螺纹，旋向为_________，_________径和_________径的公差带代号均为_________，属_________旋合长度。
6. 孔 ϕ58H7 和孔 $\phi63$ 的表面结构要求代号分别为 ___________、__________。表面结构要求最严的表面是____________，其代号为 ___________。
7. 代号 | // | ϕ0.01 | *A* | 的含义：基准要素是__________，被测要素是___________，公差项目是__________，公差值为___________。

姓名：　　　　　　学号：

7.4.6　读支架零件图（二）

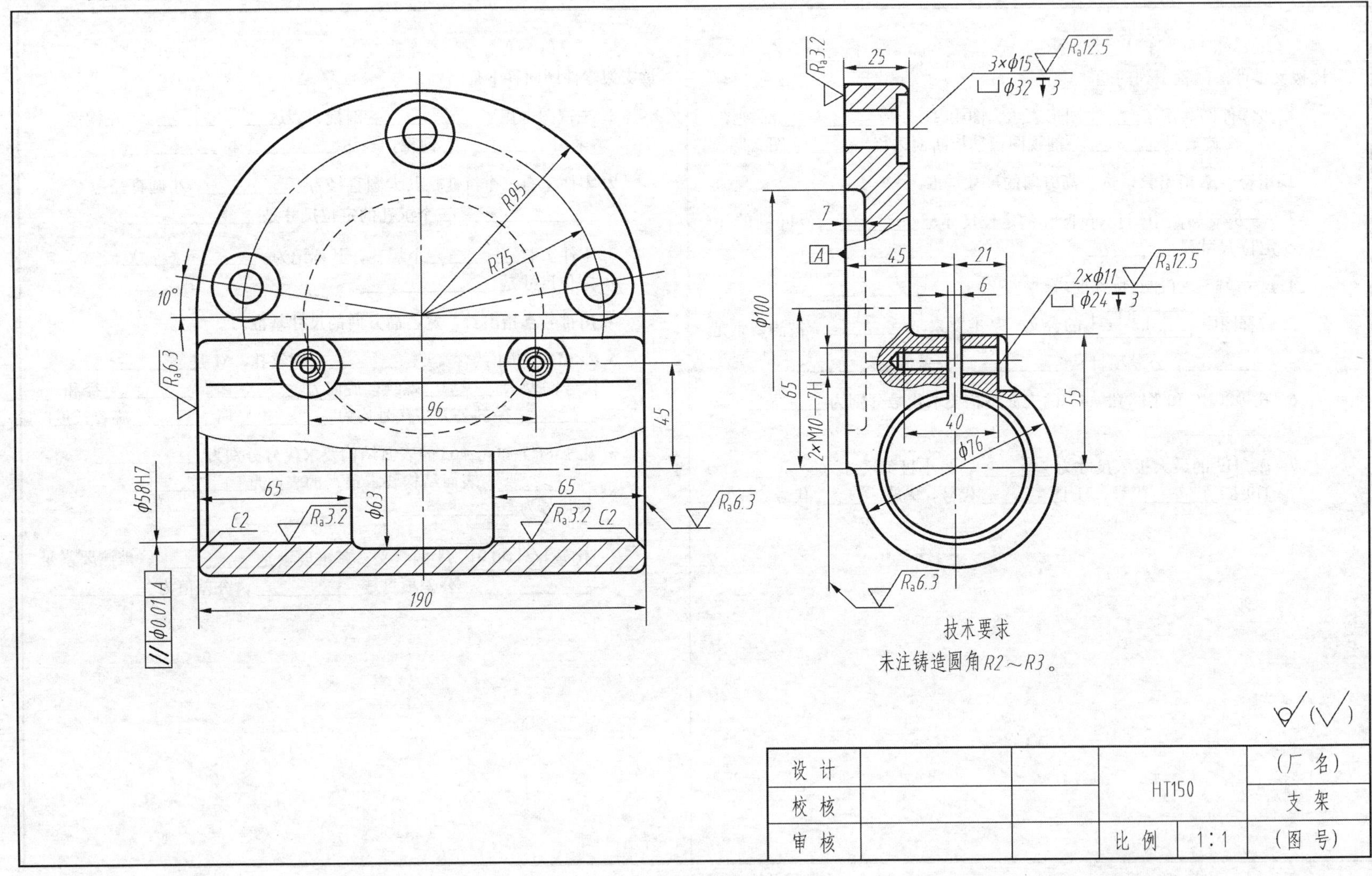

姓名：　　　　学号：

7.4.7 读泵盖零件图

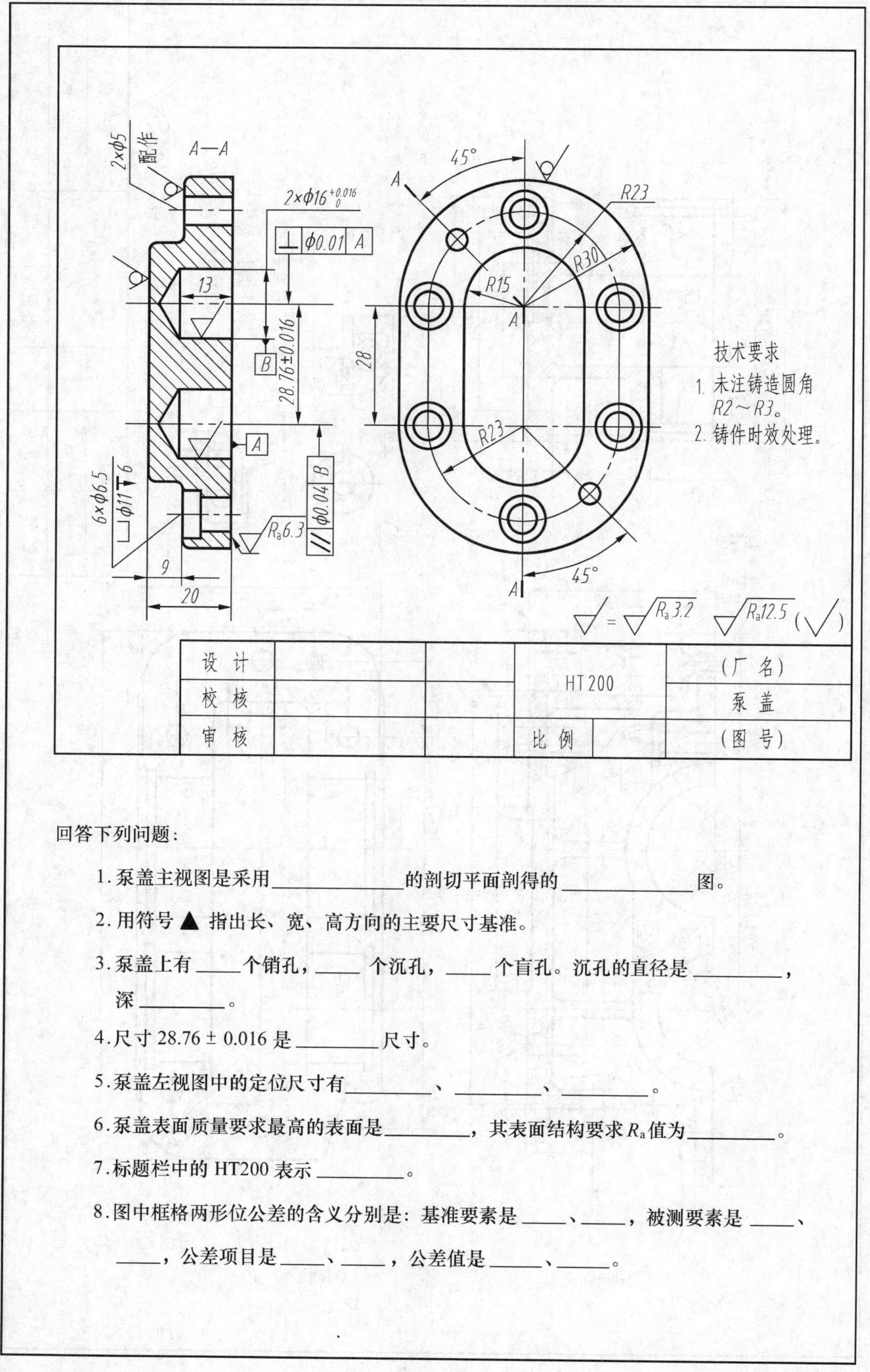

回答下列问题：

1. 泵盖主视图是采用＿＿＿的剖切平面剖得的＿＿＿图。
2. 用符号▲指出长、宽、高方向的主要尺寸基准。
3. 泵盖上有＿＿个销孔，＿＿个沉孔，＿＿个盲孔。沉孔的直径是＿＿＿，深＿＿＿。
4. 尺寸28.76±0.016是＿＿＿尺寸。
5. 泵盖左视图中的定位尺寸有＿＿＿、＿＿＿、＿＿＿。
6. 泵盖表面质量要求最高的表面是＿＿＿，其表面结构要求 R_a 值为＿＿＿。
7. 标题栏中的HT200表示＿＿＿。
8. 图中框格两形位公差的含义分别是：基准要素是＿＿＿、＿＿＿，被测要素是＿＿＿、＿＿＿，公差项目是＿＿＿、＿＿＿，公差值是＿＿＿、＿＿＿。

姓名：　　　　　　学号：

7.4.8　读箱体零件图(一)

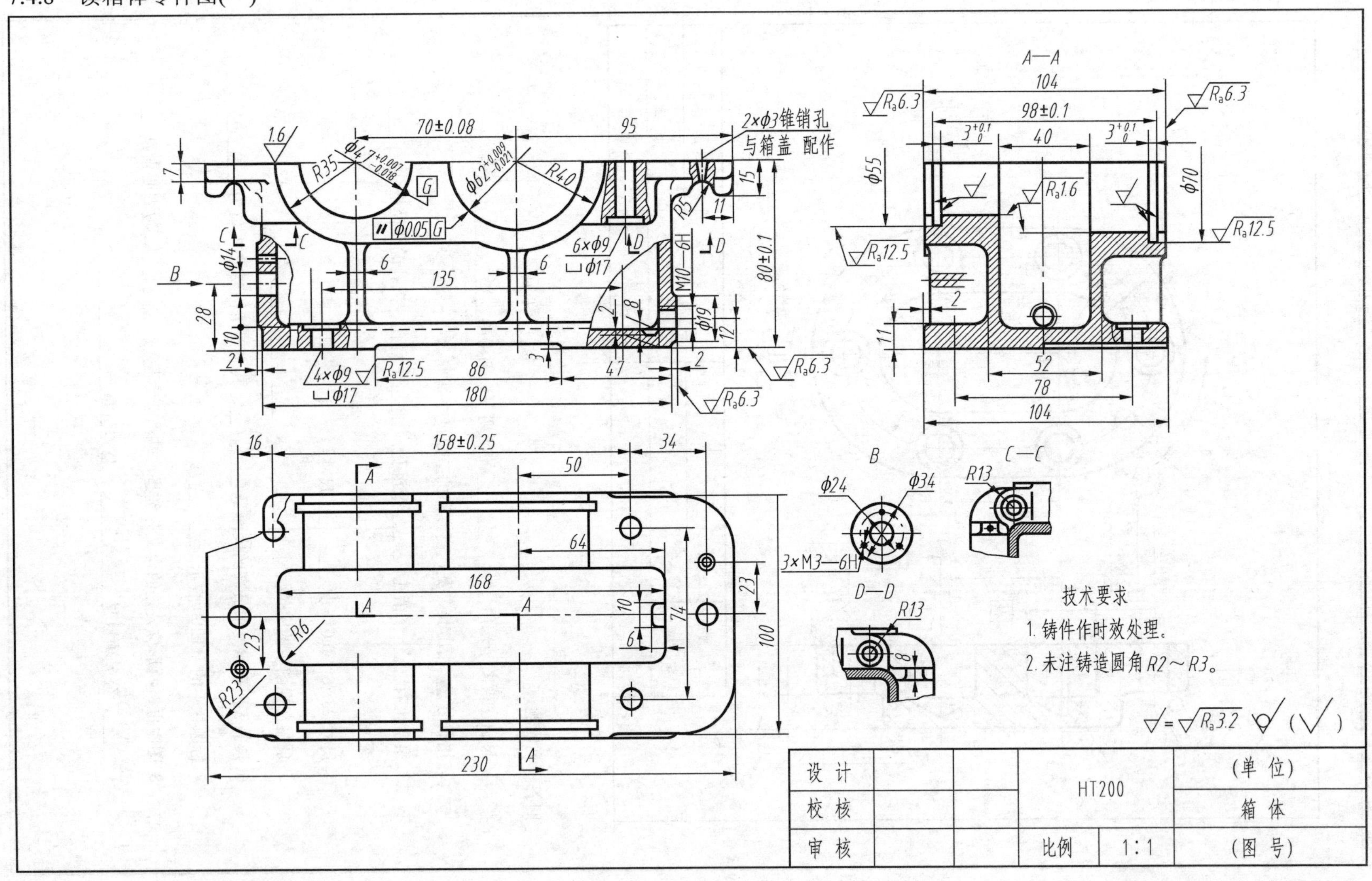

姓名:　　　　　学号:

7.4.8 读箱体零件图（二）

箱体类零件图比较复杂，识读减速器箱体零件图时，除了对照减速器装配图外，还要联系减速器箱盖和轴的零件图对照识读。

箱体与箱盖的对应部分如 $\phi 47^{+0.007}_{-0.018}$、$\phi 62^{+0.009}_{-0.021}$ 座孔等完全对应一致。

回答下列问题：

1. 箱体零件图共用____个图形表达。主视图上有____处局部剖视，$C-C$ 和 $D-D$ 局部剖视表示____个 ϕ____的沉孔细部结构，$C-C$ 剖视图中的小圆是______孔的位置。
2. 用符号▲指出箱体长、宽、高方向的主要尺寸基准，主视图上有____个定位尺寸，俯视图上有____个定位尺寸，左视图上有____个定位尺寸。
3. 箱体零件图中有____处尺寸注有极限偏差数值，说明它们与其他零件有__________关系，其中表面结构要求最严的 R_a 的上限值为______ μm。
4. 对箱体零件图作了大致了解后，再对箱体的结构形状作深入分析。

（1）联系主视图、左视图可知，俯视图中间的矩形线框（四周圆角）是容纳一对啮合齿轮和贮存润滑油的油槽，油槽的尺寸：长____、宽____、深____，油槽的壁厚为____。

（2）油槽左壁 $\phi 14$ 观察孔的结构形状和尺寸由________图表示。右壁下部 M10—6H（放油）孔左边凹坑的尺寸：长_____、宽____、深____，它的作用是______________________。

（3）油槽四周的突出部分是为了便于与箱体________连接而设置的连接板，连接板上有两个________孔和六个________孔，它们的尺寸和数量在________视图上表示。

（4）左视图上前后对称、宽度为 $3^{+0.1}_{0}$ 槽的作用是____________________。

（5）主视图上的 $\dfrac{4\times\phi 9}{\sqcup\ \phi 17}$ 是箱体底座的______孔，它们的定位尺寸是________和________。

（6）为增加上下两部分的强度，中部设有______条加强肋，在左视图上用________图表达。

姓名：　　　　　　学号：

第8章 装 配 图

8.1 常见装配结构的画法

8.1.1 螺栓连接（一）

（1）分析螺栓连接视图中的错误，补全所缺的图线

（2）分析双头螺柱连接视图中的错误，将正确的视图画在右边指定位置

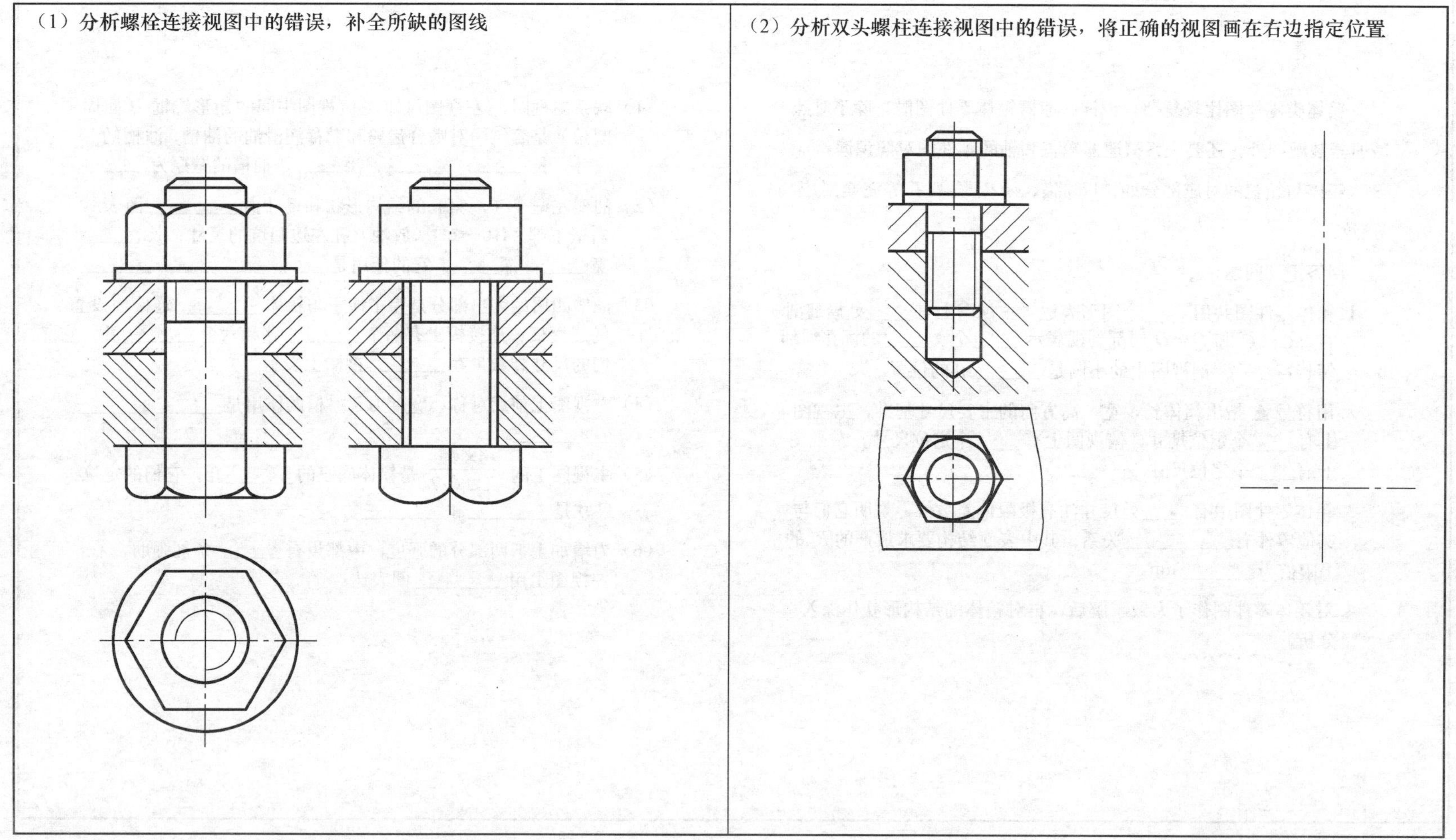

姓名：　　　　　　学号：

8.1.2　螺栓连接（二）

（1）选用一副合适的螺栓将零件夹紧在轴 2 上（尺寸从教材附录表中查取）	（2）补全下面图中所缺的图线（螺钉 GB68 M12×40）

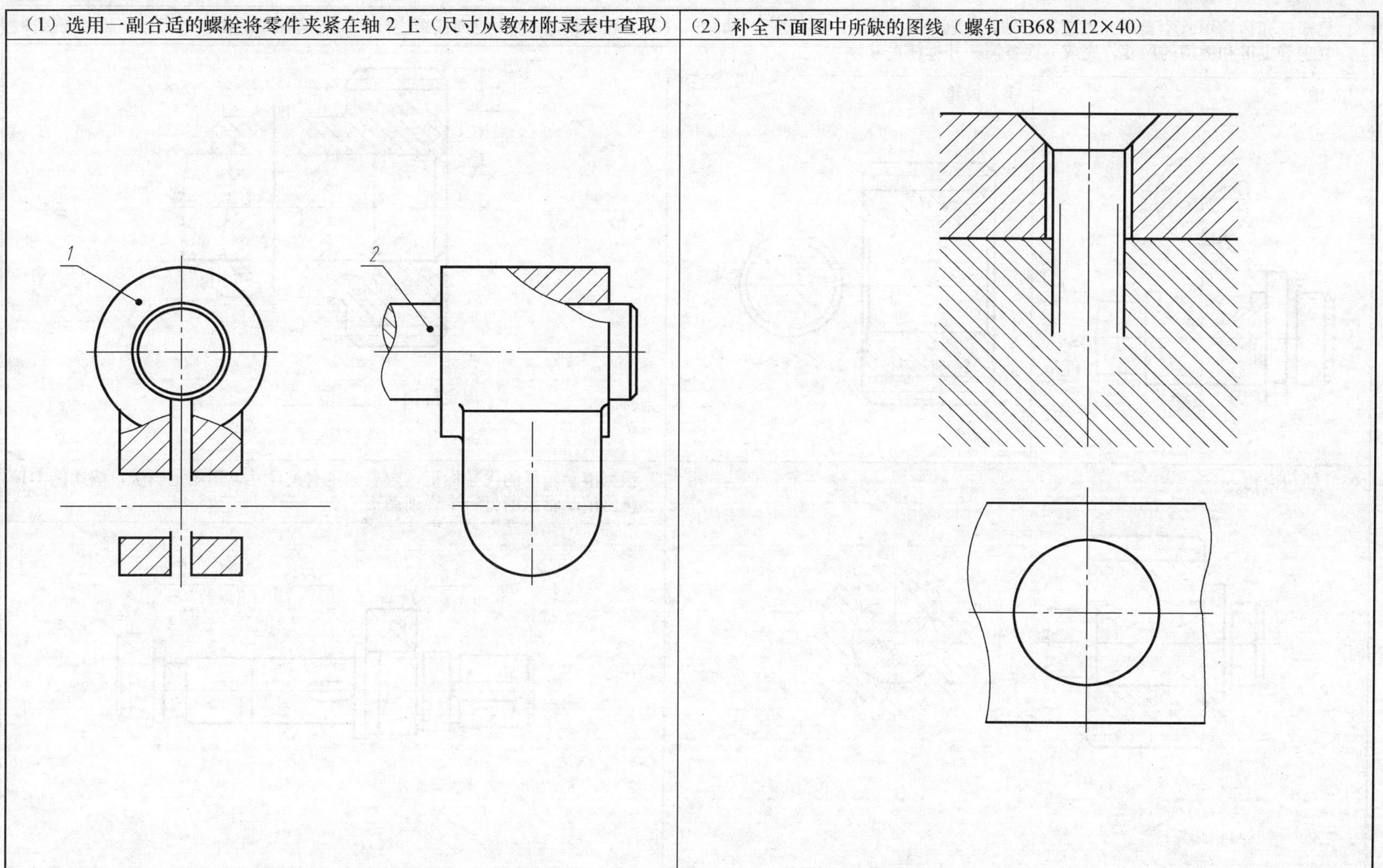

姓名：　　　　　　学号：

8.1.3 键、销连接及滚动轴承

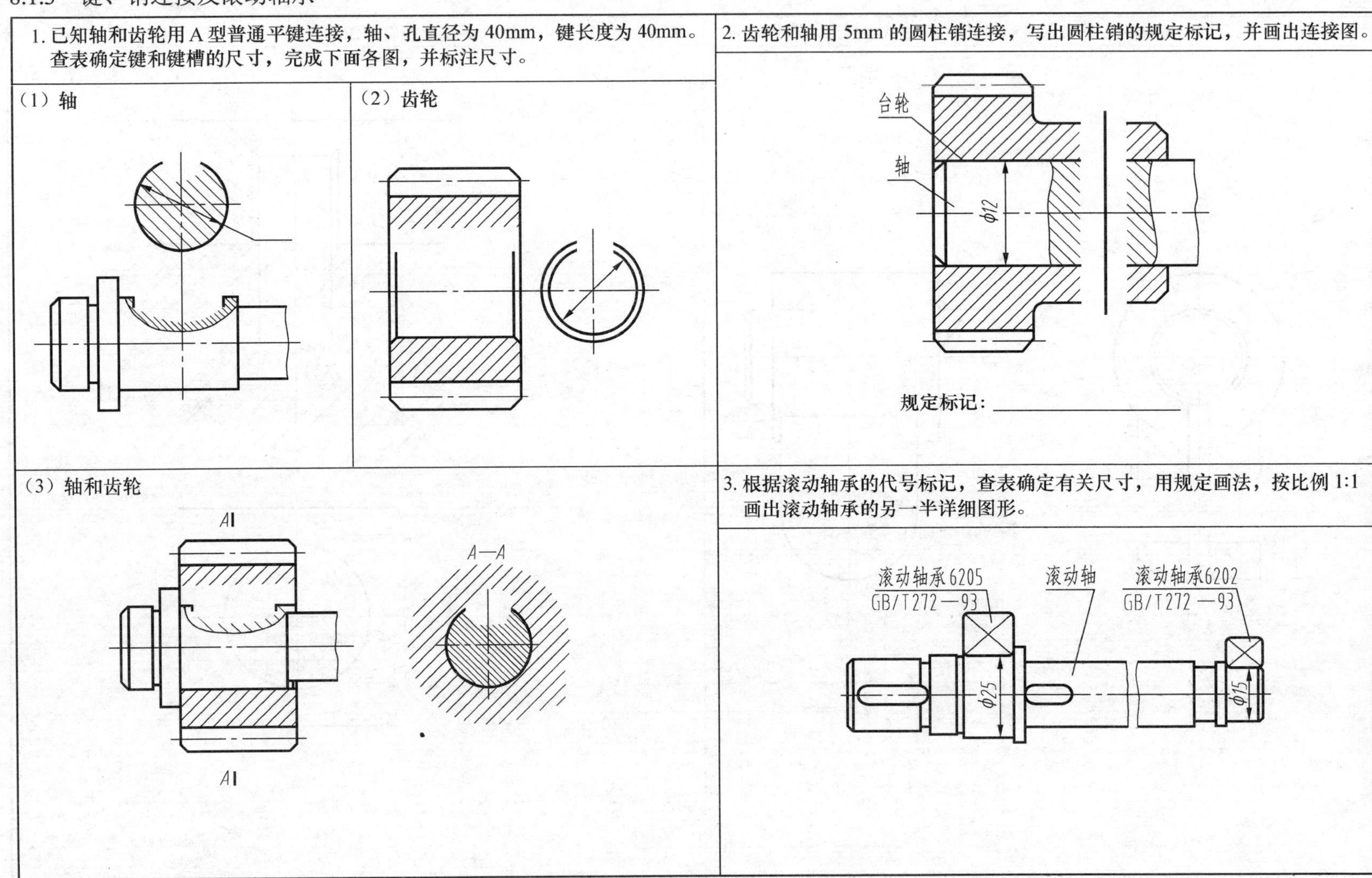

姓名：　　　　　　　学号：

8.2 绘制装配图

8.2.1 参照下图左上角装配示意图，将右边 6 个零件分别装入螺旋座中（按图形 1:1 抄绘）

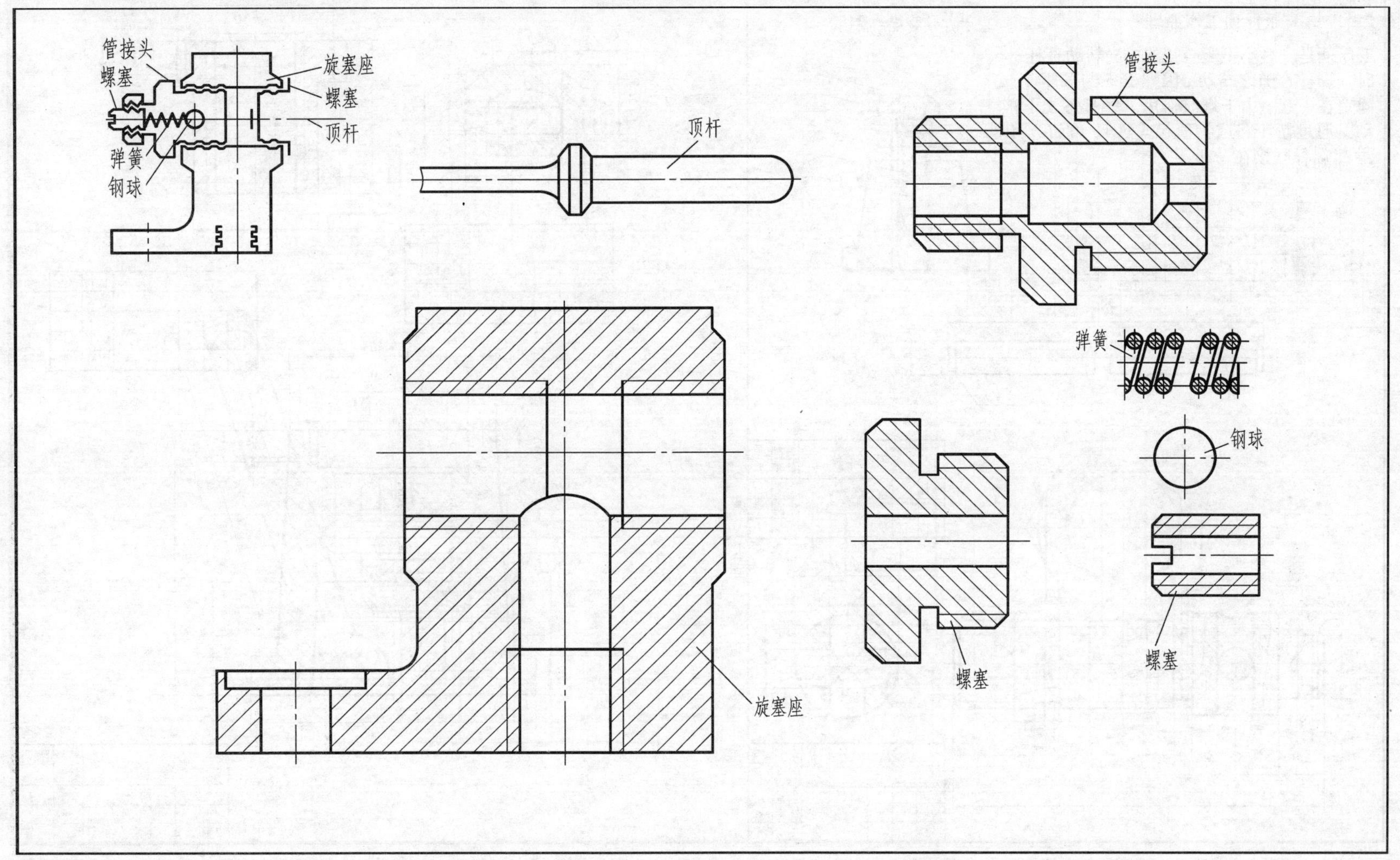

姓名： 学号：

8.2.2　根据千斤顶零件图，用 AutoCAD 或绘图仪器绘制装配图

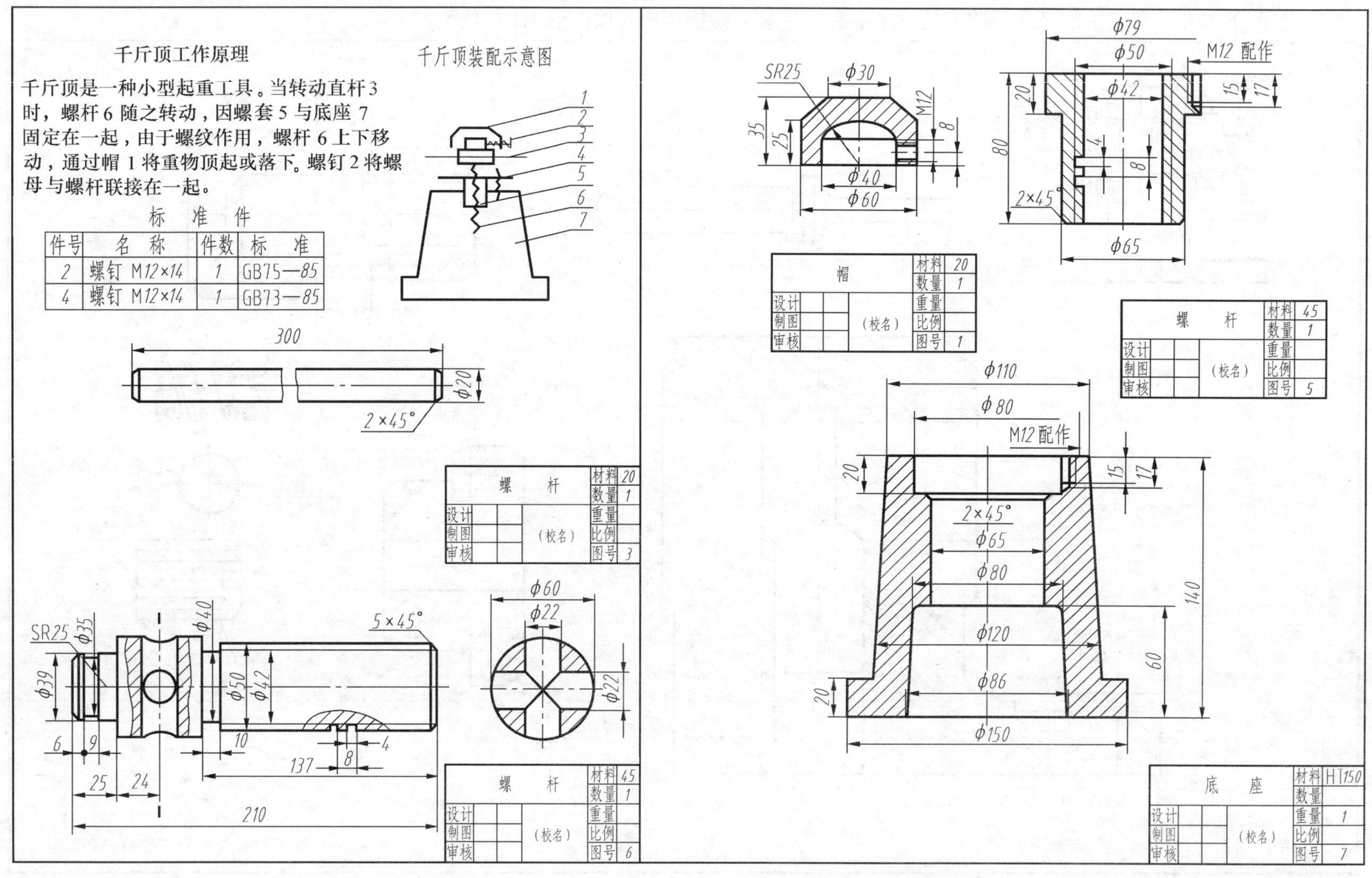

千斤顶工作原理

千斤顶是一种小型起重工具。当转动直杆 3 时，螺杆 6 随之转动，因螺套 5 与底座 7 固定在一起，由于螺纹作用，螺杆 6 上下移动，通过帽 1 将重物顶起或落下。螺钉 2 将螺母与螺杆联接在一起。

标　准　件

件号	名　称	件数	标　准
2	螺钉 M12×14	1	GB75—85
4	螺钉 M12×14	1	GB73—85

姓名：　　　　　　　　学号：

8.2.3 部件测绘指导书

作业指导书

一、目的

1. 熟悉装配体测绘的方法和步骤；
2. 熟悉装配图的绘制方法；
3. 综合运用所学过的知识。

二、内容

1. 按教师指定的装配体，绘制装配示意图及全部零件草图（不含标准件）；
2. 根据零件草图绘制装配草图；
3. 根据零件草图和装配草图，绘制装配图；
4. 画出全部零件工作图，完成装配体的全套图纸（不含标准件）。

三、要求

1. 零件草图一律画在 A3 幅面图纸上，如零件较小，可以分格绘制，每一格内只画一个零件；
2. 装配草图及装配图的幅面自己选定；
3. 将全套图纸装订成册（按 A3 幅面图纸横放）。

四、注意事项

1. 应注意相关零件间的尺寸公差和表面粗糙度要求的协调问题。
2. 标准件需测得其规格尺寸，查对有关标准，记下画图时需用的尺寸，以便在绘制装配图时取用。
3. 不拆卸的零件，草图要分开绘制。
4. 对各个零件，特别是精度高、体积小的零件，以及测量用具，要注意保管。
5. 零件草图全部完成后，应装订成册。
6. 绘制装配草图之前，应全面考虑视图的安排。
7. 应注意同一零件在各剖视图中，其剖面线方向、间隔应保持一致。

姓名：　　　　　　学号：

8.2.4 根据给定的零件图，抄画机用虎钳装配图（自选图幅、比例）

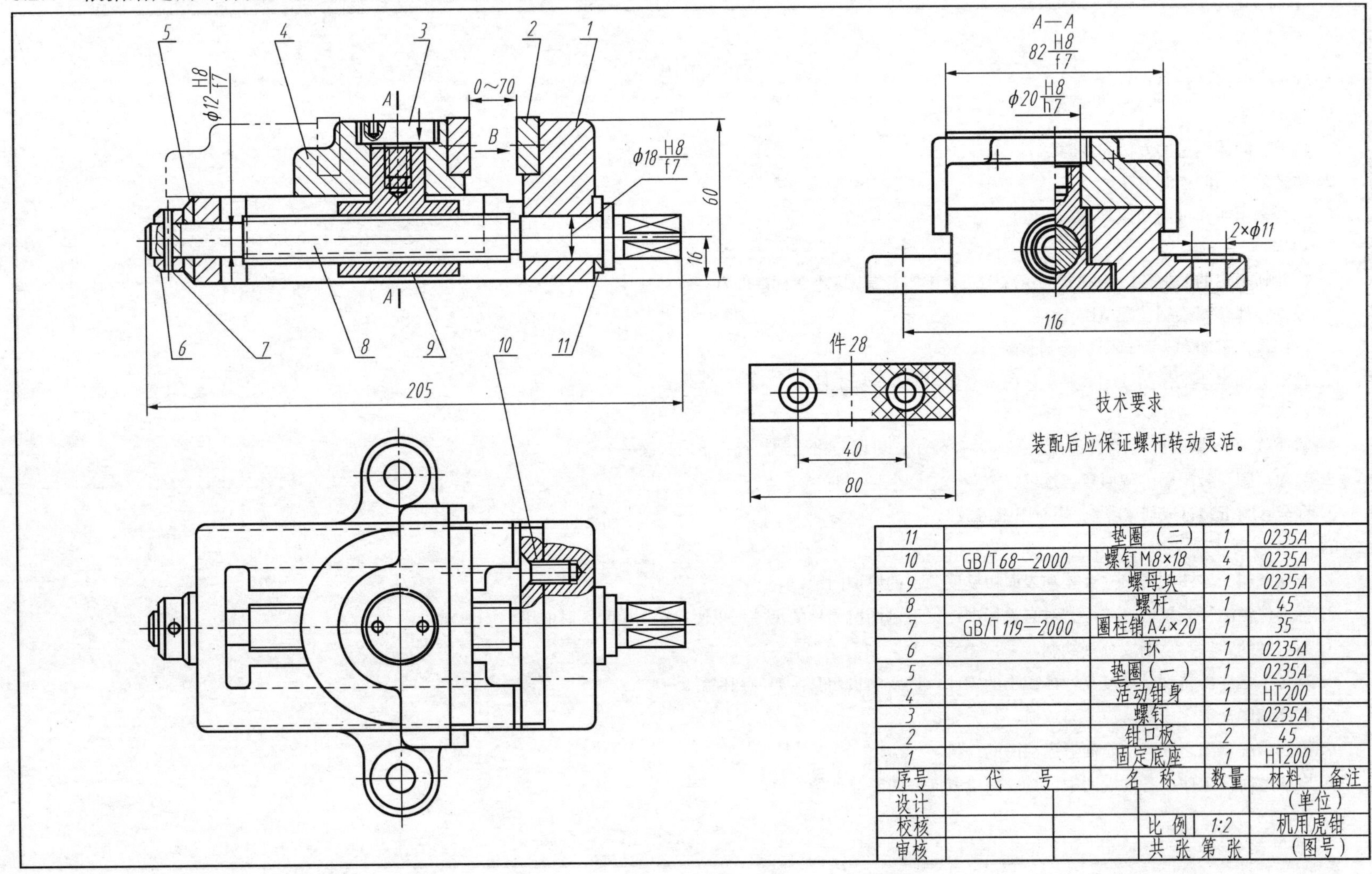

11		垫圈（二）	1	Q235A	
10	GB/T68—2000	螺钉M8×18	4	Q235A	
9		螺母块	1	Q235A	
8		螺杆	1	45	
7	GB/T119—2000	圆柱销A4×20	1	35	
6		环	1	Q235A	
5		垫圈（一）	1	Q235A	
4		活动钳身	1	HT200	
3		螺钉	1	Q235A	
2		钳口板	2	45	
1		固定底座	1	HT200	
序号	代号	名称	数量	材料	备注

设计			（单位）
校核		比例 1:2	机用虎钳
审核		共 张 第 张	（图号）

姓名：　　　　学号：

8.2.4 根据给定的零件图，抄画机用虎钳装配图（续一）

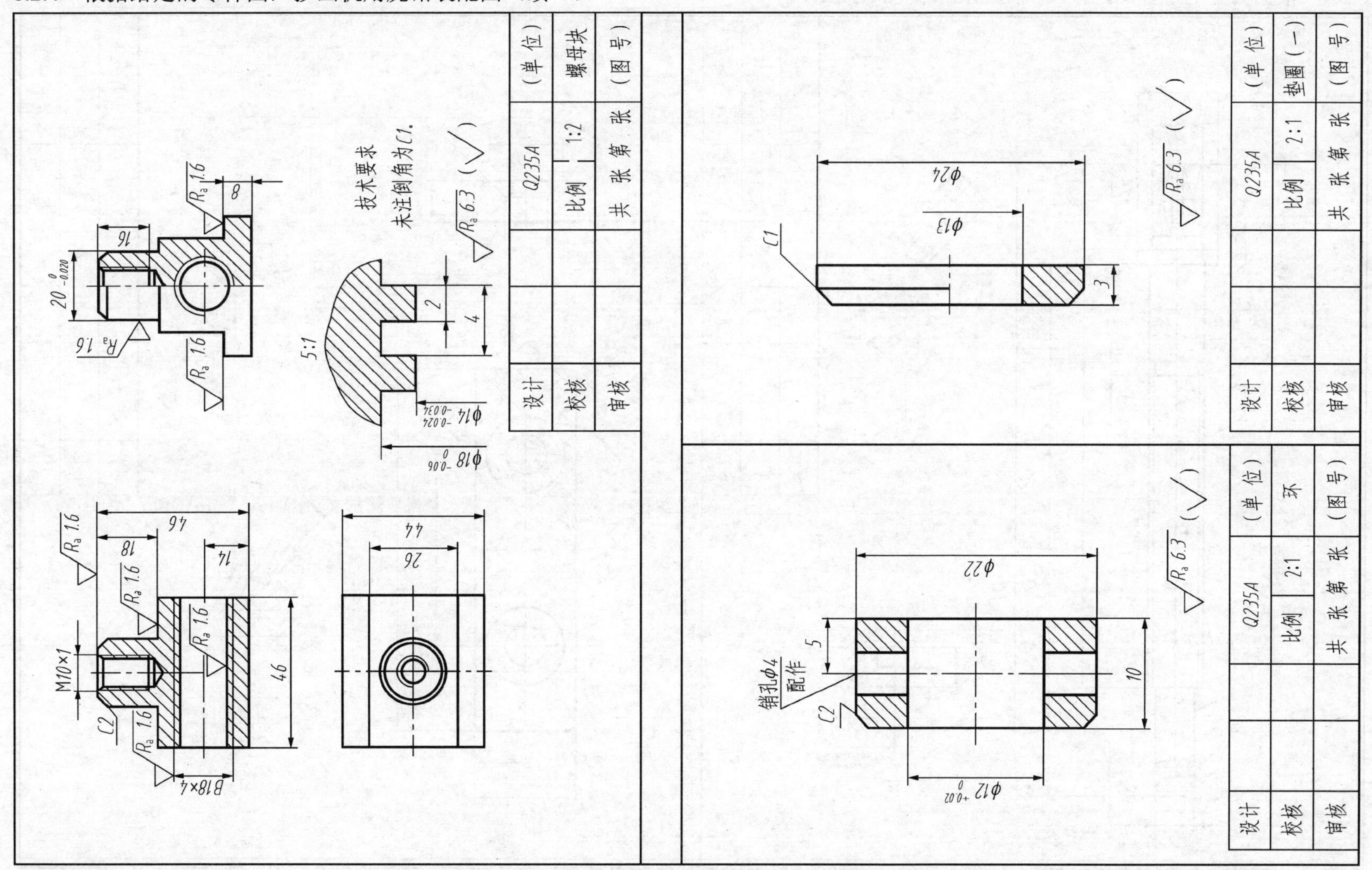

姓名：　　　　　　　　学号：

8.2.4 根据给定的零件图，抄画机用虎钳装配图（续二）

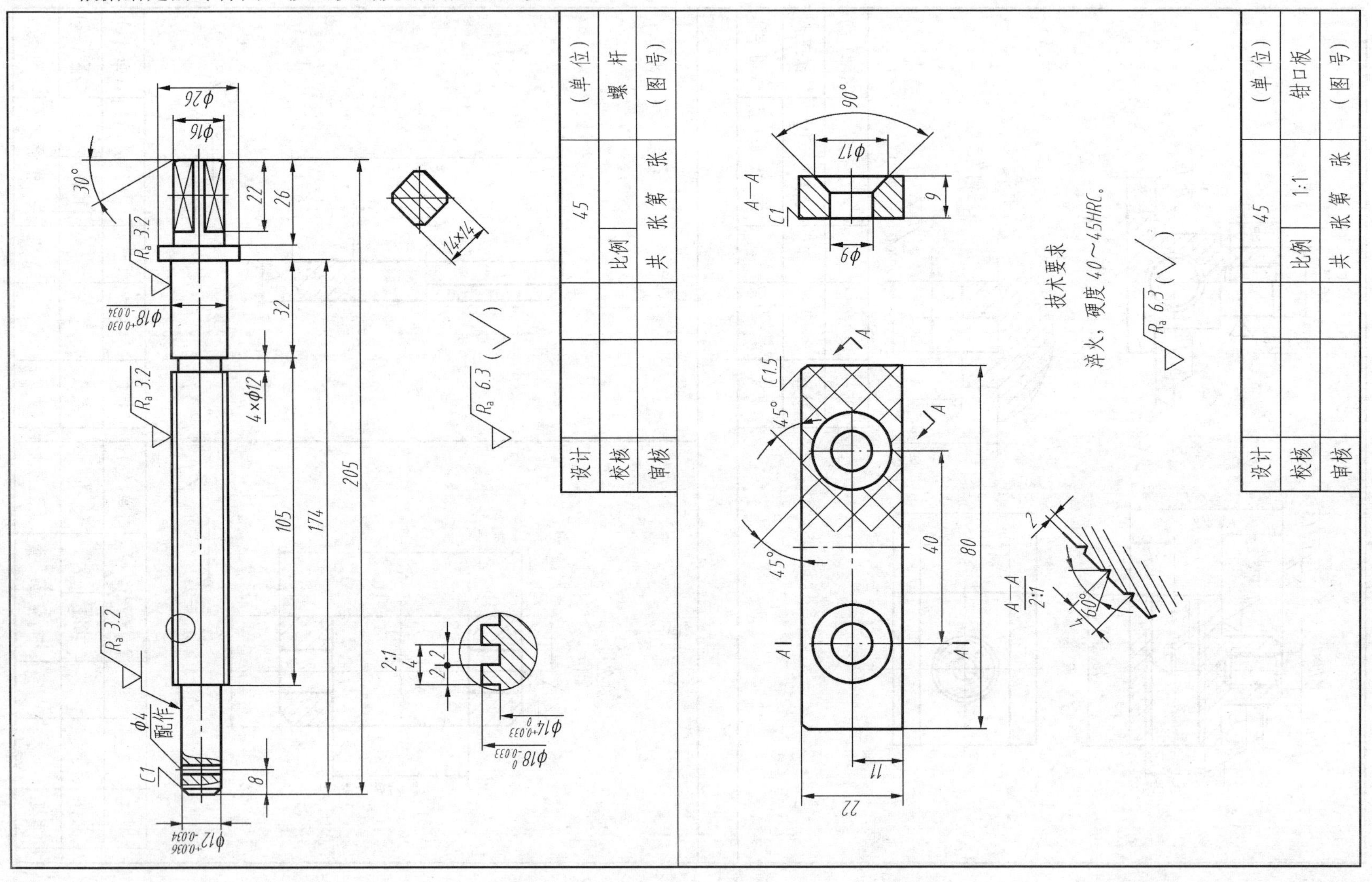

姓名: 学号:

8.2.4 根据给定的零件图，抄画机用虎钳装配图（续三）

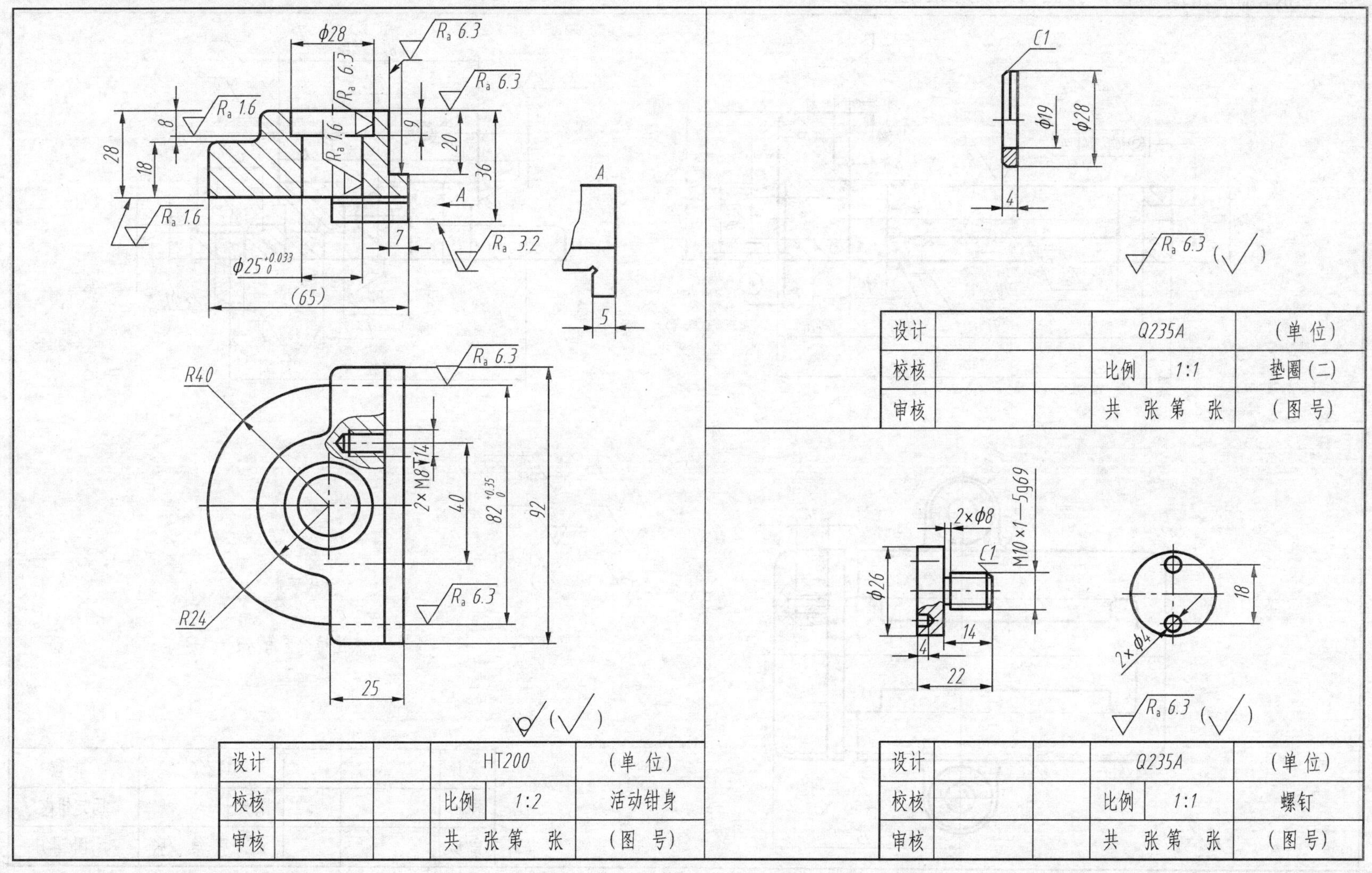

设计			HT200		(单 位)
校核			比例	1:2	活动钳身
审核			共 张第 张		(图 号)

设计			Q235A		(单 位)
校核			比例	1:1	垫圈(二)
审核			共 张第 张		(图 号)

设计			Q235A		(单 位)
校核			比例	1:1	螺钉
审核			共 张第 张		(图 号)

姓名：　　　　学号：

8.2.4 根据给定的零件图，抄画机用虎钳装配图（续四）

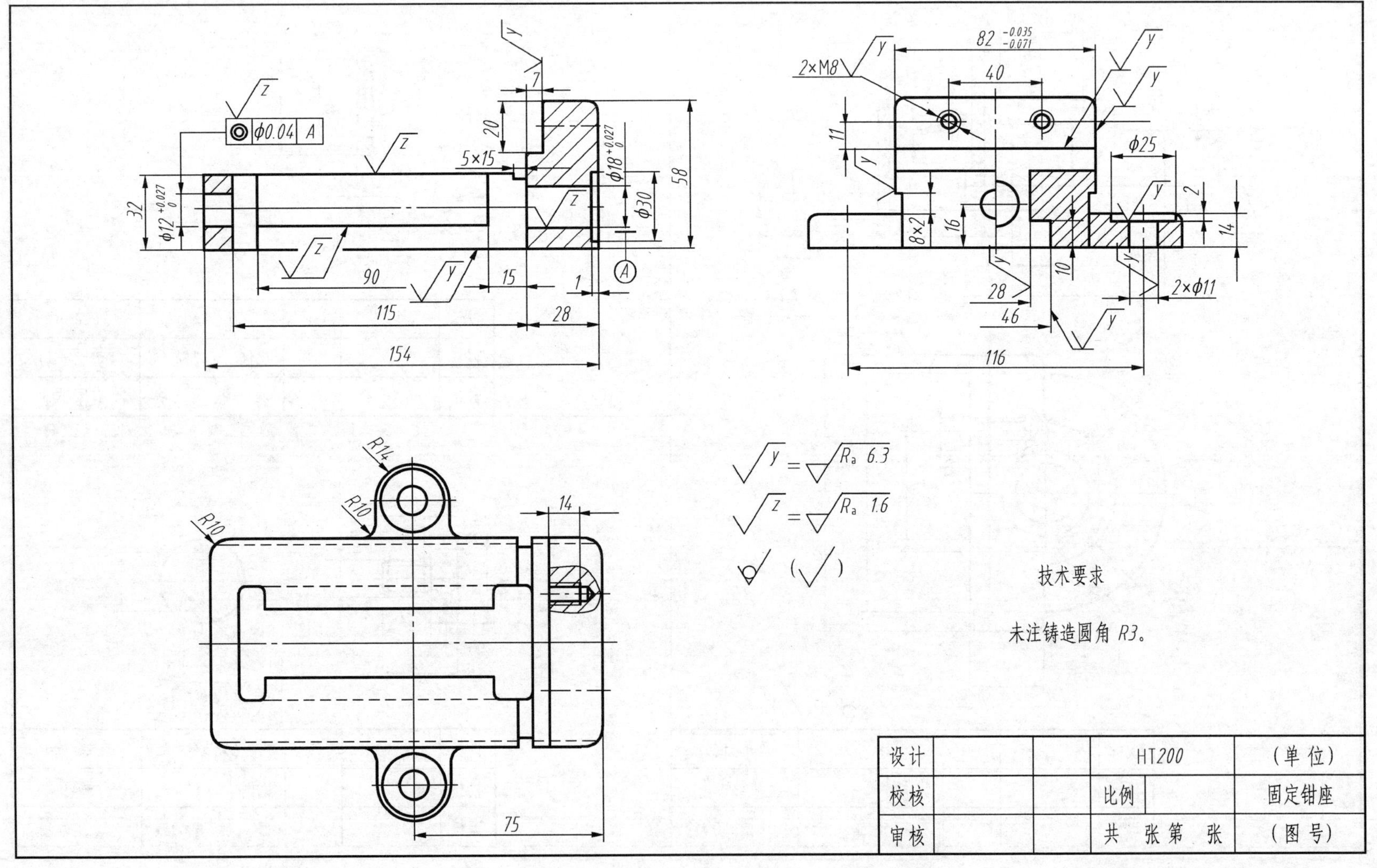

设计			HT200	（单位）
校核			比例	固定钳座
审核			共 张 第 张	（图号）

姓名： 学号：

8.3 识读装配图

8.3.1 识读铣刀头装配图，回答问题

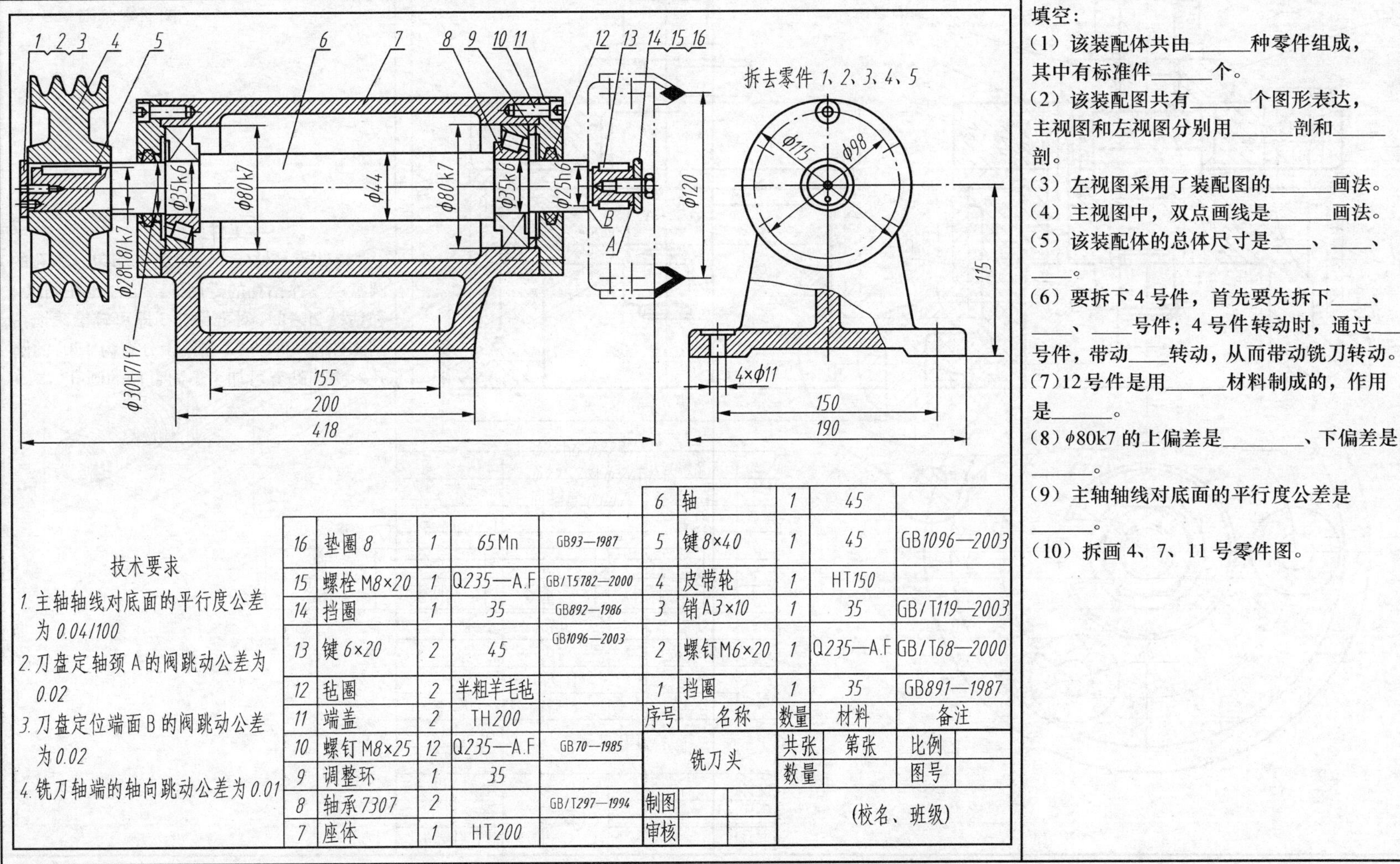

技术要求

1. 主轴轴线对底面的平行度公差为 0.04/100
2. 刀盘定轴颈 A 的阀跳动公差为 0.02
3. 刀盘定位端面 B 的阀跳动公差为 0.02
4. 铣刀轴端的轴向跳动公差为 0.01

序号	名称	数量	材料	备注
16	垫圈 8	1	65Mn	GB93—1987
15	螺栓 M8×20	1	Q235—A.F	GB/T5782—2000
14	挡圈	1	35	GB892—1986
13	键 6×20	2	45	GB1096—2003
12	毡圈	2	半粗羊毛毡	
11	端盖	2	TH200	
10	螺钉 M8×25	12	Q235—A.F	GB70—1985
9	调整环	1	35	
8	轴承 7307	2		GB/T297—1994
7	座体	1	HT200	
6	轴	1	45	
5	键 8×40	1	45	GB1096—2003
4	皮带轮	1	HT150	
3	销 A3×10	1	35	GB/T119—2003
2	螺钉 M6×20	1	Q235—A.F	GB/T68—2000
1	挡圈	1	35	GB891—1987

铣刀头		共张	第张	比例	
		数量		图号	
制图		(校名、班级)			
审核					

填空：

（1）该装配体共由______种零件组成，其中有标准件______个。

（2）该装配图共有______个图形表达，主视图和左视图分别用______剖和______剖。

（3）左视图采用了装配图的______画法。

（4）主视图中，双点画线是______画法。

（5）该装配体的总体尺寸是____、____、____。

（6）要拆下 4 号件，首先要先拆下____、____、____号件；4 号件转动时，通过____号件，带动____转动，从而带动铣刀转动。

（7）12 号件是用______材料制成的，作用是______。

（8）φ80k7 的上偏差是________、下偏差是______。

（9）主轴轴线对底面的平行度公差是______。

（10）拆画 4、7、11 号零件图。

姓名：　　　　学号：

8.3.2 识读钻模装配图，并回答问题（一）

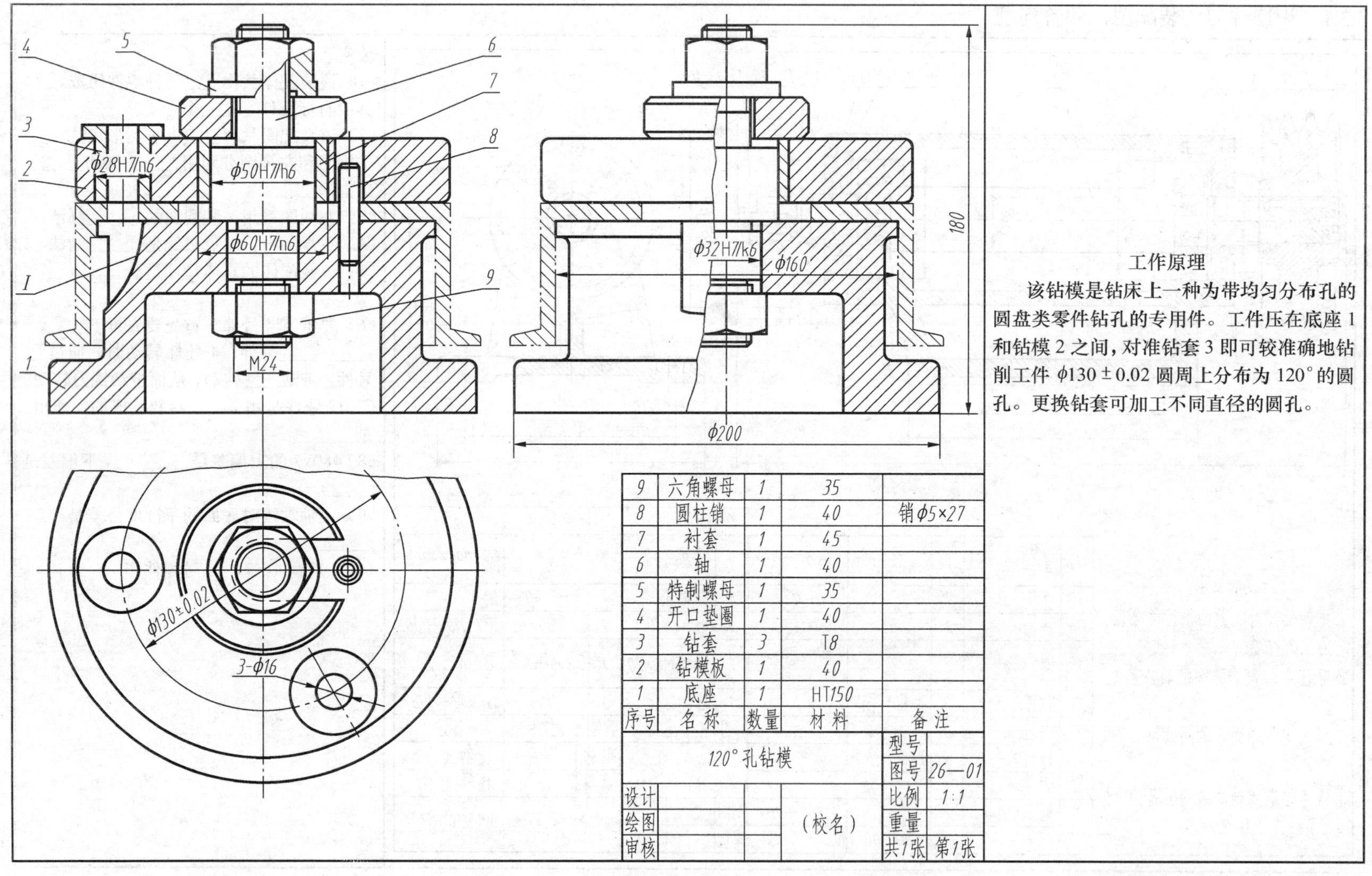

序号	名称	数量	材料	备注
9	六角螺母	1	35	
8	圆柱销	1	40	销φ5×27
7	衬套	1	45	
6	轴	1	40	
5	特制螺母	1	35	
4	开口垫圈	1	40	
3	钻套	3	T8	
2	钻模板	1	40	
1	底座	1	HT150	

120°孔钻模			型号	
			图号	26—01
设计		（校名）	比例	1:1
绘图			重量	
审核			共1张	第1张

工作原理

该钻模是钻床上一种为带均匀分布孔的圆盘类零件钻孔的专用件。工件压在底座 1 和钻模 2 之间，对准钻套 3 即可较准确地钻削工件 φ130±0.02 圆周上分布为 120° 的圆孔。更换钻套可加工不同直径的圆孔。

姓名：　　　　学号：

8.3.2　识读钻模装配图，并回答问题（二）

1. 该装配体由______种零件组成，有______个标准件。

2. 该装配体由______个视图表达，分别是______、______和______。各视图上分别采用了______剖视和______画法。被加工件采用了______画法表达。

3. 件 6 在剖视中按不剖处理，仅画出外形，原因是______。

4. 根据视图想象零件形状，分析零件类型。

属于轴套类零件有：______、______、______。

属于轮盘类零件有：______、______、______。

属于箱体类零件有：______。

5. ϕ50H7/h6 是件______与件______的______尺寸。

6. ϕ28H7/n6 是件______与件______的______尺寸。

7. 件 6 与件 1 是______制______配合，件 3 与件 2 是______制______配合。

8. ϕ130 是______尺寸，180 是______尺寸。

9. 零件 8 起______作用。

10. 主视图上圆弧线 I 表示什么结构形状？有何用途？它在底座上有几处？

11. 拆绘底座 1 和轴 6 的零件。

12. 说明此钻模装卸工件的过程。

姓名：　　　　　　学号：

8.3.3 看旋塞装配图，并拆画有关零件

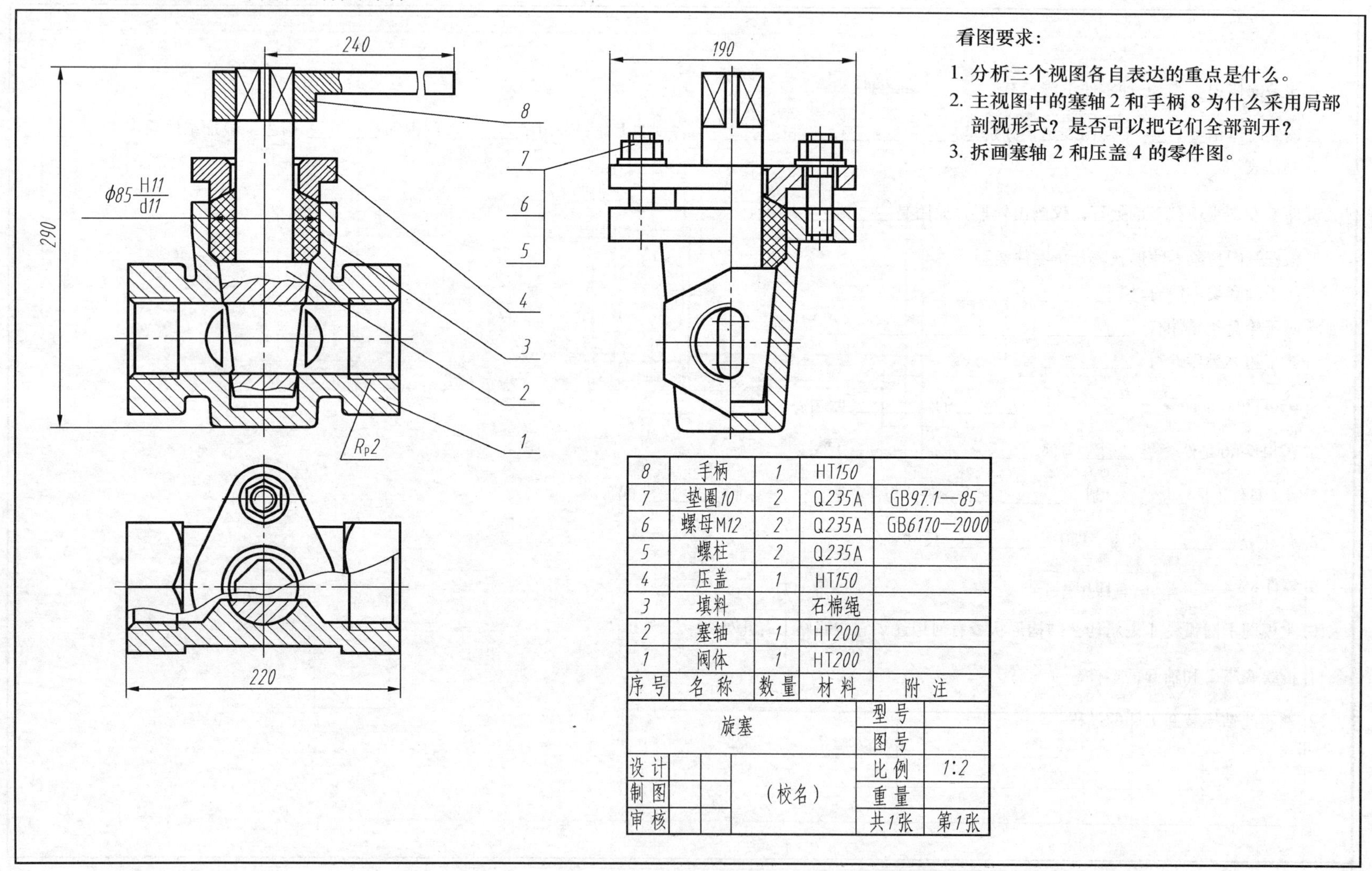

看图要求：

1. 分析三个视图各自表达的重点是什么。
2. 主视图中的塞轴 2 和手柄 8 为什么采用局部剖视形式？是否可以把它们全部剖开？
3. 拆画塞轴 2 和压盖 4 的零件图。

序号	名称	数量	材料	附注
8	手柄	1	HT150	
7	垫圈10	2	Q235A	GB97.1—85
6	螺母M12	2	Q235A	GB6170—2000
5	螺柱	2	Q235A	
4	压盖	1	HT150	
3	填料		石棉绳	
2	塞轴	1	HT200	
1	阀体	1	HT200	

旋塞			型号	
			图号	
设计		（校名）	比例	1:2
制图			重量	
审核			共1张	第1张

姓名：　　　　学号：

8.3.4　识读手压阀装配图（一）

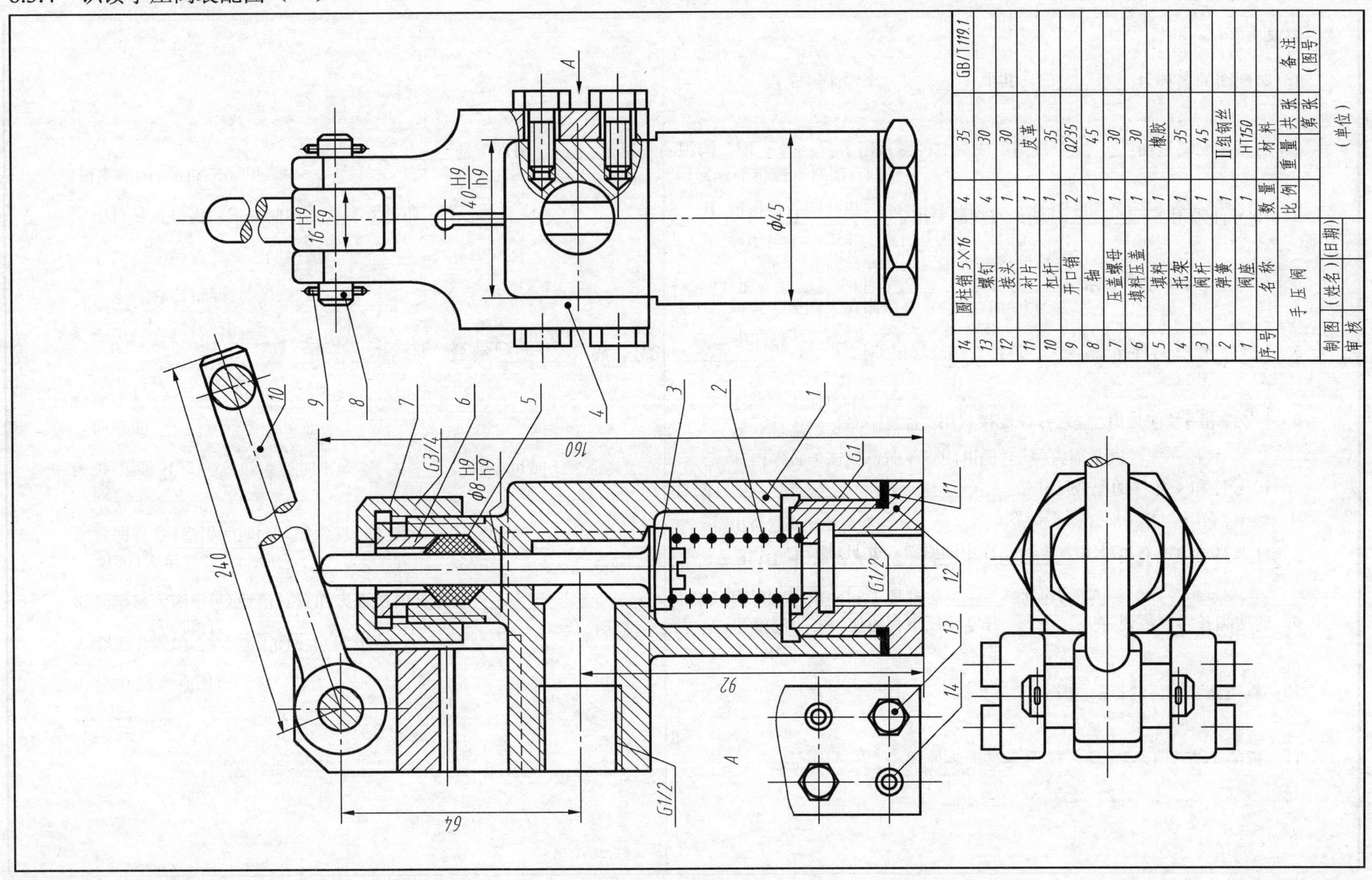

14	圆柱销 5×16	4	35	GB/T119.1
13	螺钉	4	30	
12	接头	1	30	
11	衬片	1	皮革	
10	杠杆	1	35	
9	开口销	2	Q235	
8	轴	1	45	
7	压盖螺母	1	30	
6	填料压盖	1	30	
5	填料	1	橡胶	
4	托架	1	35	
3	阀杆	1	45	
2	弹簧	1	Ⅱ组钢丝	
1	阀座	1	HT150	
序号	名称	数量	材料	备注

手压阀		比例	重量	共 张 第 张	(图号)
制图	(姓名)(日期)	(单位)			
审核					

姓名:　　　　　　　　学号:

8.3.4 识读手压阀装配图（二）

读图要求:

1. 装配图的名称为_________，共由_________个零件组成。

2. 这张装配图是由______个视图组成。主视图采用了________图，俯视图采用了______图，A是_________图。

3. 10号件采用了________画法；左视图采用了________图。

4. 装配图中40H9/h9表示_____号件与______号件的_______配合。

5. 1号件和12号件是________连接，螺纹标记G1/2中，G是________代号，表示________螺纹，1/2是________号。

6. 1号件和4号件是用_____号件连接，用______定位。

7. 10号件和4号件的配合尺寸是________，表示_______制_______配合。

8. 11号件和5号件分别用________、________制成，他们的作用是:___________。

9. 要使阀开启，需要将_________号零件压下；要使阀关闭需松开_________号件，在________号件的作用下顶起________号件即可。

10. 叙述该装配体的拆装顺序。

11. 拆绘1、3、4、7、10、12号零件的零件图。

姓名:　　　　　　　学号:

8.3.5　读安全阀装配图，回答问题，并拆画零件图（一）

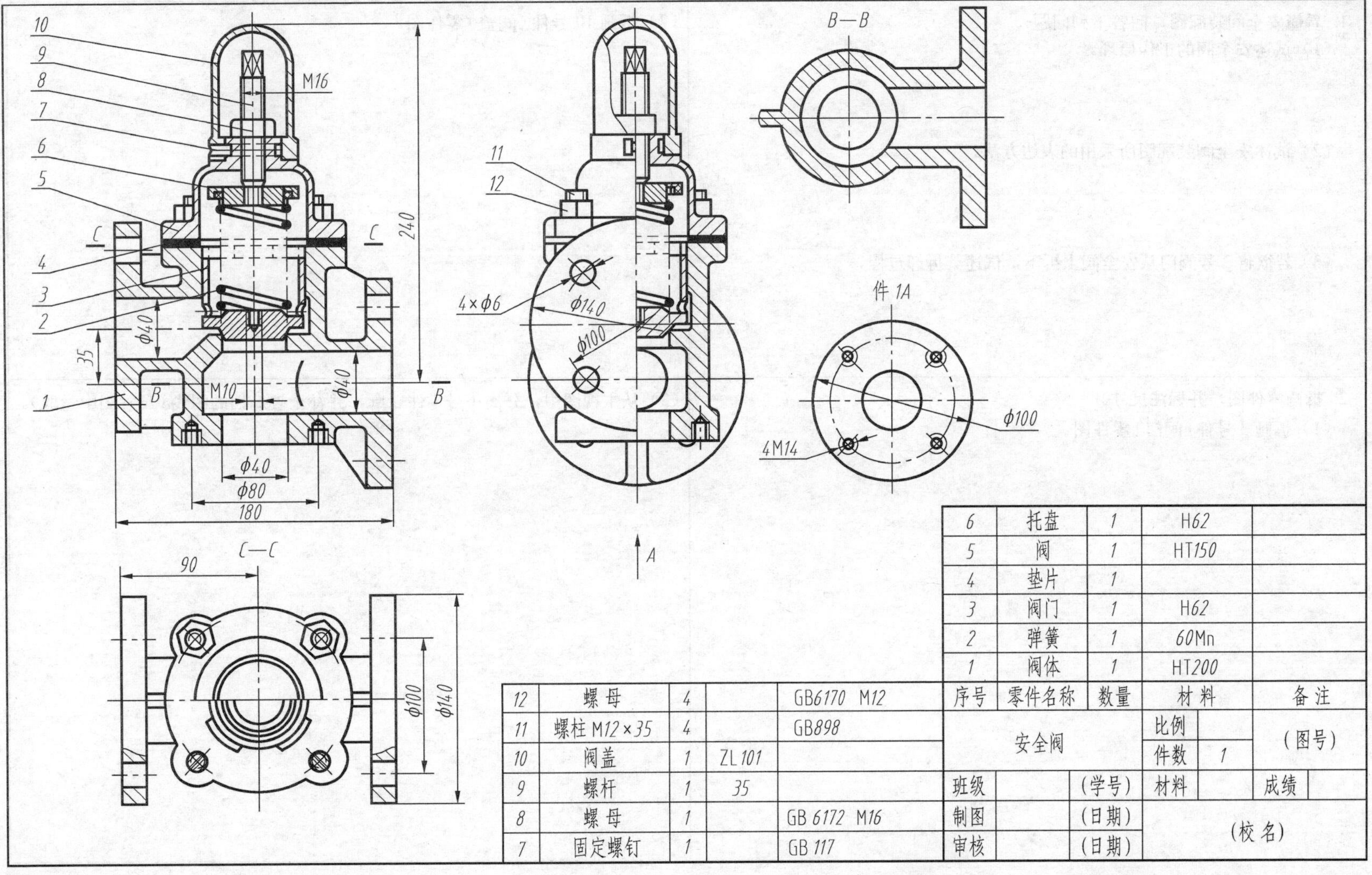

序号	零件名称	数量	材料	备注
12	螺 母	4		GB6170 M12
11	螺柱 M12×35	4		GB898
10	阀盖	1	ZL101	
9	螺杆	1	35	
8	螺 母	1		GB 6172 M16
7	固定螺钉	1		GB 117
6	托盘	1	H62	
5	阀	1	HT150	
4	垫片	1		
3	阀门	1	H62	
2	弹簧	1	60Mn	
1	阀体	1	HT200	

安全阀		比例		（图号）
		件数	1	
班级	（学号）	材料		成绩
制图	（日期）	（校名）		
审核	（日期）			

姓名：　　　　　　　学号：

8.3.5 读安全阀装配图，回答问题，并拆画零件图（二）

1. 看懂安全阀装配图，回答下列问题：

（1）试述安全阀的工作原理。

（2）试述安全阀装配图所采用的表达方法。

（3）若欲将 3 号阀门从安全阀上拆下，试述其拆卸过程。

（2）拆画 10 号件（阀盖）零件图。

2. 拆画零件图，并标注尺寸。

（1）拆画 3 号件（阀门）零件图。

（3）从主视图中，分离 1 号零件轮廓，并补全被遮挡的图线（尺寸图中量取）。

姓名：　　　　　　学号：

8.3.6 读减速箱装配图（一）

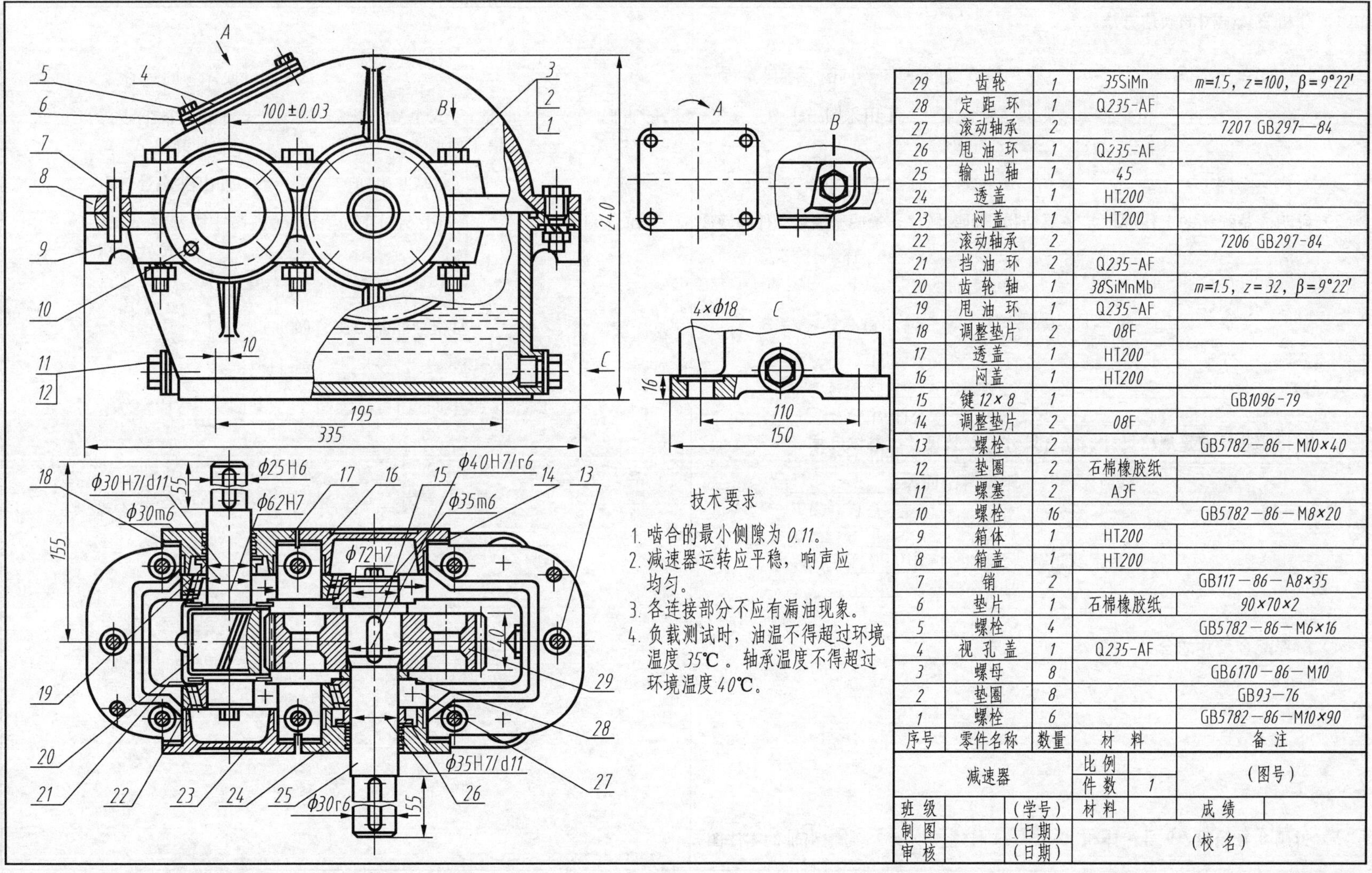

技术要求

1. 啮合的最小侧隙为 0.11。
2. 减速器运转应平稳，响声应均匀。
3. 各连接部分不应有漏油现象。
4. 负载测试时，油温不得超过环境温度 35℃ 。轴承温度不得超过环境温度 40℃。

序号	零件名称	数量	材料	备注
29	齿轮	1	35SiMn	m=1.5，z=100，β=9°22′
28	定距环	1	Q235-AF	
27	滚动轴承	2		7207 GB297—84
26	甩油环	1	Q235-AF	
25	输出轴	1	45	
24	透盖	1	HT200	
23	闷盖	1	HT200	
22	滚动轴承	2		7206 GB297-84
21	挡油环	2	Q235-AF	
20	齿轮轴	1	38SiMnMb	m=1.5，z=32，β=9°22′
19	甩油环	1	Q235-AF	
18	调整垫片	2	08F	
17	透盖	1	HT200	
16	闷盖	1	HT200	
15	键 12×8	1		GB1096-79
14	调整垫片	2	08F	
13	螺栓	2		GB5782－86－M10×40
12	垫圈	2	石棉橡胶纸	
11	螺塞	2	A3F	
10	螺栓	16		GB5782－86－M8×20
9	箱体	1	HT200	
8	箱盖	1	HT200	
7	销	2		GB117－86－A8×35
6	垫片	1	石棉橡胶纸	90×70×2
5	螺栓	4		GB5782－86－M6×16
4	视孔盖	1	Q235-AF	
3	螺母	8		GB6170－86－M10
2	垫圈	8		GB93－76
1	螺栓	6		GB5782－86－M10×90

减速器			比例		（图号）
			件数	1	
班级		（学号）	材料		成绩
制图		（日期）			（校名）
审核		（日期）			

姓名：　　　　学号：

8.3.6 读减速箱装配图（二）

（1）分析该装配图的表达方法。

（2）说明该装配体的工作原理、主要结构、拆装顺序，说明哪些是动件和静件。

（3）分析哪些尺寸是规格尺寸、配合尺寸、安装尺寸、总体尺寸 。

（4）解释配合尺寸的含义。

（5）拆画 8 号箱盖、9 号箱体和 17 号、24 号透盖以及 25 号输出轴的零件图。

姓名：　　　　学号：

参考文献

[1] 中华人民共和国国家标准——产品几何技术规范（GB 131—2006、GB 1182—2008）. 2007.

[2] 郭建尊. 机械制图与计算机绘图. 北京：中国劳动社会保障出版社，2005.

[3] 王其昌. 机械制图. 北京：人民邮电出版社，2006.

[4] 王颖等. 工程图学与计算机绘图. 北京：北京航空航天大学出版社，2002.

[5] 杨晓琦. AutoCAD 2008 机械设计. 北京：科学出版社，2008.